“十三五”高等职业教育规划教材

软件测试方法与技术

陈建潮 主编

中国铁道出版社有限公司
CHINA RAILWAY PUBLISHING HOUSE CO., LTD.

内 容 简 介

本书是基于校级"精品资源共享课程"项目编写的教材，是作者从事十余年软件测试课程教学的经验积累。本书以服务高校软件测试课程教学为目的，尽量在知识的系统性和学习的连贯性上作出平衡，以案例为中心，遵循"够用为度"的课堂原则，采用"提出问题""分析问题""解决问题"的思路，很多时候采用了"手把手教学"的方式，目的是帮助初学者入门，提高学习者学习兴趣，最终具备软件测试工程师所需的职业技能。

全书共分9章，主要介绍软件测试的理论知识、方法、技术和常用工具，包括：软件测试概论、软件测试基本概念、软件测试与软件质量、黑盒子测试、软件测试资源管理、白盒子测试、性能测试、软件测试相关文档编写，最后一章是配套的课程综合实训。

本书适合于高职高专院校的软件技术、软件测试专业及计算机相关专业使用，也可作为软件测试课程的教材，还可作为学习软件测试入门和提高的培训教材，也适合从事软件开发和软件测试的专业技术及管理人员参阅使用。

图书在版编目（CIP）数据

软件测试方法与技术/陈建潮主编. —北京：中国铁道出版社，2018.7（2024.1 重印）
"十三五"高等职业教育规划教材
ISBN 978-7-113-24568-9

Ⅰ.①软… Ⅱ.①陈… Ⅲ.①软件-测试-高等职业教育-教材 Ⅳ.①TP311.5

中国版本图书馆 CIP 数据核字（2018）第 127309 号

书　　名：软件测试方法与技术
作　　者：陈建潮

策　　划：翟玉峰　　**编辑部电话：**（010）51873135
责任编辑：翟玉峰　贾淑媛
封面设计：刘　颖
责任校对：张玉华
责任印制：樊启鹏

出版发行：中国铁道出版社有限公司（100054，北京市西城区右安门西街8号）
网　　址：http://www.tdpress.com/51eds/
印　　刷：天津嘉恒印务有限公司
版　　次：2018年7月第1版　2024年1月第8次印刷
开　　本：787 mm×1 092 mm　1/16　**印张：**17.25　**字数：**419千
书　　号：ISBN 978-7-113-24568-9
定　　价：49.00元

前言

PREFACE

党的二十大报告指出："推动战略性新兴产业融合集群发展，构建新一代信息技术、人工智能、生物技术、新能源、新材料、高端装备、绿色环保等一批新的增长引擎。"随着信息技术的飞速发展和广泛应用，软件行业飞速发展，软件的规划越来越大，人们对软件质量越来越重视，软件测试工程师的重要性也日益突出，软件测试工程师的需求和待遇都达到了历史新高。

然而，要成为一名合格的软件测试人才，需要经过系统化的、严格的专业培养，要在培养过程中强调实践动手能力和工程应用能力。学习的过程中需要学习者亲力亲为，结合案例实际动手分析，在实践中体会软件测试的真谛。多年的教学实践表明，如果没有亲身的测试体验，就无法真正理解软件测试的方法，就无法灵活应用软件测试的技术。

目前，随着高校软件测试专业和软件测试课程的开设，使得软件测试的教学和专业人才培养都有了长足的进步。但是，在另一方面，现在很多软件测试课程的教学普遍缺少教学案例的支撑，只讲理论不讲实际操作，讲述操作的也不具体详细，一笔带过。归根到底，其主要原因还是软件测试这个行业不够规范、成熟，有些高校教师本身在这方面没有项目经验，所以造成有些高校教师讲授这门课程时没有任何实际的例子可以操作，这无疑会在教学中造成很大的遗憾。本书尽力在知识的系统性和学习的连贯性上作出平衡，以案例为中心，遵循"够用为度"的课堂原则，采用"提出问题""分析问题""解决问题"的思路，很多时候采用了"手把手教学"的方式，目的是帮助初学者入门，提高学习者学习兴趣。

软件测试课程的教学目标是通过对软件测试基础理论、方法和技能的学习，结合测试流程管理和自动化工具的使用，对软件项目进行测试操作，使学生了解软件测试完整的工作过程，能对完整的项目进行测试，从而实现与测试技能要求的无缝连接。

本书以软件测试所需技能的学习路线为主线进行编写。

第 1 章 软件测试概论，主要的目的是让初学者了解软件测试的行业背景和历史、理解导致软件缺陷的原因和理解什么是软件缺陷。建议安排 6 个学时进行教学。

第 2 章 软件测试基本概念，介绍了什么是软件测试、软件测试的目的，介绍了测试用例是什么、怎样设计测试用例，重点介绍了软件测试的多维度分类，以此进行软件测试"名词"扫盲。建议安排 4 个学时进行教学。

第 3 章 软件测试与软件质量，介绍了软件质量管理、软件测试模型，以及软件测试的总体工作流程、软件开发与软件测试各阶段的联系，重点给初学者灌输软件测试的基本理念——8 个基本原则。建议安排 8 个学时进行教学。

第 4 章 黑盒子测试，介绍了什么是黑盒子测试，重点介绍等价类划分、边界值分析、决策表分析等黑盒测试方法，并针对具体的案例来讲解测试用例的设计。建议安排 8 个学时进行教学。

第 5 章 软件测试资源管理，介绍了为什么要使用软件测试资源管理工具，挑选了 HP ALM 作为示范，详细地、手把手地呈现了使用 ALM 进行测试资源管理的整个流程。建议安排 12 个学时进行教学。

第 6 章 白盒子测试，介绍了什么是白盒子测试、什么是程序控制流图，介绍了数据流分析测试方法，以此做引子，重点介绍了逻辑覆盖测试方法和路径分析测试方法，并针对具体的案例来讲解测试用例的设计。建议安排 8 个学时进行教学。

第 7 章 性能测试，介绍了什么是性能测试，为什么要使用自动化测试工具来实施性能测试，挑选了 HP LoadRunner 作为示范，以 HP WebTours（航空订票网站）作为案例，详细地、手把手地分解了使用 LoadRunner 进行性能测试的整个流程。建议安排 10 个学时进行教学。

第 8 章 软件测试相关文档编写，介绍了测试计划、评审报告和测试报告的编写规范，并给出了具体的文档模板，供学习者参考使用。建议安排 6 个学时进行教学。

第 9 章 课程综合实训，是软件测试课程学习完毕后安排的综合实训，内容来源于编者指导学生进行的一个综合实训项目，被测程序是具有普遍性、代表性的“电子商务网站”。随书附带有程序源代码，部署后可以直接开展测试。这一章强调学习者对项目参与过程的亲历和体验，培养学习者解决问题的能力、探究精神和综合实践能力。建议安排一到两周时间让学生进行综合训练。

随书给出了高校教学过程中所需用到的各种文档，例如：课程标准、授课计划和职业能力分析表等等，可以从 http://www.tdpress.com/51eds/下载。同时，作为随书电子资料，给出了讲课所需的课件（PPT）、教学视频、案例和被测程序源代码等。

本书由陈建潮编著，在编写过程中，编者得到了软件教研室各位同事的大力支持和帮助，得到了所指导的学生们的积极配合，其中综合实训程序选取的是马本茂、董有沛小组的作品，测试文档选取的是韦丽芳、赵伟维小组的作品。在此谨向各位同事和同学表示衷心的感谢。

在本书的编写过程中，参考和引用了许多专家、学者的著作和论文，可能在文中未能一一注明，在此谨向相关参考文献的作者表示衷心的感谢。

限于编者的水平，本书难免存在不足和不当之处，恳请读者批评指正。联系方式：vic_c@126.com。

编　者

2023 年 7 月

CONTENTS

目录

第1章 软件测试概论

重点:

- 了解“软件”包含的范畴。
- 了解软件测试的行业背景。
- 理解导致软件缺陷的原因。
- 理解软件缺陷的定义。

难点:

- 理解导致软件缺陷的原因。
- 在真实案例中对判断软件缺陷依据的运用。

【扫一扫：微课视频】
（推荐链接）

1.1 软件的概念

狭义上来说，软件（software）是一系列按照特定顺序组织的计算机数据和指令的集合。广义上来说，软件是指计算机程序、数据以及解释和指导使用程序和数据的文档的总和。软件并不只是包括可以在计算机上运行的计算机程序，与这些计算机程序相关的文档一般也被认为是软件的一部分。简单的说，软件就是程序加文档的集合体。

软件的历史可以追溯到1945年，“计算机之父”冯·诺依曼首先提出了“存储程序”的概念和二进制原理，后来，人们把利用这种概念和原理设计的电子计算机系统统称为“冯·诺依曼型结构”计算机。冯·诺依曼型结构中的“程序”是由一组数量有限的指令组成的，按照这个模型，控制单元从内存中取出一条指令，解释指令，执行指令。程序就是由一条接着一条按顺序（或结合某些条件跳转）执行的指令集。冯·诺依曼型结构的提出，才开启了真正意义上的“编程”。

1.2 软件分类简述

为了更深入地理解软件是什么，应该先了解软件的分类，了解软件的分类对软件测试的学习有非常大的帮助。根据不同的原则或标准，可以将软件划分为不同的种类。

（1）如果按照软件功能来划分，可以将软件分为系统软件和应用软件两大类。

系统软件负责管理计算机系统中各种独立的硬件，使得它们可以协调工作。系统软件使得计算机使用者和其他软件将计算机当作一个整体而不需要顾及底层每个硬件是如何工作的。一般来讲，系统软件包括操作系统和一系列基本的工具（比如存储器格式化、文件系统管理、用户身份验证、驱动管理、网络连接等方面的工具）。

应用软件是为了某种特定的用途而被开发的软件。它可以是一个特定的程序，比如一个图像浏览器，也可以是一组功能联系紧密，可以互相协作的程序的集合，例如，微软的 Office 软件，还可以是一个由众多独立程序组成的庞大的软件系统，比如数据库管理系统。

（2）如果按照软件体系结构来划分，可以将软件分为单机版软件、C/S 结构软件和 B/S 结构软件。

单机版软件是指不需要网络，程序的运行和数据的存储都在同一台计算机上的软件。例如，Windows 系统自带的记事本、计算器、画图等、微软早期的 Word、Excel、PowerPoint 等。单机版软件的特点是不需要网络支持。

C/S（Client/Server）结构，即客户机和服务器结构。这种体系结构模式是以数据库服务器为中心，以客户机为网络基础，在信息系统软件支持下的两层结构模型。这种体系结构中，用户操作模块布置在客户机上，数据存储在服务器上的数据库中。客户机依靠服务器获得所需要的网络资源，而服务器为客户机提供网络必需的资源。例如，腾讯 QQ、微信、Outlook、淘宝（手机版）、大众点评（手机版）、印象笔记（手机版或客户端版）等。C/S 结构软件的特点是客户端需要安装专用的客户端软件。

B/S（Browser/Server）结构，即浏览器和服务器结构。它是随着 Internet 技术的兴起，对 C/S 结构的一种变化或者改进的结构。客户机上只要安装一个浏览器（Browser），如 Chrome、Internet Explorer 或 Firefox 等，用户界面完全通过 WWW 浏览器实现，主要事务逻辑在服务器端实现。例如，各大政府机构的政务服务网站、各大高校的新闻、信息管理系统、携程（网页版）、淘宝（网页版）、大众点评（网页版）等。浏览器通过 Web Server 同服务器进行数据交互。这样能够极大地减少软件推广的费用，系统的升级和维护变得更灵活、更容易。

（3）如果按照用户的角度来划分，可以将软件开发过程分为产品和项目两类。

项目是满足特定用户（针对一个或几个用户的）需求来开发的，产品是满足一定的客户群（面向大众或行业的）来开发生产的；项目在开发时间、技术点要求上都要比产品简略点，项目更加注重能否满足客户需求，产品更加注重是自身的价值和质量。

总的来说：产品是面向通用的，项目是面向单一用户的。产品一定是一个或多个项目，但项目不一定会成为产品，产品是有商业目的及性质的项目。

在软件行业中，有完全以定制软件项目为生的软件公司，也有完全以自主研发软件产品为生的软件公司，还有很多的软件公司则是产品与项目共同经营。很多软件公司的发迹路线是这样的：由于自己手中的社会关系和其他资源，在特定的时期得到了一个项目，然后根据用户的特点进行开发。满足了该用户的需求，并结束项目后，忽然发现此项目的部分功能还可以为其他潜在用户提供帮助，于是重新规划，将项目中的部分通用内容提取出来进行二次加工，进而包装一下，作为一个软件产品推向市场。

（4）如果按照人力投入、资金投入、开发周期角度来划分，可以将软件项目分为小型、中型和大型项目三类。一般的情况下，50 万元以下属于小型项目，50～300 万元属于中型项目，300 万元以上属于大型项目。

1.3　软件测试的历史

人类认识问题是一个由浅入深、逐步发展的过程。早期的程序规模都很小、复杂程度低，测试的含义比较狭窄，开发人员将测试等同于“调试”，目的是纠正软件中已经知道的故障，常常由开发人员自己完成这部分的工作。对测试的投入极少，测试介入也晚。

软件测试的历史最早可以追溯到 1947 年。1947 年 9 月 9 日，哈佛大学在测试马克 II 型艾肯中继器计算机时，操作员在电板编号为 70 的中继器触点旁发现了一只死了的飞蛾，然后，操作员威廉姆·比尔·伯克把飞蛾贴在计算机日志上了，并写下了“First actual case of bug being found（首个发现 bug 的实际案例）”——虽然，很多时候大家都误认为是格蕾丝·霍波上尉发现的。他们提出了一个词——“debug（调试）”了机器，从而引入新术语“debugging a computer program（调试计算机程序）”。发现 bug 的计算机日志如图 1-1 所示。

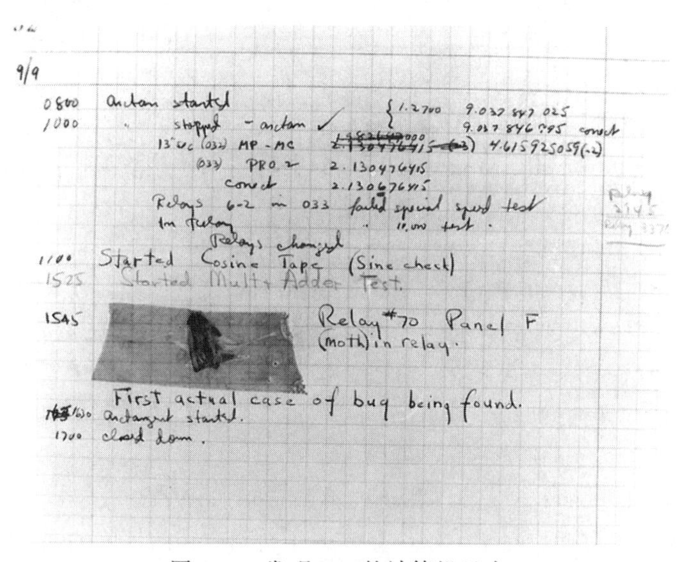

图 1-1　发现 bug 的计算机日志

在赵翀、孙宁编著的《软件测试技术：基于案例的测试》中，完整地归纳了软件测试的发展历程：

1949 年，Alan Turing 发表了一篇关于软件测试的文章 *On Checking a Large Routine*。文章中解释了计算机规则检查对发现错误的效力，并试图回答这样一个问题：如何检查一个规则，以使我们确信它是正确的。接着他于 1950 年在文章 *Computing Machinery and Intelligence* 中提出了著名的图灵测试。直到 1956 年之前，测试和调试都没有进行清晰的划分，测试经常与调试相关，这个时期可以称为是面向调试的阶段。

1957 年，Charles L. Baker 在《数字计算机编程》(*Digital Computer Programming*) 中描述了关于调试和测试实践以及它们的区别。从那时起到 1978 年是面向演示执行的阶段，这时对调试和测试进行了区分，但在这个阶段主要表明软件满足需求。1958 年第一个软件测试团队产生。它是由 Gerald M. Weinberg 组建的，他当时是 Mercury 项目的操作系统开发经理。Mercury 项目是美国第一个载人宇宙飞行项目。1961 年，Gerald M. Weinberg 和 Herbert Leeds 在一本名为《计算机编程基础》(*Computer Programming Fundamentals*) 的书中专门写了一章关于测试的内容。Weinberg 和 Leeds 认为测试应该证明计算机程序的适应性而不是处理信息的能力。在 IBM 白皮书《评估控制程序的功能测试》中，William Elmendorf 给出了一个称为受过训练的软件测试方法，这时更关注软件测试的方法。

20 世纪 70 年代，随着计算机程序的广泛应用，代码的错误数量也不断增加。人们开始失去对计算机工业中撰写的代码的信任，因为它没有任何清晰的标准。这是由于缺少质量控制措施造成的。1979 年出版了 Glenford J. Myers 的《软件测试的艺术》(*The Art of Software Testing*),其中介绍了更多关于有效软件测试的原则。John Good Enough 和 Susan Gerhart 在 1975 年发表了论文“测试数据选择的原理”(*Toward a Theory of Test Data Selection*)，从此软件测试开始成为一个研究方向。他们在文中讨论了形式化证明方法以及基于结构测试的限制，也概括了判定表的使用。

从 1979 年到 1982 年可以称为面向破坏的阶段，这时的目标是找到错误。Myers 在他的著作中对测试做了定义：测试是为发现错误而执行一个程序或者系统的过程。

1983 年开始人们逐渐认识到测试生命周期的重要性。1983 年发布了标准 IEEE 829，规定了软件测试 8 个已定义阶段使用的文档形式。同年，美国联邦政府发布了 V&V 标准，名为“确认、验证以及计算机软件测试生命周期指南”(*Guideline for Life—Cycle Validation, Verification and Testing of Computer Software*),该标准描述了应该能保证成功的软件测试生命周期，它是一种通过测试需求、设计和实现来侦查缺陷的方式。1983 年，Bill Hetzel 在《软件测试完全指南》中指出：测试是以评价一个程序或者系统属性为目标的任何一种活动，测试是对软件质量的度量。1986 年 Paul E. Brook 发布了 V 模型，第一次将测试放入软件开发生命周期中。1987 年软件可靠性的开创性工作(*Software Reliability: Measurement, Prediction, Application*)由 John D. Musa 等人发布，软件可靠性成为软件质量的关键部分。因此，1983 年到 1987 年可视为面向评估的时期:其目的是在软件生命周期的过程中提供产品评估以及质量度量。

1988 年出版了 Boris Beizer 的《软件测试技术》(*Software Testing Techniques*)。书中不仅指出侦查缺陷的重要性，也指出在整个软件测试生命周期中预防缺陷的重要性。1988 年“探索测试”引入，Cem Kaner 在《测试计算机软件》(*Testing Computer Software*)的书中第一次使用术语“探索测试”，该书以实际的面向真实世界的方法而著称。David Gelpeijn 和 William Hetzel 在论文“软件测试的生长过程”中讨论了四种测试模型以及测试的发展过程。因此，从 1988 年开始被看成是面向预防的阶段，这期间测试是用来验证软件满足规约、发现缺陷以及预防缺陷。

1989 年性能测试工具 LoadRunner 诞生。20 世纪 90 年代，测试工具盛行起来。1995 年记录和回放测试工具 WinRunner 发布。1998 年缺陷跟踪工具 Bugzilla 发布。

1990 年 Boris Beizer 在《软件测试技术(第 2 版)》中对“bug”进行了分类，并给出了术语“杀虫剂悖论”。1991 年 John Wiley& Sons 出版了期刊 *Software Testing*，*Verification and Reliability*。1992 年第一届 Software Testing Analysis&Review 会议在拉斯维加斯举行。

1993 年，Herzlich 提出了 W 模型，Matthias Grochtmann 和 Klaus Grimm 针对划分测试提出了分类树方法。1996 年，测试成熟度模型(TMM)在伊利诺伊技术学院开发出来。1998 年，第一个欧洲软件测试认证 SEB 创建，1999 年，国际软件测试认证 CSTP 创建。2001 年，引入 SaaS(Software as a Service)模型，软件作为一种服务的概念首次出现在论文 *Software as a Service：strategic Backgrounder* 中。2002 年，ISTQB（国际软件测试资格委员会）在爱丁堡成立。Rick 和 Stefan 在《系统的软件测试》一书中对软件测试做了进一步定义：测试是为了度量和提高被测软件的质量，对测试软件进行工程设计、实施和维护的整个生命周期过程。2003 年，Bret Pettichord 发表文章将软件测试思想划分为五个学派。2005 年，FMMI（Fest Maturity Model Integration）发布，该模型被当做评估和改进测试过程的标准。2007 年 5 月，ISO 成立工作组来开发新的软件测试标准 ISO 29119。2008 年，StaaS（Software Testing as a Service）引入。STaaS 是用来测试一种应用程序的软件测试模型，该应用程序通过 Internet 为用户提供服务。2009 年，Michael Bolton 的文章 *Testing vs. Checking* 将检查和测试进行了区分，检查（checking）是证实、确认和验证，而测试是探索、发现、调查和学习。2009 年 8 月，Weekend Testers 建立，为测试协作、测试不同种类的软件以及同行认可等提供一个平台，它在印度、欧洲、澳大利亚和美国都有分会。

在过去的 30 年中，随着社会对软件测试需求的增加，软件测试理论和技术得到了较快的发展。特别是近十年来，国际上一些著名学术机构，以及微软、IBM 等众多国际 IT 巨头的参与，使得软件测试理论正在走向成熟，软件测试对缺陷和错误的发现能力、软件测试工具的自动化程度都得到了大幅度的提升，以软件测试工具、软件测试服务为主导的软件测试产业正在兴起。

1.4　软件缺陷与故障案例

可能我们会思考这样一个问题，花费那么多资源在测试上，即花费在一个对整个软件工程"没有任何建设成果"的活动上，值得吗?

事实上，答案是肯定的。让我们先来了解几个"著名"的计算机工程事故吧，借此说明软件缺陷和故障问题有时会造成相当严重的损失和灾难。

（1）苹果遭遇 11 小时服务器宕机。发布了 AppleWatch 的苹果公司似乎兴奋过头了。从 2015 年 03 月 11 日下午开始，由于服务器宕机，苹果的 iTunes 商店、AppStore 软件店以及多个互联网在线服务发生了全球性大面积中断，故障时间长达 11 个小时。

苹果用户发现，自己在登录苹果的软件商店时看到了系统错误提示"STATUS_CODE_ERROR"，无论是 iTunes 商店、AppStore 软件商店都无法正常进行应用购买。很快，全球各地的苹果用户都开始通过社交媒体在网上抱怨。

按照苹果公司公布的情况，其 iCloudMail 和 iCloudAccount&SignIn 服务在美国东部时间周三 9 点（北京时间 21 点）前后受到了影响，其他服务则在美国东部时间周三 5 点（北京时间 17 点）宕机。包括美国、中国、瑞士等在内的多个国家的苹果用户都受到了此次宕机事故的影响。苹果公司在对外的声明中对此次故障表示道歉，并称此次大面积服务故障属于一个"内部系统错误"。

此次重大事故也影响到了苹果的股价。周三，苹果股价下跌了 1.82%，收盘价为 122.24 美元，为苹果股价 2 月 10 日以来的最低点。

（2）价值 400 亿日元的 bug。2005 年 12 月 8 日，是 J-COM 公司上市的日子，然而，公司在首次公开上市的日子就爆炸式地损失了超过 400 亿日元的天价损失（按照当时的汇率，约为人民币 27 亿元）。

事件的大致经过是由于一位操作员在离开盘还有几分钟的时候接到了一位客户“以 61 万日元的价格，卖出 1 股 J-Com 的股票”的委托，而该操作员在接到委托后在交易终端上错误地输入了“以每股 1 日元的价格，卖出 61 万股”。

至此，大家可想而知，事件继续发展下去会是怎样的灾难。在 2 分钟后，这位操作员发现了这个错误，他立即试图通过交易软件撤销这笔卖单，而不幸的是，由于交易系统的 bug，他连续三次的撤单指令都被拒绝，而此时盘口交易已经开始，此刻市场内当然是一片大乱，而最后，当然便是以超过 400 亿日元的天价损失收场。

事后，J-Com 将交易软件的开发商——富士通告上法庭，而通过漫长的诉讼加上控辩双方找来资深程序员和工程师进行辩论大战，最终因为对 bug 检测程度的深浅没有一个明确的评判标准，所以富士通并不需要去赔偿 J-Com 的损失。

（3）2007 年 5 月 18 日，国内大量用户的计算机集体出现问题：开机后自动重启、蓝屏，屏幕上显示 unknown hard error 的字样，安全模式下也无法正常进入系统，等等。用户的第一反应就是感染了病毒，而在经过金山毒霸反病毒专家的仔细分析后，发现了问题的症结所在：诺顿杀毒软件的误报所致，赛门铁克 SAV 2007-5-17 Rev 18 版本的病毒定义码中，将 Windows XP 操作系统的 netapi32.dll 文件和 lsasrc.dll 文件判定为 Backdoor.Haxdoor 病毒，并进行隔离，导致重启计算机后无法进入系统，并出现蓝屏、重启等现象，造成了大量的数据丢失，系统崩溃，损失惨重。

此次计算机病毒误报事件被反病毒专家称为是国内影响面较大的误报事件。诺顿在企业级用户中占据了 30%的份额，这次低级的错误造成了大量的计算机系统崩溃，造成了巨大的损失。其实，针对类似很多的“误杀门”事件，软件厂商只需在软件发布前做一个完整的兼容性测试就可以很有效地避免这样的灾难事故了。

（4）2000 年 12 月 4 日上午 10 时 30 分起，浦东地区不少电话用户突然发现通话受阻，一部分移动电话、寻呼机用户也受到影响，无法正常收发信息。由于故障地区位于浦东中心地区，大量中外商务机构包括证券大厦、期货交易所等都在其中，造成了严重的损失。

经电信部门紧急查寻，发现问题出在一电话汇接局内的贝尔电话交换机上，估计是软件系统发生故障。上海有关部门立即调集了一批电信专家和技术人员来到现场，与上海贝尔公司派出的专家一起进行“会诊”和抢修。通话受阻情况在当晚午夜得到平息。

最终，上海电信部门确认了交换机软件的缺陷是造成这次事件的主要原因。虽然这一系统 7 年前就已经安装在汇接局，但一直没有发现有缺陷。有关专家认为，如果多种作用因素同时出现，或者是瞬间出现极高的话务量，这一缺陷迟早会“现身”。

（5）1999 年 12 月 3 日，美国航天局的火星极地登陆飞船在试图登陆火星表面时失踪了，造成了巨大的损失。错误修正委员会观测到故障，并确定出现误动作的原因极可能是由于某一数据位被意外地更改了。大家对这一错误感到非常震惊，认为该问题应该在内部测试时就予以解决。

简单来说，火星登陆计划的过程是这样的：当飞船降落在火星表面时，它将打开降落伞减缓飞船的下降速度。降落伞打开后的几秒钟内，飞船的三条腿将迅速撑开，并在预订地点着陆。当飞船离火星表面 1 800 m 时，它将丢弃降落伞，点燃登陆推进器，在余下的高度缓缓降落在火星表面。

但是，美国航天局为了省钱，简化了确定何时关闭推进器的装置。为了替代其他太空船上使用的贵重雷达，他们在飞船的脚上装了一个廉价的触点开关，在计算机中设置了一个数据位来关掉燃料。很简单，飞船的脚不着地，引擎就不熄火。

遗憾的是，错误修正委员会在测试中发现，当飞船的脚迅速撑开准备着陆时，机械震动很容易触发着地开关，设置错误的数据位。设想一下，飞船开始着陆时，计算机极可能关闭了推进器，而火星登陆飞船下坠 1 800 m 之后便冲向火星表面，摔成碎片。

这一事故产生的后果非常严重，然而其幕后的原因却如此简单。在登陆开始之前，飞船经过了多个小组测试。其中一个小组测试飞船的脚落地过程，另一个小组测试此后的着陆过程。前一个小组并不去注意着地数据位是否置位，因为这不是他们负责的范围；后一个小组总是在开始测试之前重置计算机、清除数据位。双方独立工作都很好，但从未组合在一起进行过集成测试，从而导致了这一严重事故的发生。

总而言之，软件作为信息化的产品，其测试是软件开发企业必不可少的质量监控环节，随着人们对软件质量的重视，软件测试在整个软件开发的系统工程中占据的比重越来越大。在软件产业发达国家，软件企业一般把 40%的工作花在测试上，测试人员和开发人员之比平均在 1:1 以上，软件测试费用占整体开发费用的 30%～50%。

1.5　导致软件缺陷的原因

一个可靠的软件系统应该是正确、完整、一致、健壮，这也是软件用户所期许的。但实际情况是软件与生俱来就有可能存在缺陷或故障。那么，是什么导致了软件的缺陷呢？

【扫一扫：微课视频】
（推荐链接）

可以从软件自身特点、团队工作和项目管理等多个方面进行分析，找出导致软件缺陷的一些原因，这可以归纳为如下 3 个方面。

1. 软件开发过程自身的特点造成的问题

（1）需求不清晰，导致设计目标偏离客户的需求，从而引起功能或产品特征上的缺陷。

（2）系统结构非常复杂，而又无法设计成一个很好的层次结构或组件结构，结果导致意想不到的问题或系统维护、扩充上的困难；即使设计成良好的面向对象的系统，由于对象、类太多，很难完成对各种对象、类相互作用的组合测试，而隐藏着一些参数传递、方法调用、对象状态变化等方面问题。

（3）对程序逻辑路径或数据范围的边界考虑不够周全，漏掉某些边界条件，造成容量或边界错误。

（4）对一些实时应用，要进行精心设计和技术处理，保证精确的时间同步，否则容易引起时间上不协调、不一致性带来的问题。

（5）没有考虑系统崩溃后的自我恢复或数据的异地备份、灾难性恢复等问题，从而存在系统安全性、可靠性的隐患。

（6）系统运行环境的复杂，不仅用户使用的计算机环境千变万化，包括用户的各种操作方式或各种不同的输入数据，容易引起一些特定用户环境下的问题；在系统实际应用中，数据量很大，从而会引起强度或负载问题。

（7）由于通信端口多、存取和加密手段的矛盾性等，会造成系统的安全性或适用性等问题。

（8）新技术的采用，可能涉及技术或系统兼容的问题，事先没有考虑到。

2. 团队工作的问题

（1）系统需求分析时对客户的需求理解不清楚，或者和用户的沟通存在一些困难。

（2）不同阶段的开发人员相互理解不一致。例如，软件设计人员对需求分析的理解有偏差，编程人员对系统设计规格说明书某些内容重视不够，或存在误解。

（3）对于设计或编程上的一些假定或依赖性，相关人员没有充分沟通。

（4）项目组成员技术水平参差不齐，新员工较多，或培训不够等原因也容易引起问题。

3. 软件项目管理的问题

（1）缺乏质量文化，不重视质量计划，对质量、资源、任务、成本等的平衡性把握不好，容易挤掉需求分析、评审、测试等时间，遗留的缺陷会比较多。

（2）系统分析时对客户的需求不是十分清楚，或者和用户的沟通存在一些困难。

（3）开发周期短，需求分析、设计、编程、测试等各项工作不能完全按照定义好的流程来进行，工作不够充分，结果也就不完整、不准确，错误较多；周期短，还给各类开发人员造成太大的压力，引起一些人为的错误。

（4）开发流程不够完善，存在太多的随机性和缺乏严谨的内审或评审机制，容易产生问题。

（5）文档不完善，风险估计不足等。

1.6 软件缺陷到底是什么

一直在说软件缺陷，那么，软件缺陷到底是什么？如何定义软件缺陷呢？错误等同于缺陷吗？

【扫一扫：微课视频】

（推荐链接）

这是一个难以回答的问题。由于软件开发公司的文化和用于开发软件的过程不同，造成了用于描述软件故障、软件失败的术语有很多，比如说，缺点（defect）、偏差（variance）、谬误（fault）、失败（failure）、问题（problem）、矛盾（inconsistency）、错误（error）、毛病（incident）、异常（anomaly）、缺陷（bug）等。

不过，一般来说，我们习惯上把所有的软件问题都统称为缺陷（bug）。要定义软件缺陷，我们必须先了解另一个概念——产品需求规格说明书（又称需求说明书）：是软件开发小组的协定，它对开发的产品进行定义，包括产品有何细节、如何操作、功能如何、有何限制等。

广义上来说，缺陷就是，软件或程序或其相关的文档的运行结果与用户需求不一致的地方。一般来说，判定依据是用户需求规格说明书。

严格上来说，软件缺陷的正式定义如下，只要符合下列5个规则中的任何一条都是软件缺陷：

（1）软件未达到产品说明书表明的功能。

（2）软件出现了产品说明书指明不会出现的错误。

（3）软件功能超出了产品说明书指明的范围。

（4）软件未达到产品说明书虽未指出但应达到的目标。

（5）软件测试员认为软件难以理解、不易使用、运行速度缓慢，或者最终用户认为不好。

举一个例子来说明，比如说，日常使用的计算器的产品需求规格说明书一般描述如下：

（1）计算器通过用户输入要计算的数字，能准确地完成加、减、乘、除的数学运算，并在显示屏上准确显示计算的结果。

（2）在任何时候计算器都不会出现显示错误结果的情况，不会出现“死机”无响应的情况，不会出现崩溃无法恢复的情况。

假设，测试员发现，按要求输入了两个数字 1 和 2，并且按下了“+”键，要求进行加法数学运算，但是，最终计算器并没有在显示屏上显示结果，又或者是计算器在显示屏上显示的是错误的结果，比如显示结果是 4，而不是正确结果 3。那么，根据第（1）条规则，这就是一个软件缺陷。

假设，测试员对计算器的键盘随意敲击（猴子测试），发现计算器“死机”了，对任何操作都无响应，那么，根据第（2）条规则，这就是一个软件缺陷。

假设，测试员发现，计算器除了能够进行加、减、乘、除的数学运算，还能够进行 sin、cos 等科学运算，虽然，运算处理的结果是正确的，但是，根据第（3）条规则，这就是一个软件缺陷。因为，如果这个计算器是为了小学的学生进行开发的，加入这样的科学运算会造成小学生学习混乱。

假设，测试员发现，计算器在电池电力不足的情况下，会出现结果运算不正确，或者丢失运算处理后显示的结果等情况，那么，根据第（4）条规则，这就是一个软件缺陷。

假设，测试员和最终的用户都认为，计算器的按键太小了、按键间距太密了、按键上的数字和运算符号显示不清晰，那么，根据第（5）条规则，这些都算是一个软件缺陷。

小　结

1. 广义上来说，软件是指计算机程序、数据以及解释和指导使用程序和数据的文档的总和。软件并不只是包括可以在计算机上运行的计算机程序，与这些计算机程序相关的文档一般也被认为是软件的一部分。简单的说，软件就是程序加文档的集合体。

2. 根据不同的原则或标准，可以将软件划分为不同的种类：① 如果按照软件功能来划分，可以将软件分为系统软件和应用软件两大类。② 如果按照软件体系机构来划分，可以将软件分为单机版软件、C/S 结构软件和 B/S 结构软件。③ 如果按照用户的角度来划分，可以将软件开发过程分为产品和项目两类。④ 如果按照人力投入、资金投入、开发周期角度来划分，可以将软件项目分为小型、中型和大型项目三类。

3. 导致软件缺陷的原因：① 软件开发过程自身的特点造成的问题；② 团队工作的问题；③ 软件项目管理的问题。

4. 广义上来说，缺陷就是，软件或程序或其相关的文档的运行结果与用户需求不一致的地方。一般来说，判定依据是用户需求规格说明书。

5. 严格上来说，软件缺陷的正式定义是：

- 软件未达到产品说明书表明的功能。
- 软件出现了产品说明书指明不会出现的错误。
- 软件功能超出了产品说明书指明的范围。

- 软件未达到产品说明书虽未指出但应达到的目标。
- 软件测试员认为软件难以理解、不易使用、运行速度缓慢，或者最终用户认为不好。

6. 总而言之，软件作为信息化的产品，其测试是软件开发企业必不可少的质量监控环节，随着人们对软件质量的重视，软件测试在整个软件开发的系统工程中占据的比重越来越大。在软件产业发达国家，软件企业一般把40%的工作花在测试上，测试人员和开发人员之比平均在1∶1以上，软件测试费用占整体开发费用的30%～50%。

思考与练习

1. 请简述软件的定义。
2. 请简述软件的分类。
3. 请简述导致软件缺陷的原因。
4. 请简述软件缺陷的定义。
5. 请判断对错：软件就是程序。
6. 请判断对错：软件测试是近几年随着“互联网+”的发展而新发展起来的一门学科，是作为软件开发的辅助性工作而存在的。
7. 请判断对错：软件测试工作对软件项目的进度推进没有显式的效果，因此，软件企业从成本核算的角度出发，应该尽量缩减软件测试的开销。
8. 请判断：手机测试属于硬件测试还是软件测试？
9. 请判断：算法流程图是程序还是文档？
10. 请判断对错：如果没有可运行的程序，测试人员就无法进行测试工作。
11. 请判断对错：测试人员要坚持原则，缺陷未修复完坚决不予通过。
12. 请简述C/S结构和B/S结构的软件有什么区别。
13. 请判断对错：软件运行时产生的错误是bug。
14. 请判断对错：从用户软件开发者的角度出发，普遍希望通过软件测试暴露软件中隐藏的错误和缺陷，以考虑是否可接受该产品。
15. 判断一个问题是否是bug的唯一标准是什么？
16. 请简述什么是测试环境、开发环境和生产运行环境。
17. 请简述你觉得自己具备哪些成为优秀测试工程师的素质。

软件测试基本概念

重点：

- 了解软件测试的定义。
- 理解软件测试的目的。
- 理解测试用例的定义。
- 掌握测试用例的设计。
- 理解软件测试的分类。
- 了解软件测试各种测试技术的含义。

【扫一扫：微课视频】

（推荐链接）

难点：

- 理解软件测试的目的。
- 理解软件测试的最终目标是为了提高软件质量。
- 掌握用各种测试技术设计测试用例。

2.1　什么是软件测试

我们试着思考一下，软件开发（代码编写）有着直接的产出，软件测试没有直接产出，那么，花那么多的人力、物力和金钱做软件测试到底是为了什么？什么是软件测试？

为了保证软件的质量和可靠性，应该力求在分析、设计等各个开发阶段结束前，对软件进行严格的技术评审。但由于人们能力的局限性，审查不能发现所有的错误。而且在编码阶段还会引进大量的错误。这些错误和缺陷如果遗留到软件交付投入运行之时，终将会暴露出来。但到那时，不仅改正这些错误的代价更高，而且往往会造成很恶劣的后果。

软件测试就是在软件投入运行前，对软件需求分析、设计规格说明和编码的最终复审，是软件质量保证的关键步骤。如果给软件测试下定义，可以这样讲：**软件测试**是为了发现错误而执行程序的过程。或者说，**软件测试**是根据软件开发各阶段的规格说明和程序的内部结构而精心设计的一批测试用例（即输入一些数据而得到其预期的结果），并利用这些测试用例去运行程序，以发现程序错误的过程。

【扫一扫：微课视频】

（推荐链接）

笼统的讲，软件测试在软件生存期中横跨两个阶段：通常在编写出每一个模块之后就对它做必要的测试（称为单元测试）。编码与单元测试属于软件生存期中的同一个阶段。在结束这个阶段之后，对软件系统还要进行各种综合测试，这是软件生存期的另一个阶段，即测试阶段，通常由专门的测试人员承担这项工作。

从用户的角度出发，普遍希望通过软件测试暴露出软件中隐藏的错误和缺陷，以考虑是否可以接受该产品。而从软件开发者的角度出发，则希望测试成为表明软件产品中不存在错误的过程，验证该软件已正确地实现了用户的要求，确立用户对软件质量的信心。

大量统计资料表明，软件测试的工作量往往占软件开发总工作量的40%以上，在极端情况，测试那种关系人的生命安全的软件所花费的成本，可能相当于软件工程其他开发步骤总成本的三倍到五倍。因此，必须高度重视软件测试工作，绝不要以为写出程序之后软件开发工作就接近完成了，实际上，大约还有同样多的测试工作量需要完成。仅就测试而言，它的目标是发现软件中的错误，但是，发现错误并不是我们的最终目的。软件工程的根本目标是开发出高质量的完全符合用户需要的软件。

在程序中往往存在着许多预料不到的问题，可能会被疏漏，许多隐藏的错误只有在特定的环境下才可能暴露出来。如果不把着眼点放在尽可能查找错误这样一个基础上，这些隐藏的错误和缺陷就查不出来，会遗留到运行阶段中去。如果站在用户的角度替他们设想，就应当把测试活动的目标对准揭露程序中存在的错误。在选取测试用例时，考虑那些易于发现程序错误的数据。

由于测试的目标是暴露程序中的错误，从心理学角度看，由程序的编写者自己进行测试是不恰当的。因此，在综合测试阶段通常由其他人员组成测试小组来完成测试工作。此外，应该认识到测试决不能证明程序是正确的。即使经过了最严格的测试之后，仍然可能还有没被发现的错误潜藏在程序中。测试只能查找出程序中的错误，不能证明程序中没有错误。

2.2 软件测试的目的

导致软件缺陷的原因是多方面的，软件测试是必要的，那么，软件测试的目的是什么呢？难道花费那么多资源用在测试上，仅仅是为了证明软件里有错误吗？

【扫一扫：微课视频】
（推荐链接）

随着软件系统的规模和复杂性与日俱增，软件的生产成本和软件中存在的缺陷和故障造成的各类损失也大大增加，甚至会带来灾难性的后果。软件质量问题已成为所有使用软件和开发软件的人关注的焦点，从大量的事实已经证实了软件测试的必要性。

在表面看来，软件测试的目的与软件工程其他阶段的目的好像是相反的，软件工程其他阶段都是在“建设”的，简单说，软件工程师一开始就力图从抽象的概念出发，然后逐步设计出具体的软件系统，直到用一种适当的程序设计语言编写、生成可执行的程序；然而，在测试阶段，测试人员所做的却是努力设计出一系列的测试方案，不遗余力地“破坏”已经建造好的软件系统，竭力证明程序中有错误，程序不能按照预定要求正确工作。

可以很肯定地说，这只是表面现象，暴露问题、“破坏”程序并不是软件测试的最终目的，**软件测试的目的**是为了尽早发现软件缺陷，并确保其得以修复，提高软件质量。换而言之，软件测试的最终目的是提高软件质量。所以，软件测试表面看起来是“破坏”，其实质却是为了“建设”质量更高的软件产品。用一句不太恰当的话总结就是：破而后立。

2.3　什么是测试用例

随着中国软件业的日益壮大和逐步走向成熟，软件测试也在不断发展，从最初的由软件编程人员兼职测试到软件公司组建独立专职测试部门。软件测试工作也从简单的、随意的、仅凭经验的测试演变为包括：编制测试计划、编写测试用例、准备测试数据、编写测试脚本、实施测试、测试评估等多项内容的正规测试。测试方式则由单纯手工测试发展为手工、自动兼之，并有向第三方专业测试公司发展的趋势。

在整个软件测试过程中，测试用例可以说是整个软件测试过程的核心，那么，什么是测试用例呢？

所谓**测试用例**是为了特定的目的而设计的一组测试输入、执行步骤和预期结果，以便测试某个程序路径或核实是否满足某个特定需求，测试用例是执行测试的最小实体。在某些情况下，可能会为了节省时间而忽略执行步骤，但不管在什么情况下，测试输入和预期结果是测试用例必不可少的两个组成部分，缺少其中一个，测试用例的执行就会无法判断执行结果，测试用例变得无效。

软件测试是有组织性、步骤性和计划性的，而设计软件测试用例的目的就是为了能将软件测试的行为转换为可管理的模式，将软件测试的行为活动作为一个科学化的组织活动。

测试用例对整个软件测试过程非常重要，原因有以下几方面：测试用例是构成设计和制定测试过程的基础；测试的“覆盖率”与测试用例的数量成比例，由于每个测试用例反映不同的场景、条件或经由产品的事件流，因而，随着测试用例数量的增加，对产品质量和测试流程也就越有信心；判断测试是否完全的一个主要评测方法是基于需求的覆盖，而这又是以确定、实施和执行的测试用例的数量为依据的，类似下面这样的说明：“95%的关键测试用例已得以执行和验证”，远比“我们已完成 95%的测试”更有意义；测试工作量与测试用例的数量成比例，根据全面且细化的测试用例，可以更准确地估计测试周期各连续阶段的时间安排。

设计测试用例时，不仅要考虑合理的输入数据，还要考虑不合理的输入数据，这样能更多地发现缺陷，提高程序的可靠性。对于不合理的输入数据，程序应能够进行有效性检查，指出输入数据有误，并给相应的提示。在测试中，所说的合理的输入主要指：针对于软件功能实现是有意义的、常规用户的输入。不合理的输入主要是指：针对于软件功能实现是没有意义、非常规用户（甚至是恶意用户）的输入情况。

例如，在某个系统的登录模块中，用户使用守则写明：用户名由 6～15 位的英文字母或数字组成，密码由 6～12 位的英文字母或数字组成。那么，在设计测试用例的时候，我们既要考虑合理的输入数据：用户名为“chen001”、密码为“123456”等等情况，还要考虑不合理的输入数据：用户名为空、密码为空，用户名和密码的长度不符合要求，用户名和密码包含了特殊字符（甚至是恶意字符）等情况。

又比如说，在某一系统的申请表中，要求用户输入以年月表示的日期，日期的输入格式是：由 6 位数字组成，前 4 位表示年，后 2 位表示月。那么，在设计测试用例的时候，我们既要考虑合理的输入数据：“201706”、“199812”等等情况，还要考虑不合理的输入数据：为空、“20176”、“2017-6”、“201713”、“150001”等不符合格式要求或现实要求的情况。

总而言之，设计测试用例的时候，我们可以参考这样一个原则：测试用例是为了发现程序中的错误而设计的，好的测试用例就是极有可能发现迄今为止尚未被发现的错误的测试用例，成功的测试用例是发现了至今为止尚未被发现错误的测试用例。

而且，不同类别的软件，测试用例的设计与执行也是不同的。测试用例通常根据它们所关联的测试类型或测试需求来分类。不同的测试用例，其内容可能包括测试目标、测试环境、输入数据、测试步骤、预期结果、测试脚本等，并形成文档。

测试用例是测试工作的指导，是软件测试必须遵守的准则，更是软件测试质量稳定的根本保障。

2.4 软件测试多维度分类

软件测试是一项复杂的系统工程，从不同的角度考虑可以有不同的划分方法。我们对测试进行分类，可以更好地明确测试的过程，了解测试究竟要完成哪些工作，尽量做到全面测试。

【扫一扫：微课视频】（推荐链接）

2.4.1 按是否需要执行被测软件的角度划分

按是否需要执行被测软件的角度划分，可分为：静态测试和动态测试。

静态测试是指不运行被测程序本身，仅通过分析或检查源程序的语法、结构、过程、接口等来检查程序的正确性。对需求规格说明书、软件设计说明书、源程序做结构分析、流程图分析、符号执行来找错。静态方法通过程序静态特性的分析，找出欠缺和可疑之处，例如不匹配的参数、不适当的循环嵌套和分支嵌套、不允许的递归、未使用过的变量、空指针的引用和可疑的计算等。静态测试结果可用于进一步的查错，并为测试用例选取提供指导。

动态测试是指通过运行被测程序，检查运行结果与预期结果的差异，并分析运行效率、正确性和健壮性等性能。这种方法由三部分组成：构造测试用例、执行程序、分析程序的输出结果。

2.4.2 按测试过程的各个阶段划分

按测试过程的各个阶段划分，可分为单元测试、集成测试、确认测试、系统测试、验收测试和回归测试。

1. **单元测试**

单元测试是针对软件基本组成单元（软件设计的最小单位，例如：类、方法、接口等）来进行正确性检验的测试，其目的是检测软件模块对《详细设计说明书》的符合程度。因为单元测试需要知道内部程序设计和编码的细节知识，一般应由程序员而非测试员来完成，往往需要开发测试驱动模块和桩模块来辅助完成单元测试。

一个软件单元的正确性是相对于该单元的规约而言的。因此，单元测试以被测试单位的规约为基准。单元测试的主要方法有控制流测试、数据流测试、排错测试、分域测试等。

2. **集成测试**

集成测试是在单元测试的基础上，将所有模块按照概要设计要求组装成子系统或者系统，验证组装后功能以及模块间接口是否正确的测试工作，其主要目的是检查软件单位之间的接口是否正确。它根据集成测试计划，一边将模块或其他软件单位组合成越来越大的系统，一边运行该系统，以分析所组成的系统是否正确，各组成部分是否合拍。

3. 确认测试

【扫一扫：微课视频】（推荐链接）

确认测试也称有效性测试，是在模拟的环境（可能就是开发的环境）下，运用黑盒测试的方法，验证被测软件是否满足需求规格说明书列出的需求。是在完成集成测试后，验证软件的功能和性能及其他特性是否符合用户要求，测试目的是保证软件能够按照用户预定的要求工作。

4. 系统测试

系统测试是将通过确认测试的软件，作为整个基于计算机系统的一个元素，与计算机硬件、外设、某些支持软件、数据和人员等其他系统元素结合在一起，在实际运行环境下，对计算机系统进行一系列的组装测试和确认测试。测试的主要目的是通过与《需求规格说明书》作比较，发现软件与系统需求定义不符合或与之矛盾的地方。

系统测试主要包括功能测试、界面测试、可靠性测试、易用性测试、性能测试、安全性测试等。其中，功能测试主要针对包括功能可用性、功能实现程度（功能流程&业务流程、数据处理&业务数据处理）方面测试。

5. 验收测试

验收测试是按照项目任务书、合同或其他供需双方约定的验收依据文档进行的对整个软件的测试与评审，目的是决定是否接受或拒收软件。验收测试是整个测试过程中最后一个测试阶段，是一项确定产品是否能够满足合同或用户所规定需求的测试。验收测试的结果有两种：软件功能、性能等质量特性与用户的要求一致，软件可以接受；软件功能、性能等质量特性与用户的要求不一致，软件不可以接受。

验收测试一般有三种策略：第三方测试、α 测试和 β 测试。

6. 回归测试

回归测试是指修改了旧代码后，重新进行的测试，以确认修改没有引入新的错误或导致其他代码产生错误。回归测试也可以看成是一种特殊的阶段性测试，可以发生在软件测试的任何一个阶段，包括单元测试、集成测试、系统测试，也可以贯穿于整个测试阶段。

2.4.3 按使用的测试方法划分

【扫一扫：微课视频】（推荐链接）

按测试方法划分，可分为：白盒测试、黑盒测试、灰盒测试。

1. 白盒测试

白盒测试也称结构测试或逻辑驱动测试，是了解程序内部逻辑结构、对所有逻辑路径进行的测试。“盒子”指的是被测试的软件，白盒指的是“盒子”是可视的。它是知道产品内部工作过程，可通过测试来检测产品内部动作是否按照详细设计的规定正常进行，按照程序内部的结构测试程序，检验程序中的每条通路是否都能按预定要求正确工作，而不顾它的功能，白盒测试的主要方法有逻辑驱动、路径测试等，主要用于软件验证。

“白盒”法全面了解程序内部逻辑结构、对所有逻辑路径进行测试。“白盒”法是穷举路径测试。在使用这一方案时，测试者必须检查程序的内部结构，从检查程序的逻辑着手，得出测试数据。贯穿程序的独立路径数是天文数字。但即使每条路径都测试了仍然可能有错误。第一，穷举路径测试绝不能查出程序违反了设计规范，即程序本身是个错误的程序。第二，穷举路径测试不可能查出程序中因遗漏路径而出错。第三，穷举路径测试可能发现不了一些与数据相关的错误。

白盒测试通常会借助一些测试工具来完成，如 Junit、Jtest 等。

2. **黑盒测试**

黑盒测试是指不基于内部设计和代码的任何知识，而基于需求和功能性的测试，黑盒测试也称功能测试或数据驱动测试。它是在已知产品所应具有的功能，通过测试来检测每个功能是否都能正常使用，在测试时，把程序看作一个不能打开的黑盆子，在完全不考虑程序内部结构和内部特性的情况下，测试者在程序接口进行测试，它只检查程序功能是否按照需求规格说明书的规定正常使用，程序是否能适当地接收输入数据而产生正确的输出信息，并且保持外部信息（如数据库或文件）的完整性。黑盒测试方法主要有等价类划分、边值分析、因果图、错误推测等，主要用于软件确认测试。

“黑盒”法着眼于程序外部结构，不考虑内部逻辑结构，针对软件界面和软件功能进行测试。“黑盒”法是穷举输入测试，只有把所有可能的输入都作为测试情况使用，才能以这种方法查出程序中所有的错误。但是，测试输入情况有无穷多个，实际上我们是无法实现穷尽测试的。但是，在有限的时间内，我们应该在一定的测试方法指导下，既要测试所有合法的输入，还要对那些不合法但是可能的输入进行测试。

黑盒测试也可以借助一些自动化测试工具，如 Selenium、WinRunner、QuickTestPro、Rational Robot 等。

3. **灰盒测试**

灰盒测试是介于白盒测试与黑盒测试之间的，可以这样理解，灰盒测试不仅关注输出对于输入的正确性，同时也关注内部表现，但这种关注不像白盒那样详细、完整，只是通过一些表征性的现象、事件、标志来判断内部的运行状态，有时候输出是正确的，但内部其实已经错误了，这种情况非常多，如果每次都通过白盒测试来操作，效率会很低，因此需要采取这样的一种灰盒的方法。

2.4.4 按测试实施组织划分

【扫一扫：微课视频】
（推荐链接）

按照测试实施组织划分，可分为：开发方测试（α 测试）、用户测试（β 测试）和第三方测试。

1. **α 测试**

α 测试是由用户在开发环境下对软件产品（α 版本）进行的测试，也可以是开发机构内部的用户在模拟实际操作环境下进行的测试。它的特点是在一个受控的环境下进行测试，开发者在用户旁边，随时记下错误情况和使用中的问题。α 测试的关键在于尽可能逼真地模拟实际运行环境和用户对软件产品的操作，并尽最大努力涵盖所有可能的用户操作方式。经过 α 测试后调整的软件产品称为 β 版本。

2. β测试

β测试是由软件的一个或多个用户在实际使用环境下进行的测试，它的特点是开发人员不在现场，是在开发人员无法控制的环境下进行的测试。在β测试中，由用户记下遇到的所有问题，包括真实的以及主观认定的，定期向开发者报告。β测试主要衡量产品的 FLURPS（包括功能、局域化、可使用性、可靠性、性能和支持），着重于产品的支持性，包括文档、客户培训和支持产品生产能力。

只有当α测试达到一定的可靠程度时，才能开始β测试。它处在整个测试的最后阶段。同时，产品的所有手册文本也应该在此阶段完全定稿。

3. 第三方测试

第三方测试是指委托开发方、用户方以外的第三方非利益相关机构所进行的测试。第三方是指两个相互联系的主体之外的某个客体，我们把它称作第三方，因为它处于买卖利益之外（如专职监督检验机构），以公正、权威的非当事人身份，根据有关法律、标准或合同所进行的软件测试活动。第三方测试有别于开发人员或用户进行的测试，其目的是为了保证测试工作的客观性。从国外的经验来看，测试逐渐由专业的第三方承担。同时第三方测试还可适当兼顾初级监理的功能，其自身具有明显的工程特性，为发展软件工程监理制奠定坚实的基础。第三方测试工程主要包括需求分析审查、设计审查、代码审查、单元测试、功能测试、性能测试、可恢复性测试、资源消耗测试、并发测试、健壮性测试、安全测试、安装配置测试、可移植性测试、文档测试以及最终的验收测试等十余项。

第三方测试以合同的形式制约了测试方，使得它与开发方存在某种“对立”的关系，所以它不会刻意维护开发方的利益，保证了测试工作在一开始就具有客观性。第三方一般都不直接参加开发方系统的设计和编程，为了能够深入理解系统、发现系统中存在的问题，第三方测试必须按软件工程的要求办事，以软件工程的标准要求开发方和用户进行配合，从而较好地体现软件工程的理念。引入第三方测试后，由于测试方相对的客观位置，由用户、开发方、测试方三方组成的三角关系也便于处理以往用户、开发方双方纠缠不清的矛盾，使得许多问题能得到比较客观的处理。

第三方测试不同于开发方的自测试。由开发人员承担的测试存在很多弊病，除去自身利益驱使带来的问题外，还有许多不客观的问题，主要表现在思维的定势上。由于他熟悉设计和编程等，往往习惯于按一定的“程式”考虑问题，以至思路比较局限，难于发现“程式”外存在的问题。因为第三方测试的目的就是为尽量多地发现程序中的错误而运行程序的过程，可以更多地发现问题。此外，随着系统越做越大，客观上讲开发人员也无精力参与测试，同时也不符合大生产专业分工的原则。

第三方测试不同于用户的自测试。用户是应用软件需求的提出者，对于软件应该完成的功能是非常清楚的，是进行功能验证的最佳人选。客观情况是，大部分的用户都不是计算机的专业人士，很难对系统的内部实现过程进行深入的分析。对系统的全面测试，功能测试仅仅是一个方面，还要包括并发能力、性能等多种技术测试。这些测试对技术有很高的要求，必须由计算机的专业人员才能完成。

第三方测试一般还兼顾初级监理的职能，不但要对应用进行各种测试，还进行需求分析的评审、设计评审、用户类文档的评审等，这些工作对用户进行系统的验收以及推广应用都非常有意义。

总而言之，软件测试方法和技术的分类与软件开发过程相关联，它贯穿了整个软件生命周期。

小　结

1. 软件测试是根据软件开发各阶段的规格说明和程序的内部结构而精心设计的一批测试用例（即输入一些数据而得到其预期的结果），并利用这些测试用例去运行程序，以发现程序错误的过程。

2. 必须高度重视软件测试工作，绝不要以为写出程序之后软件开发工作就接近完成了，实际上，大约还有同样多的测试工作量需要完成。仅就测试而言，它的目标是发现软件中的错误，但是，发现错误并不是最终目的。软件工程的根本目标是开发出高质量的完全符合用户需要的软件。

3. 软件测试的目的是为了尽早发现软件缺陷，并确保其得以修复，提高软件质量。换而言之，软件测试的最终目的是提高软件质量。

4. 测试用例是为了特定的目的而设计的一组测试输入、执行步骤和预期结果，以便测试某个程序路径或核实是否满足某个特定需求，测试用例是执行测试的最小实体。

5. 软件测试是一项复杂的系统工程，从不同的角度考虑可以有不同的划分方法：① 按是否需要执行被测软件的角度划分，可分为静态测试和动态测试；② 按测试过程的各个阶段来划分，可分为单元测试、集成测试、确认测试、系统测试、验收测试、回归测试；③ 按测试方法来划分，可分为白盒测试、黑盒测试、灰盒测试；④ 按照测试实施组织来划分，可分为开发方测试（α测试）、用户测试（β测试）和第三方测试。

思考与练习

1. 请简述软件测试的目的。

2. 请判断对错：软件测试的目的是尽可能多地找出软件的缺陷。

3. 请判断对错：测试只能查找出程序中的错误，不能证明程序中没有错误。

4. 请判断对错：软件测试的任务就是为了发现 bug。

5. 请简述白盒子测试与黑盒子测试各自的优点和缺点。

6. 请简述为什么要进行单元测试。单元测试一般使用什么工具辅助进行？

7. 请解释什么是驱动模块，什么是桩模块。

8. 集成测试时，使用增量式集成测试和非增量式集成测试有何不同？

9. 请简述集成测试、确认测试、系统测试和验收测试各自的侧重点是什么？这 4 种测试有何区别？

10. 请简述集成测试、确认测试、系统测试和验收测试在测试时是否会出现重复测试的现象。为什么会出现这种情况？针对这种情况，如何才能避免测试资源的浪费？

11. 因为参与系统测试的人员很广，参与系统测试的测试类型也很广，所以进行系统测试有一定的难度，请简述正常情况下参与系统测试的人员和参与系统测试的测试类型有哪些。

12. 系统测试、性能测试、压力测试、负载测试和强度测试是否是同一个概念？如果不是，请说明为什么？

13. 请判断对错：软件测试按照测试过程分类为黑盒、白盒测试。

14. 请判断对错：负载测试是验证要检验系统的能力最高能达到什么程度。

15. 请判断对错：WAS 是单元测试工具。

16. 请判断对错：Web 网站测试需要考虑数据库测试。

17. 验收测试的整个过程一般包含哪几个步骤？

18. 验收测试的合格通过准则是什么？

19. 请简述测试用例包括哪些要素。

20. 请判断对错：在设计测试用例时，应包括合理的输入条件和不合理的输入条件。

21. 请判断对错：功能测试是系统测试的主要内容，检查系统的功能、性能是否与需求规格说明相同。

22. 请判断对错：测试用例是在测试执行后写的。

23. 请简述测试用例一般在什么阶段来写，由谁来写。

24. 请使用下面给出的测试用例模板，写若干个（十个以上，越多越好）Windows 自带计算器的测试用例。

<table>
<tr><td>项目/软件</td><td colspan="2"></td><td colspan="2">版本</td><td></td></tr>
<tr><td>作者</td><td colspan="2"></td><td colspan="2">功能模块名</td><td></td></tr>
<tr><td>用例编号</td><td colspan="2"></td><td colspan="2">编制人</td><td></td></tr>
<tr><td>修改历史</td><td colspan="2"></td><td colspan="2">编制时间</td><td></td></tr>
<tr><td>功能特性</td><td colspan="5"></td></tr>
<tr><td>测试目的</td><td colspan="5"></td></tr>
<tr><td>预置条件</td><td colspan="5"></td></tr>
<tr><td>测试数据</td><td colspan="5"></td></tr>
<tr><td>操作描述</td><td colspan="5"></td></tr>
<tr><td>期望结果</td><td colspan="5"></td></tr>
<tr><td>实际结果</td><td colspan="5"></td></tr>
<tr><td>测试人员</td><td></td><td>开发人员</td><td></td><td>测试日期</td><td></td></tr>
</table>

第3章 软件测试与软件质量

重点：

- 理解软件质量模型的6个特性。
- 理解QA和QC的区别。
- 理解软件测试模型。
- 掌握软件测试的总体工作流程。
- 理解软件测试的基本原则。

难点：

- 软件测试模型核心思想的理解。
- 掌握软件测试的总体工作流程。
- 在现实案例中运用软件测试基本原则指导测试工作。

【扫一扫：微课视频】（推荐链接）

现今软件应用广泛，在许多领域已成为产品创新的源泉，软件可以使整个工作活动更加灵活、智能，工作活动对软件的需求和依赖，使得软件既要满足用户的功能要求，又必须可靠、稳定。在许多应用场景下，软件失效有可能带来重大损失，安全性必须得到保证。

3.1 软件质量模型

软件质量模型ISO/IEC 9126是早期评价软件质量的国际标准，由6个特性和27个子特性组成，测试工作需要从这6个特性和27个子特性去测试、评价一个软件。这个模型是软件质量标准的核心，对于大部分的软件，都可以考虑从这几个方面着手进行测评。软件质量模型ISO/IEC 9126如图3-1所示。

（1）功能性：是指当软件在指定条件下使用，软件产品满足明确和隐含要求功能的能力，即适合性；并且能够得到正确或相符的结果或效果，即准确性；拥有能够和其他指定系统进行交互的能力，即互操作性；防止对程序或数据的未经授权访问的能力，即保密安全性；遵循国际/国家/行业/企业标准规范一致性，即功能性的依从性。

（2）可靠性：在指定条件下使用时，软件产品维持规定的性能水平的能力。其中包括成熟性：指软件产品避免因软件中错误发生而导致失效的能力；容错性：是指在软件发生故障或违反指定接口的情况下，软件产品维持规定的性能水平的能力；易恢复性：是指在失效发生的情况下，软件产品重建规定的性能水平并恢复受直接影响的数据的能力；可靠性的依从性：遵循国际/国家/行业/企业标准规范一致性。

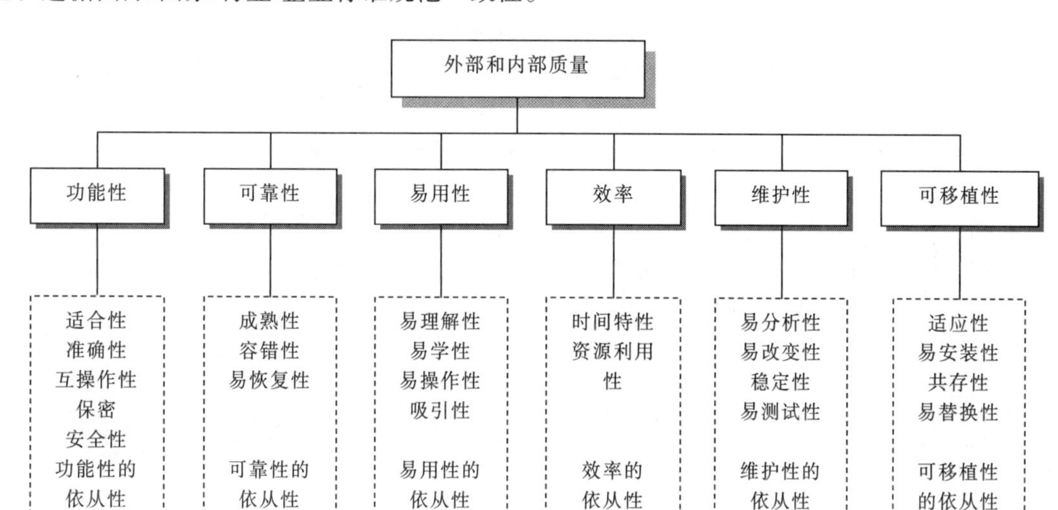

图 3-1　软件质量模型 ISO/IEC 9126

（3）易用性：是指在指定条件下使用时，软件产品被理解、学习、使用和吸引用户的能力。

（4）效率：是指在规定条件下，相对于所用资源的数量，软件产品可提供适当的性能的能力。其中，时间特性：是指在规定条件下，软件产品执行其功能时，提供适当的响应时间和处理时间以及吞吐率的能力。除此之外，资源利用性：是指在规定条件下，软件产品执行其功能时，所使用的资源数量及其使用时间。效率依从性：遵循国际/国家/行业/企业标准规范一致性。

（5）可维护性：是指软件产品可被修改的能力，修改可能包括修正、改进或软件适应环境、需求和功能规格说明中的变化。易分析性：定位成本，分析定位问题的难易程度。易改变性：降低修改缺陷的成本，软件产品使指定的修改可以被实现的能力。稳定性：防止意外修改导致程序失效。易测试性：降低发现缺陷的成本，使已修改软件能被确认的能力。可维护性的依从性：遵循国际/国家/行业/企业标准规范一致性。

（6）可移植性：是指软件产品从一种环境迁移到另一种环境的能力。

经过多年的发展，2002 年 5 月，JTC1/SC7 在釜山会议上通过了标准编号范围为 ISO/IEC 25000–25050 的《软件产品质量需求和评估》，现今的软件质量模型 ISO/IEC 25010 就是在修订 ISO/IEC 9126 相关部分的基础上制定的。

软件质量模型 ISO/IEC 25010 描述了 8 个质量特性和 36 个质量子特性，如图 3-2 所示。

ISO/IEC 25010 与 ISO/IEC 9126 主要的区别是：前者把安全性和互用性从子特性中提了出来，加强了这两方面的重视程度。

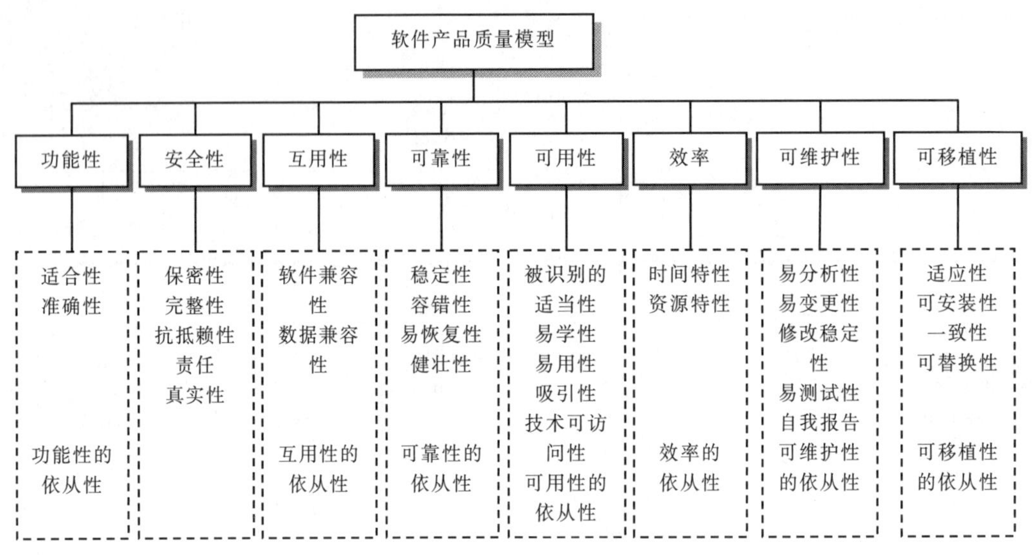

图 3-2　软件质量模型 ISO/IEC 25010

3.2　QA 与 QC

QA（Quality Assurance），中文意思是质量保证，在 ISO8402—1994 中的定义是"为了提供足够的信任表明实体能够满足质量要求，而在质量管理体系中实施并根据需要进行证实的全部有计划和有系统的活动"。QA 对企业内部来说是：全面有效的质量管理活动。对企业外部来说则是：对所有的有关方面提供证据的活动。

QC（Quality Control），中文意思是质量控制，通俗地说就是质检，在 ISO8402—1994 的定义是"为达到品质要求所采取的作业技术和活动"。

美国 ANSI/IEEE Std 729—1983 文件中，关于软件质量概念被定义为："与软件产品满足规定的和隐含的需求的能力有关的特性或特征的全体。"

在 ISO9000-1（1994 版）中将软件定义为："通过承载媒体表达信息所组成的一种知识产物。"对软件而言，软件质量是指软件产品的特性可以满足用户的功能、性能需求的能力。

软件测试可以找出缺陷并进行修复，从而提高软件产品的质量。软件测试能避免错误，以求高质量，但是还有其他方面的措施以保证质量问题，如软件质量保证（SQA）。软件测试也只是提高软件质量的一个工作层面而已，软件测试并不是质量保证，软件测试只是软件质量保证的重要一环，二者并不等同。

在一个软件组织或项目团队中，存在 QA 和 QC 两类角色，这两类角色工作的主要侧重点比较如下：

（1）具备必要资质的 QA 是组织中的高级人才，需要全面掌握组织的过程定义，熟悉所参与项目所用的工程技术；QC 则既包括软件测试设计员等高级人才，也包括一般的测试员等中、初级人才。国外有软件企业要求 QA 应具备两年以上的软件开发经验，半年以上的分析员、设计员经验；不仅要接受 QA 方面的培训，还要接受履行项目经理职责方面的培训。

（2）在项目组中，QA 独立于项目经理，不由项目经理进行绩效考核；QC 受项目经理领导，通常在项目运行周期内，QC 的绩效大部分由项目经理考核决定。

（3）QA 活动贯穿项目运行的全过程；QC 活动一般设置在项目运行的特定阶段，在不同的控制点可能由不同的角色完成。

（4）对称职的 QA，跟踪和报告项目运行中的发现只是其工作职责的基础部分，更富有价值的工作包括为项目组提供过程支持，例如为项目经理提供以往类似项目的案例和参考数据，为项目组成员介绍和解释适用的过程定义文件等；QC 的活动则主要是发现和报告产品的缺陷。

软件过程是人们通常所说的软件生命周期中的活动，一般包括软件需求分析、软件设计、软件编码、软件测试、交付、安装和软件维护。随着软件过程的开始，软件质量也逐渐建立起来。软件过程的优劣决定了软件质量的高低，好的过程是高效高质量的前提。人员和过程是决定软件质量的关键因素。高质量的人员和好的过程应该会得到好的产品。

软件系统的开发包括一系列生产活动，其中由人带来的错误因素非常多，错误可能出现在程序的最初需求分析阶段，设计目标可能是错误的或描述不完整，也可能在后期的设计和开发阶段，因为人员之间的交流不够，交流上有误解或者根本不进行交流，所以尽管人们在开发软件的过程中使用了许多保证软件质量的方法和技术，但开发出的软件中还会隐藏许多错误和缺陷。要知道，只有通过严格的软件测试，才能很好地提高软件质量，而软件质量并不是依靠软件测试来保证的，软件的质量要靠不断地提高技术水平和改进软件开发过程来保证，软件测试只是一种有效地提高软件质量的技术手段，而不是软件质量的安全网。

正规的软件测试系统主要包括：制定测试计划、测试设计、实施测试、建立和更新测试文档。

而软件质量保证的工作主要为：制定软件质量要求、组织正式度量、软件测试管理、对软件的变更进行控制、对软件质量进行度量、对软件质量情况及时记录和报告。

软件质量保证的职能是向管理层提供正确的可行信息，从而促进和辅助设计流程的改进。软件质量保证的职能还包括监督测试流程，这样测试工作就可以被客观地审查和评估，同时也有助于测试流程的改进。二者的不同之处在于软件质量保证工作侧重对软件开发流程中的各个过程进行管理与控制，杜绝软件缺陷的产生。而测试则是发现已经产生的缺陷，对已产生的软件缺陷进行修复。

3.3 狭义上的软件测试过程

我们知道，软件开发过程的质量决定了软件的质量，同样的，软件测试过程的质量决定了软件测试的质量和有效性。软件测试过程的管理是保证测试过程质量、控制测试风险的重要活动。软件测试和软件开发一样，都遵循软件工程的原理，有它自己的生命周期。

不管我们做哪件事情，都有一个循序渐进的过程，从计划到策略到实现。过程就是告诉我们该怎么一步一步去实现产品，可能会有哪些风险，如何去避免风险等。由于积累的过程来源于成功的经验，因此，按照过程进行开发可以使得我们少走弯路，并有效地提高产品质量，提高用户的满意度。

在狭义上来说，人们通常所说的软件测试过程可以按 5 个阶段进行，即单元测试、集成测试、确认测试、系统测试和验收测试。软件测试过程如图 3-3 所示。

软件测试过程中的 5 个阶段与软件开发过程的几个阶段密不可分，相互交错，其中最重要的原则是：尽早地和不断地进行软件测试。

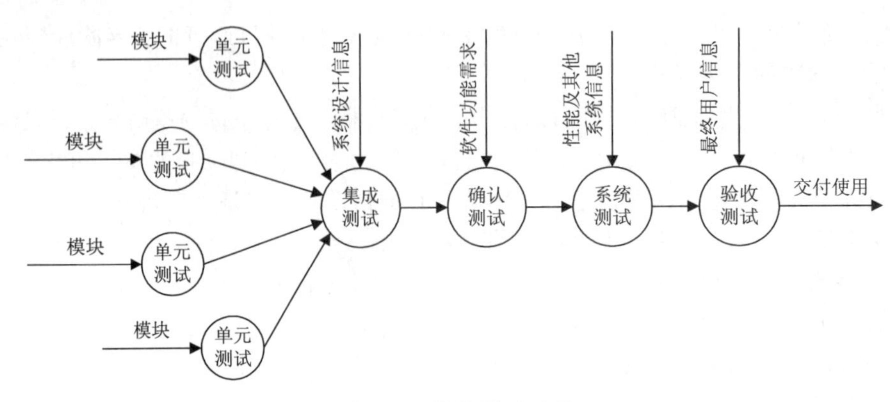

图 3-3　软件测试过程

但是，实际上的软件测试过程并没有那么简单，它是根据一定的指导思想所进行的一系列交互活动的过程，如果我们要更好地理解软件测试过程，我们就必须先了解它的指导思想。

3.4　软件测试过程模型介绍

测试过程的管理十分重要，过程管理已成为测试取得成功的重要保证。如果要理解软件测试过程，那么，我们就应该先了解软件测试过程模型，它是整个软件测试过程具体实施的理论指导。

【扫一扫：微课视频】
（推荐链接）

在软件开发几十年的实践过程中，人们总结了很多行之有效的开发模型，比如经典的瀑布模型。它将软件生命周期划分为制定开发计划、需求分析和说明、软件设计、程序编写、软件测试和运行维护等6个基本活动，并且规定了它们自上而下、相互衔接的固定次序，如同瀑布流水，逐级下落。

同理，随着测试技术的蓬勃发展，经过多年努力，测试专家也提出了许多行之有效的测试过程模型，包括V模型、W模型、H模型等。这些模型定义了测试活动的流程和方法，为测试管理工作提供了指导。

3.4.1　V 模型

V模型最早是由 Paul Rook 在 20 世纪 80 年代后期提出的，旨在改进软件开发的效率和效果。V模型反映出了测试活动与分析设计活动的关系。在图 3-4 中，从左到右描述了基本的开发过程和测试行为，非常明确地标注了测试过程中存在的不同类型的测试，并且清楚地描述了这些测试阶段和开发过程各阶段的对应关系。

V 模型指出，单元和集成测试应检测程序的执行是否满足软件设计的要求；系统测试应检测系统功能、性能的质量特性是否达到系统要求的指标；验收测试确定软件的实现是否满足用户需要或合同的要求。

V 模型是软件开发瀑布模型的变种，主要反映测试活动与分析和设计的关系。但是，V模型存在一定的局限性，它仅仅把测试作为编码之后的最后一个阶段，是针对程序进行的寻找错误的活动，那么，需求分析等前期产生的缺陷就只能直到后期的验收测试才能发现，这样的缺陷修复费用将是巨大的。

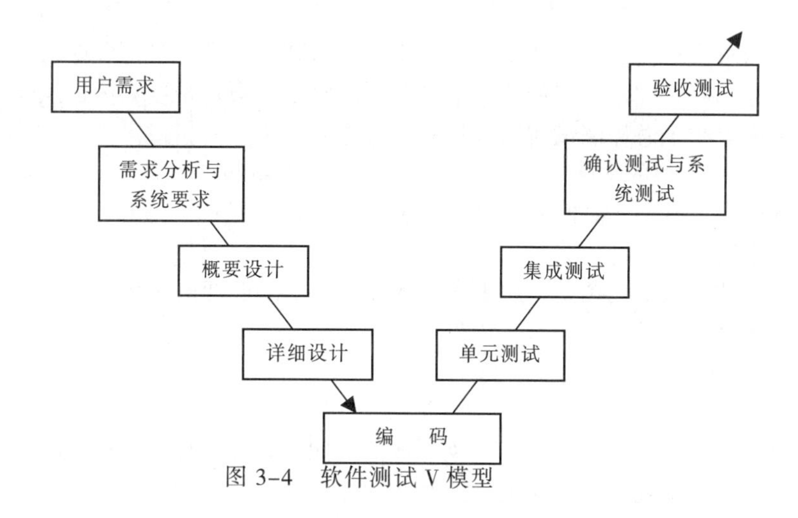

图 3-4　软件测试 V 模型

3.4.2　W 模型

V 模型没有明确地说明早期进行的测试，不能体现“尽早地和不断地进行软件测试”的原则。那么，在 V 模型中增加软件各开发阶段相应同步进行的测试，就演化为一种 W 模型。

W 模型由 Evolutif 公司提出，相对于 V 模型，W 模型增加了软件各开发阶段中应同步进行的验证和确认活动，在软件的需求和设计阶段的测试活动遵循 IEEE 标准的《软件验证和确认（V&V）》原则。如图 3-5 所示，W 模型由两个 V 字型模型组成，分别代表测试与开发过程，图中明确表示出了测试与开发的并行关系。

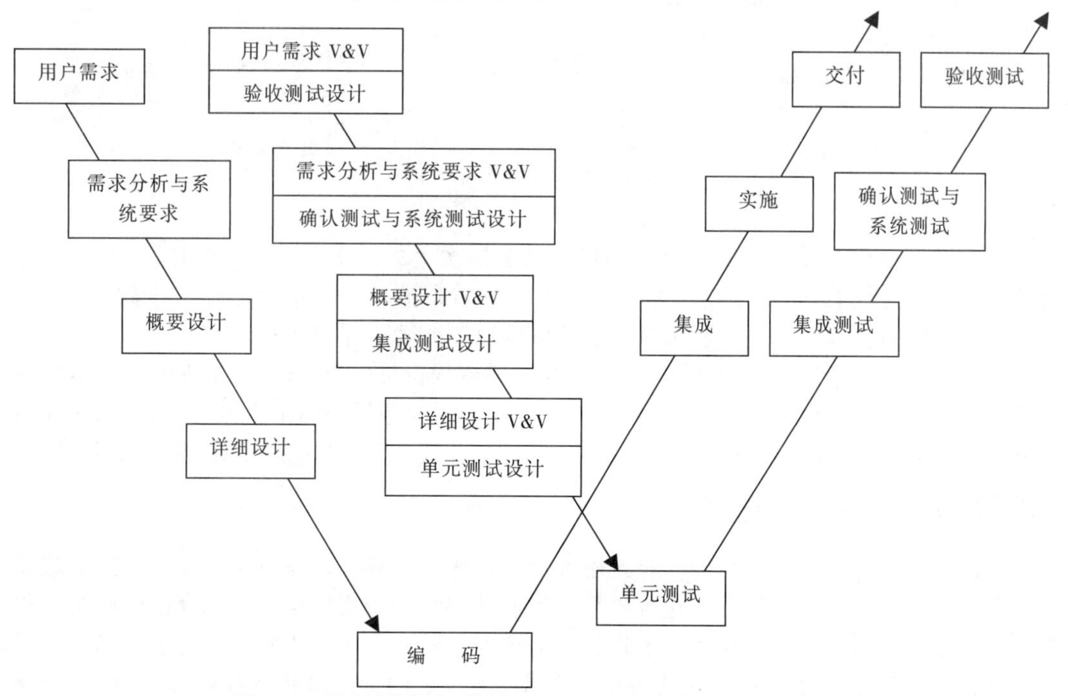

图 3-5　软件测试 W 模型　（V&V：软件验证和确认）

W 模型强调：测试伴随着整个软件开发周期，而且测试的对象不仅仅是程序，需求、设计等同样要测试，也就是说，测试与开发是同步进行的。W 模型有利于尽早地、全面地发现问题。例如，需求分析完成后，测试人员就应该参与到对需求的验证和确认活动中，以尽早地找出缺陷所在。同时，对需求的测试也有利于及时了解项目难度和测试风险，及早制定应对措施，这将显著减少总体测试时间，加快项目进度。

W 模型是在 V 模型的基础上，增加了开发阶段的同步测试，测试与开发同步进行，有利于尽早地发现问题。但是，W 模型也存在局限性，在 W 模型中，仍把开发活动看成是从需求开始到编码结束的串行活动，只有上一阶段完成后，才可以开始下一阶段的活动。这样不能支持迭代、自发性以及变更调整，对于当前软件开发复杂多变的情况，W 模型并不能解除测试管理面临的困惑。

3.4.3 H 模型

V 模型和 W 模型均存在一些不妥之处。如前所述，它们都把软件的开发视为需求、设计、编码等一系列串行的活动，而事实上，这些活动在大部分时间内是可以交叉进行的，所以，相应的测试之间也不存在严格的次序关系。同时，各层次的测试（单元测试、集成测试、系统测试等）也存在反复触发、迭代的关系。

为了解决以上问题，有专家提出了 H 模型。它将测试活动完全独立出来，形成了一个完全独立的流程，将测试准备活动和测试执行活动清晰地体现出来，如图 3-6 所示。

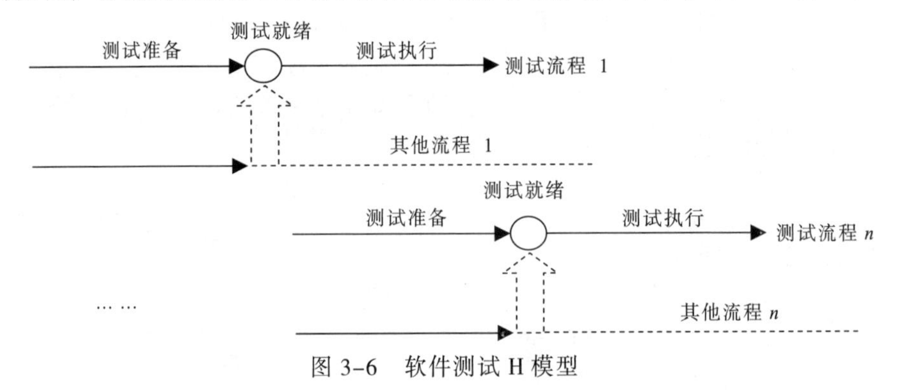

图 3-6　软件测试 H 模型

这个示意图仅仅演示了在整个生命周期中某个层次上的一次测试“微循环”。图中标注的其他流程可以是任意的开发流程。例如，设计流程或编码流程。也就是说，只要测试条件成熟了，测试准备活动完成了，测试执行活动就可以（或者说需要）进行了。

H 模型揭示了一个原理：软件测试是一个独立的流程，贯穿产品整个生命周期，与其他流程并发地进行。H 模型指出软件测试要尽早准备，尽早执行。不同的测试活动可以按照某个先后次序来进行，但也可能是反复的，只要某个测试达到准备就绪点，测试执行活动就可以开展了。

3.4.4 测试过程模型的选择

当然，除上述几种常见模型外，业界还流传着其他几种模型，例如 X 模型、前置测试模型等。那么，面对这么多软件测试过程模型，到底选择哪一个更好呢？前面介绍的测试过程模型中，V 模型强调了在整个项目开发过程中需要经历的不同测试级别，但忽视了测试的对象不应该仅仅是程序。而 W 模型在这一点上进行了补充，明确指出应该对需求、设计进行测试。但是 V 模型和 W 模型都没有将一个完整的测试过程抽象出来，成为一个独立的流程，这并不适合当前软件开发中广泛应用的迭代模型。H 模型则明确指出测试的独立性，也就是说只要测试条件成熟了，就可以开展测试工作。

这些模型各有长短，并没有哪种模型能够完全适合于所有的测试项目，在实际测试中应该吸取各模型的长处，归纳出合适的测试理念。“尽早测试”“全面测试”“全过程测试”和“独立、迭代的测试”是从各模型中提炼出来的四个理念，这些思想在实际测试项目中得到了应用并收到了良好的效果。在运用这些理念指导测试工作的同时，测试组应不断关注基于度量和分析过程的改进活动，不断提高测试管理水平，更好地提高测试效率、降低测试成本。

3.5 软件测试总体工作流程

广义上来说，软件测试的工作流程更为复杂一些，它明确了软件工程的各阶段测试团队应完成的工作，是测试团队的日常工作规范。在这里必须要强调一点，软件测试是一个持续进行的过程。在传统的瀑布开发模型中，定义了一个专门的测试阶段，可能很多不了解的人想当然地认为，软件测试活动只集中于这一个阶段，这是一个错误的想法。软件测试已发展成为一个全过程的验证和确认（V&V）活动，它贯穿于整个开发生命周期的始末。

【扫一扫：微课视频】
（推荐链接）

为了方便对软件测试总体工作有一个整体的了解，在这里有一个描绘软件测试总体工作的流程图，主要侧重于描述测试工作流程的控制，给软件测试初学者有一个整体的认识。如图 3-7 所示。

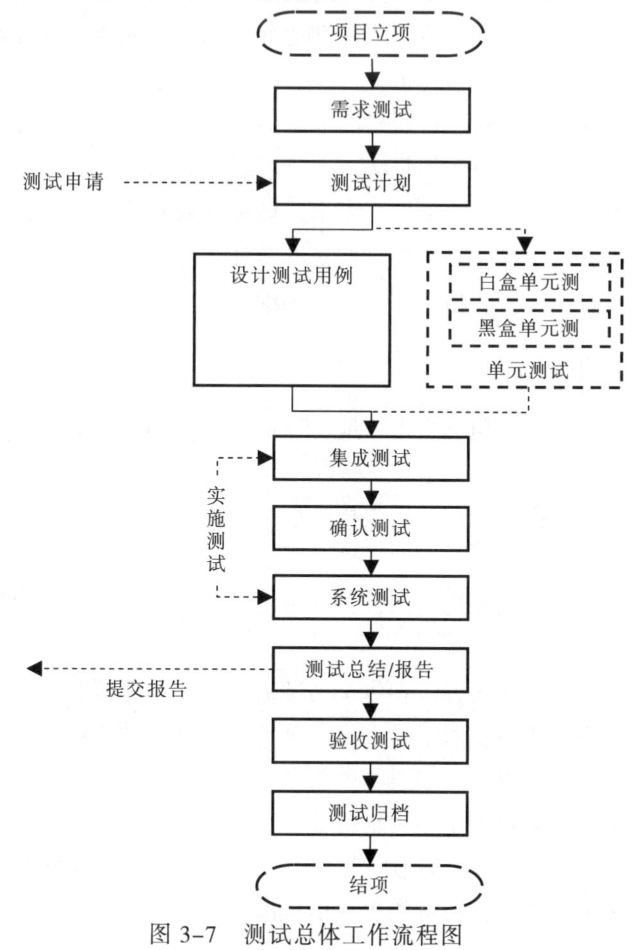

图 3-7 测试总体工作流程图

3.5.1 需求测试阶段

需求工程师拿到客户的原始需求后（或者是需求工程师到客户工作环境实地调研获取，或者是由客户主动收集、整理并提交），考虑用户的使用环境，充分挖掘出用户的隐性需求。客户提出的是显性需求，把两者结合起来的过程就是需求分析，输出的自然是软件需求分析（软件需求规约）文档了。

在软件开发过程中，需求分析是最开始的工作，需求分析如果做得不够详细或者是偏离用户需求，往往会给项目带来灭绝性的灾难。因此，如何保证需求分析的正确性，不偏离用户的需求就成了决定软件项目成败的关键。

软件开发的过程可以分为这几个阶段：风险调查、需求分析、概要设计、详细设计、编码、测试、验收、运行与维护阶段。而软件缺陷的修复费用会随着时间的推移，呈几何级数增长。如果在需求分析阶段产生了缺陷，在设计阶段之前就被发现了，那么，修复的费用将会很少，就仅仅是重新修改需求说明书就可以了；如果在需求分析阶段产生了缺陷，在之后的设计、编码、测试、验收阶段一直都没有被发现，等到软件已经在用户实际环境运行了才被用户发现，并且软件的缺陷已经给用户造成了实际损失，那么，要修复这个缺陷的费用就非常庞大，甚至还要赔偿用户高额的损失费，这就是灾难性的后果了。

需求工程师取得用户的显性需求后，要仔细地分析用户到底要求软件实现什么功能，用户的表达和需求工程师的理解有时候并不会一致，这样会导致用户所想的和需求说明书上所描述的有偏差。并且，需求工程师取得用户的需求后必须做仔细透彻的分析，有时候用户的需求并不一定正确，可能是用户突然的想法，并不可行。如果需求工程师不能对用户提出的需求进行判断，可能辛辛苦苦地实现了用户需求，结果却被用户否决掉。

对于需求规格说明书的正确性必须进行彻底的验证，将错误在开工前就消灭。通常有两种手段来检查需求的正确性，分别是需求评审和详细的需求测试。

3.5.2 编写测试计划阶段

软件需求分析文档确立后，测试组需要编写测试计划文档，为后续的测试工作提供直接的指导。

根据项目的需求文档，按照测试计划文档模板编写测试计划。测试计划中应该至少包括以下关键内容：

- 测试需求：需要测试组测试的范围，估算出测试所花费的人力资源和各个测试需求的测试优先级。
- 测试方案：整体测试的测试方法和每个测试需求的测试方法。
- 测试资源：本次测试所需要用到的人力、硬件、软件、技术的资源。
- 测试组角色：明确测试组内各个成员的角色和相关责任。
- 里程碑：明确标准项目过程中测试组应该关注的里程碑。
- 可交付物：在测试组的工作中必须向项目组提交的产物，包括测试计划、测试报告等。
- 风险管理：列举出测试工作所可能出现的风险。

测试计划编写完毕后，必须提交给项目组全体成员，并由项目组中各个角色成员联合评审。

3.5.3 设计测试用例阶段

在软件需求分析文档确立基线以后，测试组需要针对项目的测试需求编写测试用例，在实际的测试中，测试用例将是唯一实施标准。测试用例需要覆盖所有的测试需求。

根据经验总结，可以按照不同的业务规则将测试用例分为：场景用例、系统用例、功能用例。

（1）场景用例：按照用户的实际操作与业务逻辑设计用例，不必涉及很复杂的操作或逻辑，把用户最常用的、正常的操作流程作为一个场景设计测试用例。

（2）系统用例：是用户场景的细化，包含正常场景、分支场景和异常场景，是两个或多个有关联的功能组合而成的场景。

（3）功能用例：用于验证各功能点的业务规则，包括界面元素和各功能的业务规则验证。主要针对单个功能点。

具体如何设计测试用例，这个要根据具体的测试目的，使用不同的测试方法、测试技术来指导，比如说，人们常说的黑盒测试方法就有：等价类划分方法、边界值分析方法、错误推理方法、因果图方法、判定表驱动分析方法等。

3.5.4 实施测试阶段

测试用例设计完成，产品可测试（即开发团队完成内测）后，测试工程师根据测试计划中分配给自己的测试任务（包括但不限于测试用例），执行相应的测试，并将记录实测结果。

在计划的测试周期后，测试负责人需要总结此轮测试的结果，编写阶段测试报告，主要应包含以下内容：

- 测试报告的版本。
- 测试的人员和时间。
- 此轮测试新发现缺陷情况，包括数量、分类及分布等。
- 此轮测试缺陷的回归情况。
- 经过此轮测试，所有活动缺陷的数量、分类及分布等。
- 测试评估：写明在这一版本中，哪些功能被实现了，哪些还没有实现，这里只需写明和上一版本不同之处即可。
- 急待解决的问题：写明当前项目组中面临的最优先的问题，可以重复提出。

3.5.5 测试总结/报告阶段

在所有测试任务完成之后，测试负责人将要编写测试总结报告，对测试进行总结，并且提交给全体项目组，为产品的后续工作提供重要的信息支持。

测试负责人根据测试的结果，按照测试报告的文档模板编写测试报告，测试报告必须包含以下重要内容：

- 测试资源概述：用了多少人、多长时间。

- 测试结果摘要：分别描述各个测试需求的测试结果，产品实现了哪些功能点，哪些还没有实现。
- 缺陷分析：按照缺陷的属性分类进行分析。
- 测试需求覆盖率：测试计划中列举的测试需求的测试覆盖率，可能一部分测试需求因为资源和优先级的因素没有进行测试，那么在这里要进行说明。
- 测试评估：从总体对项目质量进行评估。
- 测试组建议：从测试组的角度为项目组提出工作建议。

3.5.6 测试归档阶段

测试归档是在测试验收结束，宣布测试有效、结束测试后，对测试过程中涉及的各种标准文档进行归类，存档。

归类、存档测试过程涉及的文档，主要包括以下文档：

- 测试计划书。
- 测试用例书。
- 测试报告书。
- 测试总结书。

3.6 软件测试基本原则

为了达到软件测试的目标，在软件测试过程中针对测试计划、测试用例设计以及测试管理必须遵循哪些基本原则呢？

【扫一扫：微课视频】

（推荐链接）

为了避免走弯路，为了迅速地进入软件测试的殿堂，在这里列举 8 条测试原则，它们可以理解为是软件测试领域的公理，是软件测试领域的“交通法则”。

- 完全测试软件是不可能的。
- 软件测试是有风险的行为。
- 测试无法显示潜在的软件缺陷。
- 软件缺陷的群集现象。
- 软件缺陷的免疫现象。
- 随着时间的推移，软件缺陷的修复费用将呈几何级数增长。
- “零缺陷”是不切实际的行为。
- 尽量避免测试的随意性。

3.6.1 完全测试软件是不可能的

想要进行完全的测试，在有限的时间和资源条件下，找出所有的软件缺陷和错误，使软件趋于完美，那是不可能的。

例如，要完全测试计算器软件的加法运算是否可行呢，首先，测试员就要构造测试输入，尝试测试 1+1，显示屏显示结果是 2，实际结果正确；然而，测试员能否根据前面的测试就很肯定地说，进行 1+2 运算，计算器显示的结果不会出错呢？没有 100%的把握，所以，测试员还是要构造这样的测试输入，进行 1+2 运算，就算 1+2 的结果正确，那么 1+3 呢，1+4 呢？1+9999999999999999999999999999999999 呢？如果在字长 32 位的计算机上运行，假设只进行整数相加运算，那么按照穷举法，测试数据有 $2^{32}\times 2^{32}=2^{64}$ 个，如果测试一组数据需要 1 毫秒，一年工作 365 × 24 小时，要完全测试这些数据需要 5 亿年的时间。

因此，在实际测试中，完全测试是不可行的，即使最简单的程序也不行，主要有以下 4 个原因：

- 输入量太大。
- 输出结果太多。
- 路径组合太多。
- 软件需求规格说明书很可能也没有客观的标准，从不同的角度看，软件缺陷的标准不同。

当然，完全测试是不可能的，那是否就要放弃测试呢？不是的，依据一定的测试方法指导，进行如等价类划分等手段，是可以在时间和资源可控的范围内，进行有限测试，却能够发现软件绝大部分的缺陷，使软件的质量达到用户要求的范围。

3.6.2　软件测试是有风险的行为

如果放弃了完全测试，选择了不测试所有的情况，那么，我们就选择了风险。比如在计算器的例子中，测试员已经对加法运算进行了有限的测试，但是，测试员在这有限的测试里，并没有测试输入 1024+1024 的情况，那么，用户在用到这组数据进行相加时，就是存在风险的，软件可能会出错。

【扫一扫：微课视频】（推荐链接）

也就是说，如果没有办法完全测试，那么，软件就有可能还存在着缺陷。如果试图测试所有的情况，那么测试费用将是超大幅度地增加，而软件缺陷发现的数量跟费用却不是成正比的，越到后面数量越少；反过来，如果超大幅度地减少测试，那么测试费用也会变得很低，但是却会漏掉大量的软件缺陷。

因此，软件测试员的目标是要找到最合适的测试量，使测试不多不少，软件测试员要将无边无际的可能性减少到可以控制的范围，以及如何针对风险做出明智的抉择。图 3-8 说明了测试工作量与遗留的软件缺陷数量之间的关系。

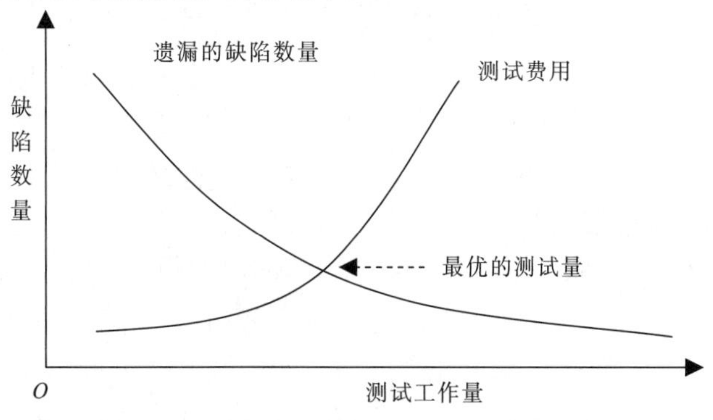

图 3-8　测试量与遗留的缺陷数量之间的关系

3.6.3 测试无法显示潜在的软件缺陷

软件测试员的工作就像防疫员一样，如果在对马匹进行检疫时发现了寄生虫，那么，检疫员可以很确定地说，马匹有病害问题。但是，如果在对马匹进行检疫时没有发现寄生虫的征兆，那么，检疫员可以很确定地保证，马匹没有病害问题吗？答案是否定的，检疫的结果只是表明了依据当前的设备、技术环境，暂时尚未发现寄生虫。但是，很难保证，在更精确的设备、更优良的技术环境下，不会发现寄生虫。

同理，测试只能证明软件存在错误而不能证明软件没有错误，测试无法显示潜在的错误和缺陷，继续进一步测试可能还会找到其他错误和缺陷。如果随意就回答，“经过测试证明软件是没有缺陷的”，那是非常不负责任的行为。

3.6.4 软件缺陷的群集现象

【扫一扫：微课视频】
（推荐链接）

就像寄生虫一样，软件缺陷也会出现群集现象，往往缺陷也很喜欢聚集在一起发生。如果某个模块发现了缺陷，那么根据经验表明，这个模块很可能还存在着更多的缺陷，如图 3-9 所示。例如，美国 IBM 公司的 OS/370 操作系统中，47%的错误仅与该系统的 4%的程序模块有关。

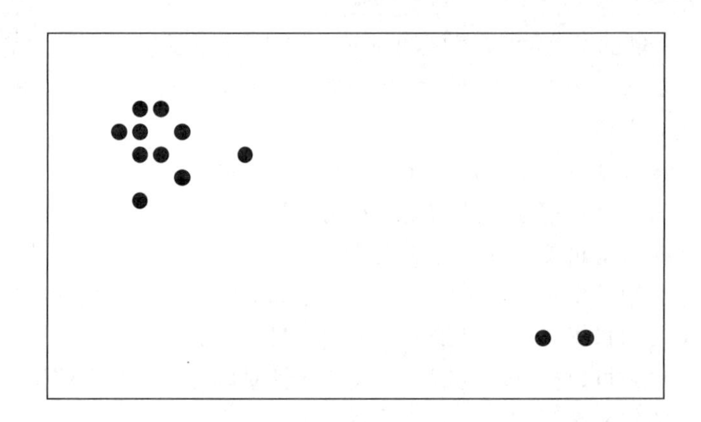

图 3-9 软件缺陷的群集现象

软件缺陷的群集现象符合 Pareto 原则（80/20 原则）：软件测试发现的错误的 80%，很可能来源于程序模块中的 20%。其中的问题很可能是以下情况造成的：

- 前置逻辑错误，造成依此为基础的程序代码都产生了错误。
- 程序员的疲劳，造成大量代码坏块。
- 程序员往往会犯同样的错误，因为大部分代码都是复制、粘贴而来。
- 软件的基础构架问题，有些软件的底层支撑系统因为“年久失修”变得越来越力不从心了。

所以，根据这条原则，要求测试员一旦发现某个模块的缺陷有群集的迹象，那么，就应该对这些缺陷群集的模块进行更多的测试和回归验证。

3.6.5 软件缺陷的免疫现象

1990 年 Boris Beizer 在 *Software Testing Techniques* 一书中曾经很生动地将软件缺陷的免疫现象描述为“杀虫剂现象”，农民用固定一种农药来杀虫，那么，害虫经过优胜劣汰后，生存下来的害虫就会对这种农药有抵抗力，最后这种农药对害虫就丧失了杀灭作用。

软件缺陷也有类似的免疫现象，如果测试员总是用固定的测试用例来检测软件缺陷，那么，很可能会发现这样的现象，第一次检测会发现较多的缺陷，再做检测发现的缺陷越来越少，最终再做检测也不能发现缺陷了。

所以，根据这条原则，要求软件测试员在测试过程中不断地完善测试用例，变换各种测试方法、测试手段设计更多的测试用例，对软件进行测试，从而避免软件缺陷的免疫现象。

3.6.6 随着时间的推移，软件缺陷的修复费用将呈几何级数增长

如果 1999 年美国航天局的火星极地登陆飞船在产品需求说明书中就明确表述在飞船降落时有强烈的机械震动，那么，在设计飞船降落系统时就会做得更严谨一些，从而可以用很少的费用就可以避免飞船坠毁导致上十亿美元的损失。

软件开发的过程可以分为这几个阶段：风险调查、需求分析、概要设计、详细设计、编码、测试、验收、运行与维护。而软件缺陷的修复费用会随着时间的推移，呈几何级数增长，如图 3-10 所示。

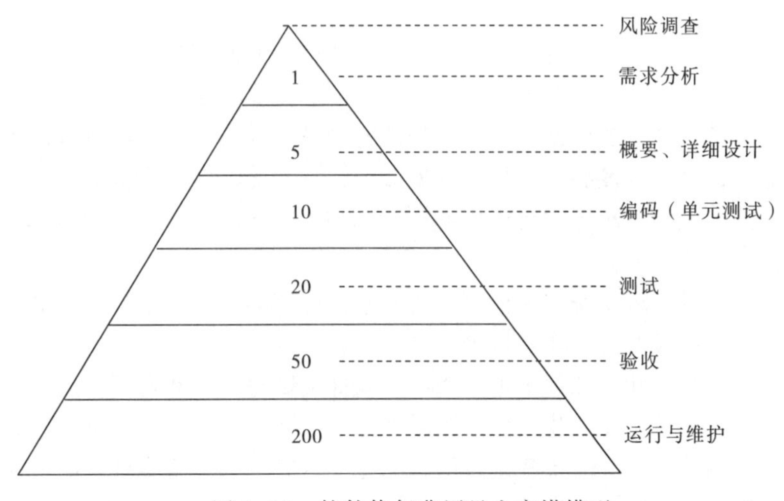

图 3-10　软件修复费用呈金字塔模型

正如前面介绍过的，如果在需求分析阶段产生了缺陷，在设计阶段之前就被发现了，那么，修复的费用将会很少，就仅仅是重新修改需求规格说明书就可以了；如果在需求分析阶段产生了缺陷，在之后的设计、编码、测试、验收阶段一直都没有被发现，等到软件已经在用户实际环境运行了才被用户发现，并且软件的缺陷已经给用户造成了实际损失，那么，要修复这个缺陷的费用就非常庞大，甚至还要赔偿用户高额的损失费，这是灾难性的后果。

所以，根据这条原则，应当把“应尽早地介入测试，而且越早越好”作为软件测试者的座右铭。

3.6.7 “零缺陷”是不切实际的行为

【扫一扫：微课视频】
（推荐链接）

“零缺陷”是理想的追求，但是，事实上却是并非所有的软件缺陷都需要修复的，Good-Enough是现实的原则。这要求软件测试员有较高的素质进行良好的判断，搞清楚在什么情况下不能追求完美。项目小组需要进行取舍，根据风险决定哪些缺陷需要修复，哪些不需要修复。

不需要修复软件缺陷的原因有几个：

（1）没有足够的时间。

（2）不是真正的软件缺陷：很多情况下，在个别人群中被认为是软件的缺陷，但在另一部分人群中却被认为是软件的实用功能，例如，三星安卓手机对后退键和菜单键的左右布局问题。个体对软件理解的不同、需求规格说明书的变更等都会导致这种情况出现。

（3）修复的风险太大：软件本身是脆弱的、难以理清头绪，有点像一团乱麻，修复一个软件缺陷可能导致其他软件缺陷的出现。不去理睬已知的软件缺陷，以避免造成新的、未知的缺陷的做法也许是安全之道。

（4）不值得修复：虽然有些不中听，但是事实。在权衡利弊之后，不常出现的软件缺陷和在不常用功能中出现的软件缺陷是可以放过的，可以躲过和用户有办法预防的软件缺陷通常不用修复。

3.6.8 尽量避免测试的随意性

软件测试是有组织、有计划、有步骤的活动，要严格按照测试计划进行，要避免测试的随意性。

如果随意地选择了软件系统的某一个模块来进行测试，或者，仅仅随意地使用了某个单一的测试方法，那么，这根本没办法满足测试覆盖率，从而无法实现测试的目的。虽然有可能某一模块达到了需求说明书规定的要求，或者，软件中不会出现某一类软件缺陷了，但是，软件整体的质量根本无法保障。

事实是，软件的质量评价是符合木桶原理的，木桶能够盛多少水不是依据最高的那块木板，而往往是整个木桶中最低的那块木板决定的。

随着中国软件业的日益壮大和逐步走向成熟，软件测试也在不断发展。从最初的由软件编程人员兼职测试，到软件公司组建独立专职测试部门。测试工作也从简单测试演变为包括编制测试计划、编写测试用例、准备测试数据、编写测试脚本、实施测试、测试评估等多项内容的正规测试。测试方式则由单纯手工测试发展为手工、自动兼之，并有向第三方专业测试公司发展的趋势。

软件测试不能仅仅由软件开发人员自己完成，要求有专门的测试人员进行测试，并且还会要求用户、业务领域专家等来参与，特别是验收测试阶段，用户是测试是否通过的主要评判者。

小　结

1. 软件质量模型ISO/IEC 9126是早期评价软件质量的国际标准，由6个特性和27个子特性组成，这6个特性分别是：功能性、可靠性、易用性、效率、维护性、可移植性。

2. 软件质量模型 ISO/IEC 25010 描述了 8 个质量特性和 36 个质量子特性，ISO/IEC 25010 与 ISO/IEC 9126 主要的区别是：前者把安全性和互用性从子特性中提了出来，加强了这两方面的重视程度。

3. QA（Quality Assurance），中文意义是质量保证，是“为了提供足够的信任表明实体能够满足质量要求，而在质量管理体系中实施并根据需要进行证实的全部有计划和有系统的活动”。

4. QC（Quality Control），中文意义是质量控制，通俗地说就是质检，是“为达到品质要求所采取的作业技术和活动”。

5. 在狭义上来说，人们通常所说的软件测试过程可以按 5 个阶段进行，即单元测试、集成测试、确认测试、系统测试和验收测试。

6. V 模型、W 模型、H 模型等测试模型各有长短，并没有哪种模型能够完全适合于所有的测试项目，在实际测试中应该吸取各模型的长处，归纳出合适的测试理念。“尽早测试”“全面测试”“全过程测试”“独立、迭代的测试”是从各模型中提炼出来的四个理念，这些思想在实际测试项目中得到了应用并收到了良好的效果。

7. 在软件测试过程中针对测试计划、测试用例设计以及测试管理必须遵循 8 条测试原则，它们可以理解为是软件测试领域的公理，是软件测试领域的“交通法则”：① 完全测试软件是不可能的；② 软件测试是有风险的行为；③ 测试无法显示潜在的软件缺陷；④ 软件缺陷的群集现象；⑤ 软件缺陷的免疫现象；⑥ 随着时间的推移，软件缺陷的修复费用将呈几何级数增长；⑦ “零缺陷”是不切实际的行为；⑧ 尽量避免测试的随意性。

思考与练习

1. 简述公司里面的测试部门有哪些常见的组织结构。

2. 简述软件测试的 8 个原则。

3. 请描述软件测试过程模型的 V 模型、W 模型和 H 模型。

4. 请判断对错：V 模型不能适应较大的需求变化。

5. 请判断对错：W 模型能够较早地发现缺陷。

6. 请判断对错：软件测试能够保障软件的质量。

7. 请判断对错：软件项目在进入需求分析阶段，测试人员应该开始介入其中。

8. 请判断对错：软件测试就是为了验证软件功能实现的是否正确，是否完成既定目标的活动，所以软件测试在软件工程的后期才开始具体的工作。

9. 请简述软件测试和软件质量之间是什么关系。

10. 请简述什么是 QC、QA，QC、QA 主要做哪些工作。

11. 请简述测试和 QA 是什么关系。

12. 请判断对错：测试组负责软件质量。

13. 请判断对错：软件质量管理即 QM 由 QA 和 QC 构成，软件测试属于 QC 的核心工作内容。

14. 请上网搜索回答：什么是 CMM？CMM 分几级？

15. 请简述 Zero bug 与 Good enough 是什么含义？它们相互矛盾吗？

16. 请判断对错：软件测试是应该在编码之后进行。

17. 请判断对错：项目立项前测试人员不需要提交任何工件。

18. 请判断对错：自底向上集成需要测试员编写驱动程序。

19. 请判断对错：自底向下集成需要测试员编写桩模块。

20. 哪个阶段引入的缺陷最多，修复成本又最低？

21. 请简述缺陷的 Pare to 原则和免疫性分别指的是什么。

22. 请判断对错：软件测试只能发现错误，但不能保证测试后的软件没有错误。

23. 请判断对错：发现错误多的模块，残留在模块中的错误也多。

24. 请判断对错：测试人员在测试过程中发现一处问题，如果问题影响不大，而自己又可以修改，应立即将此问题正确修改，以加快、提高开发的进程。

25. 请判断对错：β 测试是验收测试的一种。

26. 请判断对错：验收测试只能由最终用户来实施。

27. 请判断对错：我们可以人为地使得软件不存在配置问题。

第4章 黑盒子测试

重点：

- 理解黑盒子测试的概念。
- 掌握等价类划分测试方法。
- 掌握边界值分析测试方法。
- 掌握决策表测试方法。

难点：

- 等价类划分方法中等价类的划分。
- 边界值分析方法中边界值的选定。

【扫一扫：微课视频】
（推荐链接）

在软件测试中，经常会使用到的方法是白盒子测试方法和黑盒子测试方法，那么，什么是黑盒子测试方法呢？常用的黑盒子测试方法有哪些呢？

4.1 黑盒子测试方法概述

黑盒子测试是指不基于内部设计和代码的任何知识，而基于需求和功能性的测试，黑盒测试也称功能测试或数据驱动测试。在软件测试中，黑盒子测试就是将被测程序看作一个封闭的盒子，在完全不考虑程序内部结构和内部特性的情况下，测试员通过程序接口进行测试，该测试只检查程序功能是否按照需求规格说明书的规定正常使用，程序是否能够适当地接收输入数据并产生正确的输出信息。

因为黑盒子测试是从程序的外部对程序实施测试，所以常常将黑盒子测试形容为闭着眼睛测试，如图 4-1 所示。

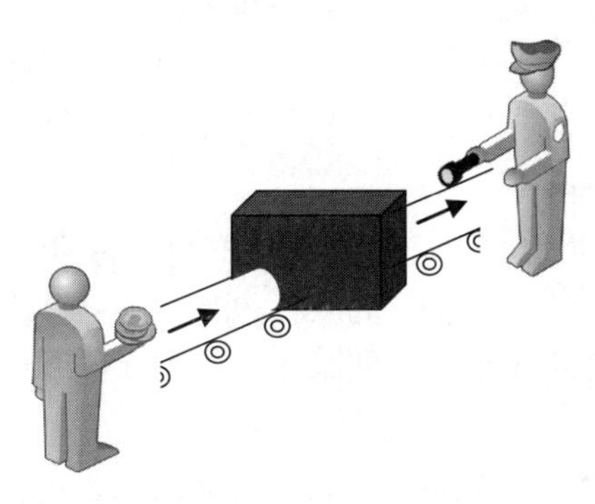

图 4-1　黑盒子测试

常用的黑盒子测试方法有：等价类划分、边界值分析、决策表、因果图、错误推测等。

黑盒子测试的优点是：① 对较大的代码单元来说，黑盒测试比白盒测试的效率高；② 测试人员不需要了解实现的细节，包括特定的编程语言；③ 测试人员和编程人员是相互独立的；④ 从用户的角度进行测试，很容易被接受和理解；⑤ 有助于暴露任何与需求规格说明书不一致或者歧义的地方；⑥ 测试用例可以在需求规格说明书完成后马上进行。

4.2 典型案例分析

在这里将通过典型的三角形问题、雇佣金问题测试来介绍等价类划分、边界值分析、决策表这三种常用的黑盒子测试方法。

1. 典型案例——三角形问题

【例 4-1】三角形问题：现在要做一个软件用于判断输入的 3 个数是否能够构成三角形，如果能构成三角形则打印出能构成什么类型的三角形。需求规格说明书如下：

输入 3 个整数 a、b 和 c，作为三角形的 3 条边。通过程序判断出由这 3 条边构成的三角形的类型是等边三角形、等腰三角形、一般三角形，还是不能构成三角形，并打印出相应的信息。

进一步分析需求，要求输入的 3 条边都必须是整数，如果输入值没有满足这个条件，那么，程序会通过输出消息进行通知，例如“b 的取值不在允许取值的范围内”；而且，在这里为了简化测试任务，我们另外再附加一个要求，要求输入的 3 条边的长度都必须小于或等于 100。

同时，要想输入的 3 条边能够构成三角形，那么必须要满足三角形的特性：两边之和大于第三边。总而言之，三角形的 3 条边 a、b、c，必须满足以下 6 个条件：

C1：$1 \leqslant a \leqslant 100$

C2：$1 \leqslant b \leqslant 100$

C3：$1 \leqslant c \leqslant 100$

C4：$a < b+c$

C5：$b < a+c$

C6：$c < a+b$

黑盒子测试属于一种穷举输入测试方法，只有将所有可能的输入都作为测试情况来进行测试，才能查出程序中的所有的错误。但是，很明显地，穷举输入的方法是不现实的，就算针对很简单的程序，这也会是不可能完成的任务。那么，怎么样才能在有限的测试资源里，发现尽量多的缺陷呢？这就需要一定的方法来指导测试，可使用等价类划分、边界值分析、决策表 3 种黑盒子测试方法，对编写的三角形程序设计测试用例。

2. 典型案例——雇佣金问题

【例 4-2】美国的一位步枪销售商在 A 州销售生产商在 B 州生产的步枪（由枪机、枪托和枪管构成）。枪机 45 美元/只，枪托 30 美元/只，枪管 25 美元/只。

销售商每月至少要售出一支完整的步枪；生产商一个月最多只能生产 70 只枪机，80 只枪托和 90 只枪管。

销售商在 A 州每个月都给生产商发一封电报报告该州销售的枪机、枪托和枪管的数量，让生产商根据当月的销售量给销售商佣金：

销售额 ≤ 1 000 美元的部分，为 10%。

1 000 美元 < 销售额 ≤ 1 800 美元的部分，为 15%。

1 800 美元 < 销售额的部分，为 20%。

雇佣金程序将生成该月份的销售报告，汇总出销售的枪机、枪托和枪管的数量，并计算销售商的总销售额以及雇佣金。

4.3　等价类划分法

等价类划分方法是把所有可能的输入数据，即程序的输入域划分成若干个部分（若干个子集），然后，从每一个子集中选取少数具有代表性的数据作为测试输入来设计测试用例。

【扫一扫：微课视频】
（推荐链接）

等价类划分的目的就是为了在有限的测试资源的情况下，用少量有代表性的数据得到比较好的测试效果。这种方法是一种重要而常用的黑盒子测试用例设计方法。

4.3.1　划分等价类

等价类是指某个输入域的子集合。在该子集合中，各个输入数据对于揭露程序中的错误都是等效的，并合理地假定：测试某个等价类的代表值就等于对这一类其他值的测试。因此，可以把全部输入数据合理划分为若干个等价类，在每一个等价类中取一个数据作为测试输入，并设计测试用例，从而达到用少量代表性的测试数据取得较好的测试结果的目的。

等价类划分可有两种不同的情况：有效等价类和无效等价类。

（1）有效等价类：是指对于程序的需求规格说明书来说是合理的、有意义的输入数据构成的集合。利用有效等价类可检验程序是否实现了需求规格说明中所规定的功能和性能。

（2）无效等价类：与有效等价类的定义恰好相反，无效等价类指的是对程序的需求规格说明书而言是不合理的、无意义的输入数据所构成的集合。对于具体的问题，无效等价类至少应有一个，也可能有多个。

如果在测试时，只考虑有效等价类的数据，不考虑无效数据值，那么这种测试称为标准等价类测试；如果在测试时，既考虑有效等价类的数据，也考虑无效等价类的数据，那么这种测试称为健壮等价类测试。

一般情况下，设计测试用例时，要同时考虑有效等价类和无效等价类，对程序进行健壮等价类测试。因为软件不仅要能接收合理的数据，也要能经受意外的考验，这样的测试才能确保软件具有更高的可靠性。

4.3.2　等价类划分原则

在使用等价类方法进行测试时，等价类划分得好坏直接影响到测试的效果，我们要求等价类划分的原则是：完备性和无冗余性。

（1）完备性：程序的所有可能输入域是一个集合，将集合划分为互不相交的一组子集，要求所有子集的并刚好是整个集合，不能有缺漏。

（2）无冗余性：划分的各个子集互不相交，避免子集间有交替、重复的现象。

那么，具体怎么样才能确定等价类呢？首先测试员必须认真阅读需求规格说明书，对需求规格说明书进行分析，找出所有与程序相关的输入条件、输入规则和输入限制等，然后，可以根据以下几个依据进行等价类划分：

（1）按区间划分：在输入条件规定了取值范围或值的个数的情况下，则可以确立一个有效等价类和两个无效等价类。比如，要求三角形输入的边是 $0 \leqslant a \leqslant 100$ 的任意数值，那么，可以有一个有效等价类和两个无效等价类。如图 4–2 所示。

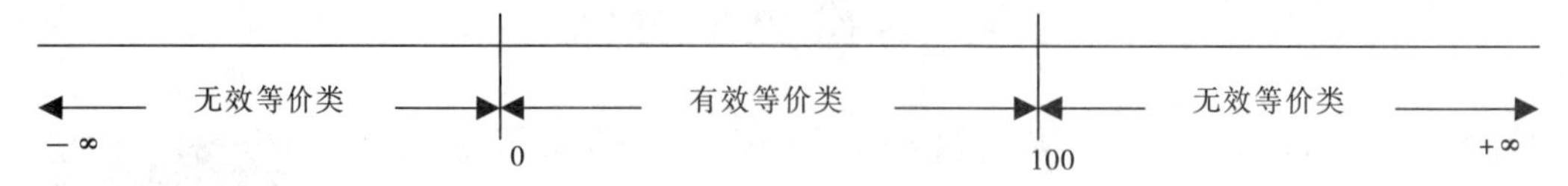

图 4–2　按区间划分等价类

有效等价类是：$0 \leqslant a \leqslant 100$，无效等价类是：$a<0$ 和 $a>100$。

（2）按数值划分：在规定了输入数据的一组值（假定 n 个），并且程序要对每一个输入值分别处理的情况下，可确定 n 个有效等价类和一个无效等价类。

比如：输入条件说明学历可为：专科、本科、硕士、博士 4 种，则分别取这 4 个值作为 4 个有效等价类，另外把 4 种学历之外的任何学历作为无效等价类。

（3）按数值集合划分：在输入条件规定了输入值的集合或者规定了“必须如何”的条件的情况下，可确定一个有效等价类和一个无效等价类。比如说，注册的用户名必须以字母开头，那么，以字母开头的用户名为有效等价类，以非字母开头的用户名为无效等价类。

（4）按限制条件或规则划分：在规定了输入数据必须遵守的规则的情况下，可确定一个有效等价类（符合规则）和若干个无效等价类（从不同角度违反规则）。比如说，要求输入的三角形的边必须是整数，那么，有效等价类是：输入为整数。无效等价类有多个，可分别是：输入为空，输入为带小数的有理数，输入为字母，输入为其他特殊字符。

（5）细分已有的等价类：在确知已划分的等价类中存在各元素在程序处理中的方式不同，则应再将该等价类进一步地划分为更小的等价类。

4.3.3　设计测试用例

在确定了等价类后，可建立等价类表，列出所有划分出的等价类输入条件：有效等价类、无效等价类，然后从划分出的等价类中按以下 3 个原则设计测试用例：

（1）为每一个等价类规定一个唯一的编号。

（2）设计一个新的测试用例，使其尽可能多地覆盖尚未被覆盖的有效等价类，重复这一步，直到所有的有效等价类都被覆盖为止。

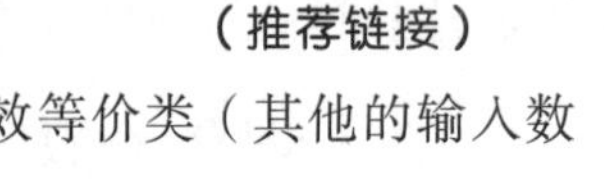

【扫一扫：微课视频】
（推荐链接）

（3）设计一个新的测试用例，使其仅覆盖一个尚未被覆盖的无效等价类（其他的输入数据取正常值），重复这一步，直到所有的无效等价类都被覆盖为止。

举例：

需求描述：为了训练一年级小朋友的加法算术，现在要做一个加法算术器，要求输入两个数，加法算术器能显示两数相加之和。考虑到一年级小朋友的知识水平，要求输入的两个数必须要在[1，50]，否则提示输入无效，如图 4–3 所示。

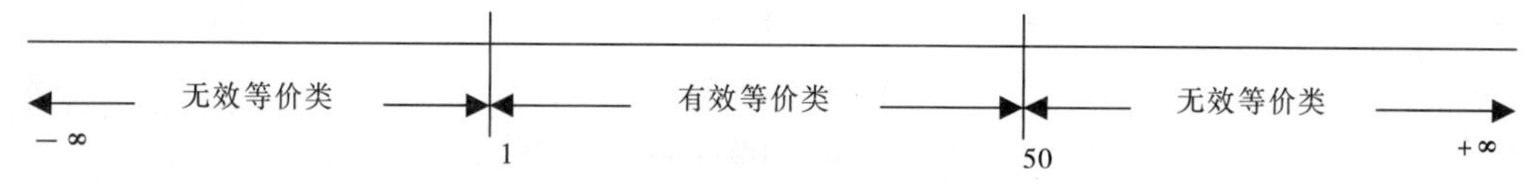

图 4-3　输入数的取值范围

识别有效等价类和无效等价类：假设输入的两个数为 a 和 b，那么，有效等价类是：$1 \leqslant a \leqslant 50$，$1 \leqslant b \leqslant 50$；无效等价类是：$a<1$ 和 $a>50$，$b<1$ 和 $b>50$。

为每一个等价类规定一个编号，如图 4-4 和图 4-5 所示。

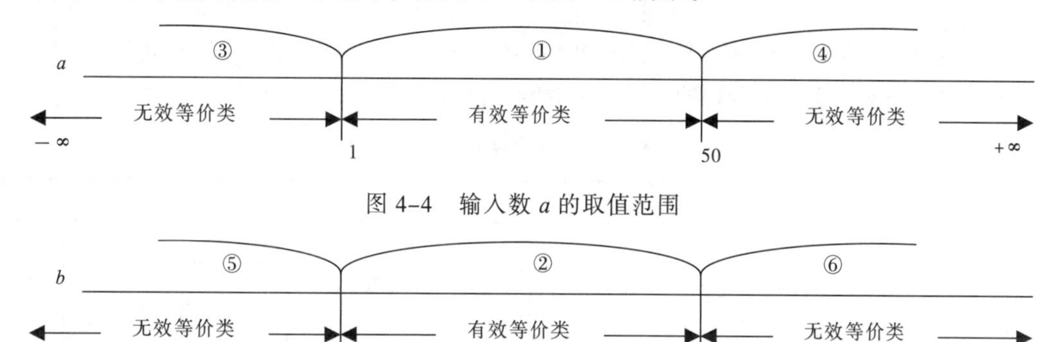

图 4-4　输入数 a 的取值范围

图 4-5　输入数 b 的取值范围

最后，设计足够多的测试用例来覆盖所有的等价类，包括有效等价类和无效等价类。

覆盖有效等价类的法则是“一次尽可能多地覆盖尚未被覆盖的有效等价类”，所以设计测试用例如下：

1：（10，10）——>20

注：格式为（a 的值，b 的值）——>预期结果

“测试用例 1”把编号为①和②的有效等价类都覆盖了，所以，设计测试用例覆盖所有的有效等价类的任务已经完成了，接着就是要设计足够多的测试用例来覆盖所有的无效等价类。

覆盖无效等价类的法则是“一次只能覆盖一个尚未被覆盖的无效等价类（其他的输入数据取正常值）”，所以设计测试用例如下：

2：（-10，10）——>无效的输入。（覆盖无效等价类③）

3：（100，10）——>无效的输入。（覆盖无效等价类④）

4：（10，-10）——>无效的输入。（覆盖无效等价类⑤）

5：（10，100）——>无效的输入。（覆盖无效等价类⑥）

“测试用例 2、3、4、5”把所有的无效等价类也覆盖了，所以，设计测试用例覆盖所有的等价类的任务也就全部完成了。

4.3.4　针对三角形问题使用等价类划分方法设计测试用例

现在，我们分析例 4-1 三角形问题，三角形的输入域为三角形的 3 条边 a、b、c，其中包含隐式条件，输入的边能够构成三角形（边数应当等于 3，不能多也不能少），同时应满足两边之和大于第三边；显式条件是输入的边必须是整数，而且边长要小于或等于 100。

可以归结为如下 8 个条件：

C1：3 边为整数

C2：输入的是 3 条边

C3：$1 \leqslant a \leqslant 100$

C4：$1 \leqslant b \leqslant 100$

C5：$1 \leqslant c \leqslant 100$

C6：$a<b+c$

C7：$b<a+c$

C8：$c<a+b$

根据上述条件，针对合理的、有意义的输入数据，划分出有效等价类。划分有效等价类完成后，根据有效等价类，针对不合理的、无意义的输入数据，划分出无效等价类，如表 4-1 所示。

表 4-1　等价类划分

<table>
<tr><th></th><th></th><th>有效等价类</th><th>编号</th><th colspan="2">无效等价类</th><th>编号</th></tr>
<tr><td rowspan="26">根据输入条件划分</td><td rowspan="20">输入3个整数</td><td rowspan="7">整数</td><td rowspan="7">1</td><td rowspan="3">一边为非整数</td><td>a 为非整数</td><td>13</td></tr>
<tr><td>b 为非整数</td><td>14</td></tr>
<tr><td>c 为非整数</td><td>15</td></tr>
<tr><td rowspan="3">二边为非整数</td><td>a、b 为非整数</td><td>16</td></tr>
<tr><td>b、c 为非整数</td><td>17</td></tr>
<tr><td>a、c 为非整数</td><td>18</td></tr>
<tr><td>三边为非整数</td><td>a、b、c 为非整数</td><td>19</td></tr>
<tr><td rowspan="7">3 个数</td><td rowspan="7">2</td><td rowspan="3">只有一条边</td><td>只给 a</td><td>20</td></tr>
<tr><td>只给 b</td><td>21</td></tr>
<tr><td>只给 c</td><td>22</td></tr>
<tr><td rowspan="3">只有二条边</td><td>只给 a、b</td><td>23</td></tr>
<tr><td>只给 b、c</td><td>24</td></tr>
<tr><td>只给 a、c</td><td>25</td></tr>
<tr><td colspan="2">多于三条边</td><td>26</td></tr>
<tr><td rowspan="2">$1 \leqslant a \leqslant 100$</td><td rowspan="2">3</td><td colspan="2">$a<1$</td><td>27</td></tr>
<tr><td colspan="2">$a>100$</td><td>28</td></tr>
<tr><td rowspan="2">$1 \leqslant b \leqslant 100$</td><td rowspan="2">4</td><td colspan="2">$b<1$</td><td>29</td></tr>
<tr><td colspan="2">$b>100$</td><td>30</td></tr>
<tr><td rowspan="2">$1 \leqslant c \leqslant 100$</td><td rowspan="2">5</td><td colspan="2">$c<1$</td><td>31</td></tr>
<tr><td colspan="2">$c>100$</td><td>32</td></tr>
<tr><td rowspan="6">构成一般三角形</td><td rowspan="2">$a<b+c$</td><td rowspan="2">6</td><td colspan="2">$a>b+c$</td><td>33</td></tr>
<tr><td colspan="2">$a=b+c$</td><td>34</td></tr>
<tr><td rowspan="2">$b<a+c$</td><td rowspan="2">7</td><td colspan="2">$b>a+c$</td><td>35</td></tr>
<tr><td colspan="2">$b=a+c$</td><td>36</td></tr>
<tr><td rowspan="2">$c<a+b$</td><td rowspan="2">8</td><td colspan="2">$c>a+b$</td><td>37</td></tr>
<tr><td colspan="2">$c=a+b$</td><td>38</td></tr>
</table>

续表

根据输出条件划分	等腰三角形	构成一般三角形，且 $a=b$	9	
		构成一般三角形，且 $b=c$	10	
		构成一般三角形，且 $a=c$	11	
	等边三角形	构成一般三角形，且 $a=b=c$	12	

从划分出的等价类中按前面介绍的 3 个原则设计测试用例：

第一，覆盖有效等价类的测试用例，如表 4-2 所示。

表 4-2　覆盖有效等价类的测试用例

编号	目标覆盖的有效等价类	测试输入	预期结果
1	1、2、3、4、5、6、7、8	$a=3$ $b=4$ $c=5$	一般三角形
2	9	$a=4$ $b=4$ $c=5$	等腰三角形
3	10	$a=5$ $b=4$ $c=4$	等腰三角形
4	11	$a=4$ $b=5$ $c=4$	等腰三角形
5	12	$a=5$ $b=5$ $c=5$	等边三角形

第二，覆盖无效等价类的测试用例，如表 4-3 所示。

表 4-3　覆盖无效等价类的测试用例

编号	目标覆盖的无效等价类	测试输入	预期结果
1	13	$a=3.5$ $b=4$ $c=5$	a 的取值不在允许取值的范围内
2	14	$a=3$ $b=4.5$ $c=5$	b 的取值不在允许取值的范围内
3	15	$a=3$ $b=4$ $c=5.5$	c 的取值不在允许取值的范围内
4	16	$a=3.5$ $b=4.5$ $c=5$	a、b 的取值不在允许取值的范围内
5	17	$a=3$ $b=4.5$ $c=5.5$	b、c 的取值不在允许取值的范围内
6	18	$a=3.5$ $b=4$ $c=5.5$	a、c 的取值不在允许取值的范围内
7	19	$a=3.5$ $b=4.5$ $c=5.5$	a、b、c 的取值不在允许取值的范围内
8	20	$a=3$ b（为空）c（为空）	b、c 的取值不在允许取值的范围内
9	21	a（为空）$b=4$ c（为空）	a、c 的取值不在允许取值的范围内
10	22	a（为空）b（为空）　$c=5$	a、b 的取值不在允许取值的范围内
11	23	$a=3$ $b=4$ c（为空）	c 的取值不在允许取值的范围内
12	24	a（为空）　$b=4$ $c=5$	a 的取值不在允许取值的范围内
13	25	$a=3$ b（为空）　$c=5$	b 的取值不在允许取值的范围内
14	26	$a=3$ $b=4$ $c=5$ $d=6$（多一边）	边数不符合三角形的规定
15	27	$a=0$ $b=4$ $c=5$	a 的取值不在允许取值的范围内
16	28	$a=101$ $b=50$ $c=60$	a 的取值不在允许取值的范围内
17	29	$a=3$ $b=0$ $c=5$	b 的取值不在允许取值的范围内
18	30	$a=50$ $b=101$ $c=60$	b 的取值不在允许取值的范围内

续表

编号	目标覆盖的无效等价类	测试输入	预期结果
19	31	a=3 b=4 c=0	c 的取值不在允许取值的范围内
20	32	a=50 b=60 c=101	c 的取值不在允许取值的范围内
21	33	a=10 b=4 c=5	不能构成三角形
22	34	a=9 b=4 c=5	不能构成三角形
23	35	a=3 b=9 c=5	不能构成三角形
24	36	a=3 b=8 c=5	不能构成三角形
25	37	a=3 b=4 c=8	不能构成三角形
26	38	a=3 b=4 c=7	不能构成三角形

在设计一个新的测试用例时，要注意有效等价类和无效等价类的覆盖原则是有所不同的:有效等价类的覆盖原则是每一个新的测试用例尽可能多地覆盖尚未被覆盖的有效等价类，直到所有的有效等价类都被覆盖为止；无效等价类的覆盖原则是每一个新的测试用例仅覆盖一个尚未被覆盖的无效等价类，直到所有的无效等价类都被覆盖为止。

当然，上述的等价类划分还不是最完善的，还可以进一步细分为更小的等价类，比如说，编号为 13 的无效等价类：“a 为非整数”，其实可以进一步划分为：a 为带小数的有理数，a 为字母，a 为特殊字符等。如果在测试资源允许的条件下，进一步细分等价类会使测试更完备，测试效果更好。

4.3.5 针对雇佣金问题使用等价类划分方法设计测试用例

我们分析例 4-2 雇佣金问题的描述，“销售商每月至少要售出一支完整的步枪”，这代表着如果销售商一个月都卖不出去一只枪机、枪托、枪管，那么就算销售商强迫自己买也要按合约实施，可以归结出条件：枪机数 ≥1、枪托数≥1、枪管数≥1。

“生产商一个月最多只能生产 70 只枪机，80 只枪托和 90 只枪管”，可以归结出条件：枪机数≤70、枪托数≤80、枪管数≤90。如果销售商输入的枪机数为 100，那么肯定是输入错误了，因为生产商当月最多只能生产 70 只枪机，销售商不可能卖出去 100 只枪机的。

第一步：划分等价类：

根据输入的定义域，划分有效等价类：

① ={ 枪机: 1 ≤ 枪机数 ≤ 70 }

② ={ 枪托: 1 ≤ 枪托数 ≤ 80 }

③ ={ 枪管: 1 ≤ 枪管数 ≤ 90 }

划分无效等价类：

④ ={ 枪机: 枪机数 < 1 }

⑤ ={ 枪机: 枪机数 > 70 }

⑥ ={ 枪托: 枪托数 < 1 }

⑦ ={ 枪托: 枪托数 > 80 }

⑧ ={ 枪管: 枪管数 < 1 }

⑨ ={ 枪管: 枪管数 > 90 }

第二步：设计测试用例覆盖有效等价类，如表 4-4 所示。

枪机=4，枪托=5，枪管=9，覆盖①、②、③等价类。

表 4-4　设计测试用例覆盖有效等价类

编号	枪机	枪托	枪管	预期输出	覆盖等级类编号
1	4	5	9	55.5	①②③

第三步：设计测试用例覆盖无效等价类，如表 4-5 所示。

表 4-5　设计测试用例覆盖无效等价类

编号	枪机	枪托	枪管	预期输出	覆盖等级类编号
2	−1	45	55	枪机数不在运行范围	④
3	71	45	55	枪机数不在运行范围	⑤
4	35	−1	55	枪托数不在运行范围	⑥
5	35	81	55	枪托数不在运行范围	⑦
6	35	45	−1	枪管数不在运行范围	⑧
7	35	45	91	枪管数不在运行范围	⑨

同理，我们也可以根据输出域进行等价类划分测试。

根据输出域划分等价类：

① ={ <枪机,枪托,枪管>：销售额≤ 1 000 }

② ={ <枪机,枪托,枪管> : 1 000 ≤ 销售额 ≤ 1 800 }

③ ={ <枪机,枪托,枪管>：销售额 >1 800 }

根据输出值“销售额”来反推测试输入值“枪机数、枪托数、枪管数”，设计测试用例覆盖根据输出域划分的等价类，如表 4-6 所示。

表 4-6　根据输出域划分等价类设计测试用例

编号	枪机	枪托	枪管	销售额	雇佣金
1	5	5	5	500	50
2	15	15	15	1500	175
3	25	25	25	2500	360

4.4　边界值分析

长期的测试工作经验告诉我们，大量的错误是发生在输入或输出范围的边界上，而不是发生在输入输出范围的内部。因此，针对各种边界情况设计测试用例，可以查出更多的错误。

边界值分析法就是对输入或输出的边界值进行测试的一种黑盒子测试方法。边界值分析法通常作为等价类划分法的补充，这种情况下，其测试用例来自等价类的边界。

【扫一扫：微课视频】
（推荐链接）

4.4.1 使用边界值分析方法进行健壮性测试

使用边界值分析方法设计测试用例，首先应确定边界情况。输入和输出等价类的边界，通常就是应该着重测试的边界情况。应当选取正好等于、刚刚大于或刚刚小于边界的值作为测试数据，而不是选取等价类中的典型值或任意值作为测试数据。而且，边界值分析不仅仅要考虑输入条件的边界情况，还要考虑输出域的边界，构造测试输入，生成输出结果的边界情况。

【例 4-3】现有一个程序用于教幼儿园的小朋友学数数，其需求规格说明书是：输入一个[1，100]之间的自然数 X，程序以动画的方式显下一个自然数（即 X+1 的结果），或者提示输入的数字无效。

分析需求规格说明书，可以得到如下输入域：

$$C1：1 \leqslant X \leqslant 100$$

那么，使用边界值分析方法进行健壮性测试时，就必须要考虑 1 个正常值 NORMAL 和 6 个边界值：MAX+、MAX、MAX−、MIN+、MIN、MIN−，取值分布如图 4-6 所示。

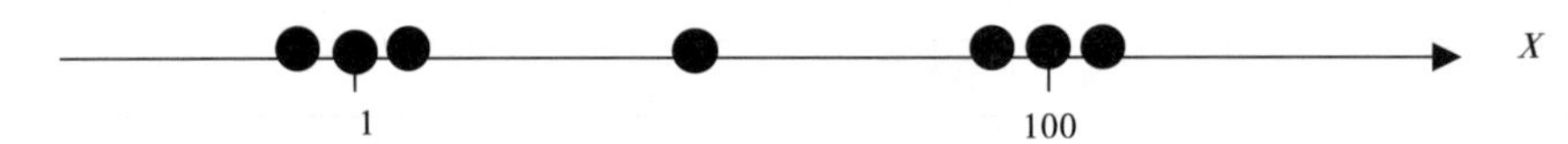

图 4-6　边界值取值分布

所以，可以设计测试用例如表 4-7 所示，用于覆盖识别到的一个正常值和所有的边界值。

表 4-7　选取边界点设计测试用例

取值情况		测试输入	预期结果
X取正常值	NORMAL	X=50	51
X取边界值	MAX+	X=101	输入的数字无效
	MAX	X=100	101
	MAX−	X=99	100
	MIN+	X=2	3
	MIN	X=1	2
	MIN−	X=−0	输入的数字无效

【例 4-4】现有一个程序用于求两门课程成绩的平均分，其需求规格说明书是：输入语文的成绩 X，数学的成绩 Y，程序打印出两门成绩的平均分，或者提示输入的成绩无效。

进一步分析需求规格说明书，可以得到如下输入域：

$$C1：0 \leqslant X \leqslant 100$$

$$C2：0 \leqslant Y \leqslant 100$$

因为有两个输入数，所以，使用边界值分析方法进行健壮性测试时，两个数的输入都必须要考虑 1 个正常值 NORMAL 和 6 个边界值：MAX+、MAX、MAX−、MIN+、MIN、MIN−的情况，如图 4-7 所示。而且要注意一点，当其中一个输入数取边界值的时候，其他的输入数要取正常值。因为这样设计，在出现缺陷时才可以有效地定位缺陷所在的位置。

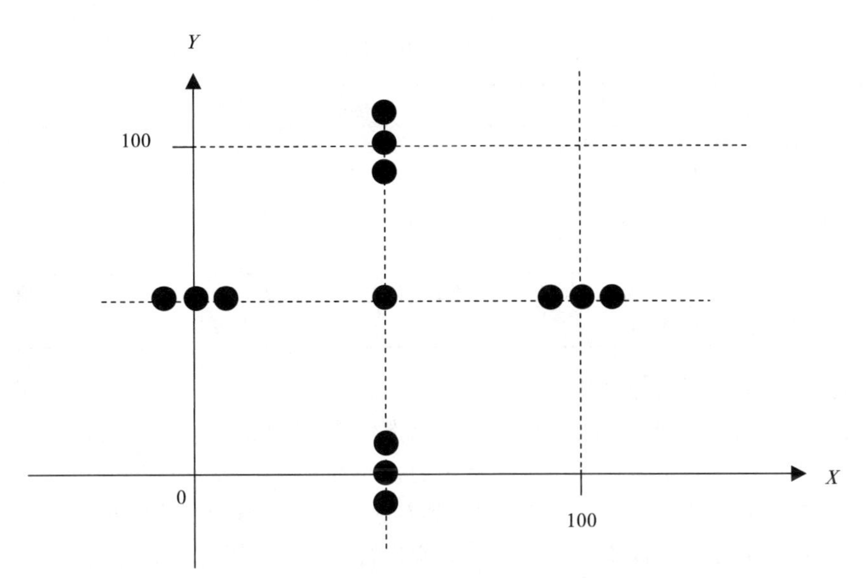

图 4-7　输入数 X、Y 的边界值取值分布

所以，设计测试用例如表 4-8 所示，用于覆盖识别到的正常值和所有的边界值。

表 4-8　选取边界点设计测试用例

取值情况		测试输入	预期结果
X、Y 取正常值	NORMAL，NORMAL	X=80　Y=90	AVG=85
X 取边界值	MAX+	X=101　Y=90	输入的语文成绩无效
	MAX	X=100　Y=90	AVG=95
	MAX−	X=99　Y=90	AVG=94.5
	MIN+	X=1　Y=90	AVG=45.5
	MIN	X=0　Y=90	AVG=45
	MIN−	X=−1　Y=90	输入的语文成绩无效
Y 取边界值	MAX+	X=80　Y=101	输入的数学成绩无效
	MAX	X=80　Y=100	AVG=90
	MAX−	X=80　Y=99	AVG=89.5
	MIN+	X=80　Y=1	AVG=40.5
	MIN	X=80　Y=0	AVG=40
	MIN−	X=80　Y=−1	输入的数学成绩无效

4.4.2　边界值分析简介

【扫一扫：微课视频】
（推荐链接）

通常情况下，软件测试所包含的边界检验有几种类型：数字、字符、位置、重量、大小、速度、方位、尺寸、空间等。

相应地，以上类型的边界值应该在：最大/最小、首位/末位、上/下、最重/最轻、最快/最慢、最高/最低、最短/最长、空/满等情况下。边界值取值思路如表 4-9 所示。

表 4-9　边界值取值思路

类型	边界值	测试用例的设计思路
字符	起始-1 个字符/结束+1 个字符	假设一个文本输入区域允许输入 1～255 个字符，输入 1 个和 255 个字符作为有效等价类；输入 0 个和 256 个字符作为无效等价类，这几个数值都属于边界条件值
数值	最小值-1/最大值+1	假设某软件的数据输入域要求输入 5 位的数据值，可以使用 10000 作为最小值、99999 作为最大值；然后使用刚好小于 5 位和大于 5 位的数值来作为边界条件
空间	小于空余空间一点/大于满空间一点	例如在用 U 盘存储数据时，使用比剩余磁盘空间大一点（几 KB）的文件作为边界条件

在多数情况下，边界值条件是基于应用程序的功能设计而需要考虑的因素，可以从需求规格说明书或业界常规中得到，这是最终用户可以很容易发现的。但是，在测试用例设计过程中，有一些边界值条件并不是显式地呈现出来的，或者说用户是很难注意到的，但确实是属于检验范畴内的边界条件，称为次边界条件，比如说，针对数值和字符就有以下两种情况：

（1）数值的边界值检验：计算机是基于二进制进行工作的，因此，软件的任何数值运算都有一定的范围限制，如表 4-10 所示。

表 4-10　数值的边界范围

项	范围或值
位（bit）	0 或 1
字节（Byte）	0～255
字（Word）	0～65 535（单字）或 0～4 294 967 295（双字）
千（K）	1 024
兆（M）	1 048 576
吉（G）	1 073 741 824

（2）字符的边界值检验：在计算机软件中，字符也是很重要的表示元素，其中 ASCII 和 Unicode 是常见的编码方式。表 4-11 中列出了一些常用字符对应的 ASCII 码值，它们也是次边界条件，在边界值分析时应予以考虑。

表 4-11　字符需要考虑的边界

字　　符	ASCII 码值	字　　符	ASCII 码值
空（null）	0	A	65
空格（space）	32	a	97
斜杠（/）	47	Z	90
0	48	z	122
冒号（:）	58	单引号（‘）	96
@	64		

4.4.3　基于边界值分析方法设计测试用例的原则

（1）如果输入条件规定了值的范围，则应取刚达到这个范围边界的值，以及刚刚超越这个范围边界的值作为测试输入数据。

例如，如果程序的需求规格说明中规定：“重量在 10～50 kg 范围内的邮件，其邮费计算公式为……”。作为测试用例，应取 10 及 50，还应取 9.99，10.01，49.99 及 50.01 等。

（2）如果输入条件规定了值的个数，则用最大个数、最小个数、比最小个数少一、比最小个数多一、比最大个数少一、比最大个数多一的数作为测试数据。

比如，一个日志文件包括 1～255 个字符，则测试用例可取 1 和 255 个字符，还应取 0，2，254 及 256 等作为测试数据。

（3）将前面两个规则应用于输出条件，即设计测试用例构造测试输入值，使输出值达到边界值及其左右的值。

例如，某程序的需求规格说明要求计算出“每月保险金扣除额为 0 至 1165.25 元”，其测试用例可以构造测试输入，让输出值分别为 0.00，1165.25，0.01，1165.24 等情况。

（4）如果程序的需求规格说明书给出的输入域或输出域是有序集合，则应选取集合的第一个元素和最后一个元素作为测试用例。

（5）如果程序中使用了一个内部数据结构，则应当选择这个内部数据结构的边界上的值作为测试用例。

（6）分析需求规格说明书，找出其他可能的边界条件和次边界条件，其遵循的原则是：在测试资源足够的情况下，边界值分得越细越好。

4.4.4　针对三角形问题使用边界值分析方法设计测试用例

我们再来分析例 4-1 的三角形问题，需求规格说明书明确写出输入数据的边界条件：

$$C1: 1 \leqslant a \leqslant 100$$
$$C2: 1 \leqslant b \leqslant 100$$
$$C3: 1 \leqslant c \leqslant 100$$

那么，使用边界值分析方法进行健壮性测试时，针对三角形的 3 条边，每一条边都考虑 1 个正常值 NORMAL 和 6 个边界值：MAX+、MAX、MAX−、MIN+、MIN、MIN−，可以设计测试用例如表 4-12 所示。

表 4-12　使用边界值分析方法对三角形问题进行健壮性测试

测试用例	*a*	*b*	*c*	预期结果
T1	50	50	50	等边三角形
T2	50	50	0	*c* 的取值不在允许取值的范围内
T3	50	50	1	等腰三角形
T4	50	50	2	等腰三角形
T5	50	50	99	等腰三角形
T6	50	50	100	不能构成三角形
T7	50	50	101	*c* 的取值不在允许取值的范围内
T8	50	0	50	*b* 的取值不在允许取值的范围内
T9	50	1	50	等腰三角形
T10	50	2	50	等腰三角形
T11	50	99	50	等腰三角形

续表

测试用例	a	b	c	预期结果
T12	50	100	50	不能构成三角形
T13	50	101	50	b 的取值不在允许取值的范围内
T14	0	50	50	a 的取值不在允许取值的范围内
T15	1	50	50	等腰三角形
T16	2	50	50	等腰三角形
T17	99	50	50	等腰三角形
T18	100	50	50	不能构成三角形
T19	101	50	50	a 的取值不在允许取值的范围内

当然，除了在需求规格说明书上显式地标明的三角形 3 边的取值作为边界条件外，程序还隐含着次边界条件，如果在测试资源允许的情况下，应该在白盒子测试的辅助下，尽量发现尽可能多的次边界条件。

4.4.5 针对雇佣金问题使用边界值分析方法设计测试用例

我们分析例 4-2 雇佣金问题的描述，需求规格说明书明确写出了输入数据的边界条件：

① ={ 枪机: 1 ≤ 枪机数 ≤ 70 }

② ={ 枪托: 1 ≤ 枪托数 ≤ 80 }

③ ={ 枪管: 1 ≤ 枪管数 ≤ 90 }

计算方式如下：

枪机 45 美元/只，枪托 30 美元/只，枪管 25 美元/只。

销售额 ≤ 1 000 美元的部分为 10%。

1 000 美元 < 销售额 ≤ 1 800 美元的部分为 15%。

1 800 美元 < 销售额的部分为 20%。

那么，针对输入域使用边界值分析方法进行健壮性测试时，可以设计测试用例如表 4-13 所示。

表 4-13 使用边界值分析方法对雇佣金问题进行健壮性测试

枪机数	枪托数	枪管数	预期结果	
			销售额	雇佣金
10	10	10	1 000	100
0	10	10	输入无效	
1	10	10	595	59.5
2	10	10	640	64
69	10	10	3 655	591
70	10	10	3 700	600
71	10	10	输入无效	
10	0	10	输入无效	

续表

枪机数	枪托数	枪管数	预期结果	
			销售额	雇佣金
10	1	10	730	73
10	2	10	760	76
10	79	10	3070	474
10	80	10	3100	480
10	81	10	输入无效	
10	10	0	输入无效	
10	10	1	775	77.5
10	10	2	800	80
10	10	89	2975	455
10	10	90	3000	460
10	10	91	输入无效	

进一步，我们根据需求规格说明书的输出情况（销售商的销售额）进一步分析，销售商的销售额的边界点分别是：最小值 100，中间边界值 1 000，中间边界值 1 800，最大值 7 800。

销售额 ≤ 1 000 美元的部分为 10%。

1 000 美元 < 销售额 ≤ 1 800 美元的部分为 15%。

1 800 美元 < 销售额的部分为 20%。

那么，针对输出域使用边界值分析方法进行健壮性测试时，可以构造测试输入，设计测试用例，让输出值（销售商的销售额）达到边界范围，如表 4-14 所示。

表 4-14　根据输出域使用边界值分析方法对雇佣金问题进行测试

枪机数	枪托数	枪管数	预期结果		备注
			销售额	雇佣金	
1	1	1	100	10	最小输出值
1	1	2	125	12.5	稍大于最小输出值
1	2	1	130	13	稍大于最小输出值
2	1	1	145	14.5	稍大于最小输出值
5	5	5	500	50	中间值
10	10	9	975	97.5	稍小于边界值
10	9	10	970	97	稍小于边界值
9	10	10	955	95.5	稍小于边界值
10	10	10	1000	100	边界值
10	10	11	1025	103.75	稍大于边界值
10	11	10	1030	104.5	稍大于边界值
11	10	10	1045	106.75	稍大于边界值
14	14	14	1400	160	中间值

续表

枪机数	枪托数	枪管数	预期结果		备注
			销售额	雇佣金	
18	18	17	1775	216.25	稍小于边界值
18	17	18	1770	215.5	稍小于边界值
17	18	18	1755	213.25	稍小于边界值
18	18	18	1800	220	边界值
18	18	19	1825	225	稍大于边界值
18	19	18	1830	226	稍大于边界值
19	18	18	1845	229	稍大于边界值
48	48	48	4800	820	中间值
70	80	89	7775	1415	稍小于最大输出值
70	79	90	7770	1414	稍小于最大输出值
69	80	90	7755	1411	稍小于最大输出值
70	80	90	7800	1420	最大输出值

4.5　决策表分析

决策表（Decision Table）又称为判定表，是一个用表格形式来整理逻辑关系的工具，由横向的条件（因）和动作（果）和纵向的规则（测试用例）组合而成。

【扫一扫：微课视频】

在一些数据处理问题中，某些操作的实施依赖于多个逻辑条件的组合，即针对不同逻辑条件的组合值，分别执行不同的操作，决策表很适合于处理这类问题。决策表的优点是：能够将复杂的问题按照各种可能的情况全部列举出来，简明并避免遗漏。因此，利用决策表能够设计出完整的测试用例集合。

4.5.1　决策表的组成部分

决策表通常由四个部分组成，如图 4-8 所示。

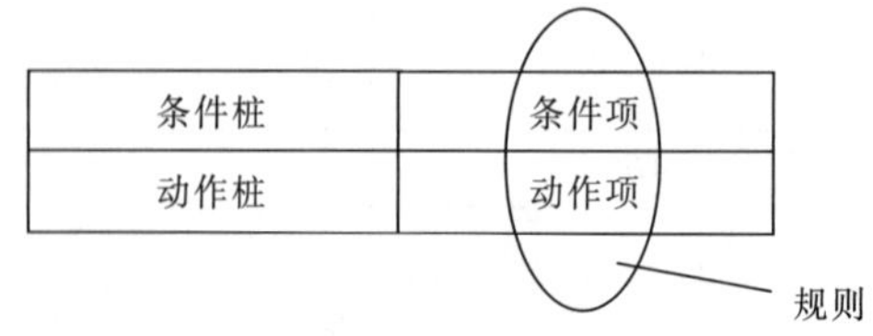

图 4-8　决策表组成

（1）条件桩（Condition Stub）：列出了问题的所有条件。

（2）动作桩（Action Stub）：列出了问题规定可能采取的操作。

（3）条件项（Condition Entry）：列出针对它左列条件的取值。

（4）动作项（Action Entry）：列出在条件项的各种取值情况下应该采取的动作。

规则：任何一个条件组合的特定取值及其相应要执行的操作称为规则。在决策表中贯穿条件项和动作项的**一列就是一条规则**。显然，决策表中列出多少组条件取值，也就有多少条规则，即条件项和动作项就有多少列。

4.5.2　建立决策表设计测试用例

根据需求规格说明书，决策表的建立步骤如下：

（1）确定规则的个数。假设有 n 个条件，每个条件只有两个取值（Y,N），那么就有 2^n 种规则。

（2）列出所有的条件桩和动作桩。

（3）填入条件项。

（4）填入动作项。这样便可以得到初始的决策表。

（5）简化。合并相似规则（相同动作的）。

（6）根据决策表设计测试用例。排除不可能的情况，然后，每一条规则可以设计一个测试用例。

4.5.3　以经典的“阅读指南”为例构建决策表

“阅读指南”决策表如表 4-15 所示。

表 4-15　“阅读指南”决策表

选项 \ 规则		1	2	3	4	5	6	7	8
条件	C1：疲倦吗？	Y	Y	Y	Y	N	N	N	N
	C2：感兴趣吗？	Y	Y	N	N	Y	Y	N	N
	C3：糊涂吗？	Y	N	Y	N	Y	N	Y	N
动作	a1：重读					√			
	a2：继续						√		
	a3：跳到下一章							√	√
	a4：休息	√	√	√	√				

4.5.4　决策表的简化

简化就是规则合并，如果有两条或多条规则具有相同的动作，并且其条件项之间存在着极为相似的关系，那么，这两条或多条相似的规则则可以合并为一条，以便简化决策表。如图 4-9 所示。

合并后的条件项用符号“–”表示，说明执行的动作与该条件的取值无关，称为无关条件。意思就是，不管其取任何值，都不会影响动作项的结果。

上述的“阅读指南”决策表可以简化成如下结果，如表 4-16 所示。

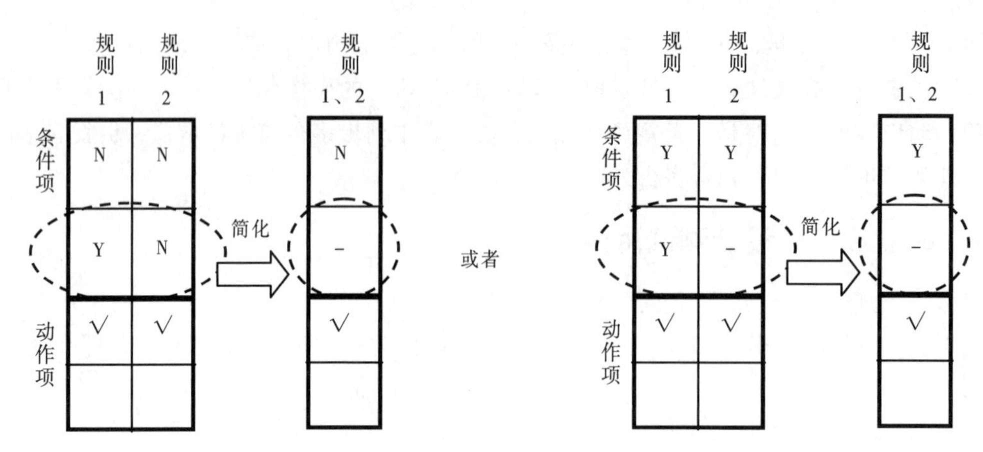

图 4-9　规则合并

表 4-16　简化后的"阅读指南"决策表

选项 \ 规则		1～4	5	6	7～8
条件	C1：疲倦吗？	Y	N	N	N
	C2：感兴趣吗？	-	Y	Y	N
	C3：糊涂吗？	-	Y	N	-
动作	a1：重读		√		
	a2：继续			√	
	a3：跳到下一章				√
	a4：休息	√			

4.5.5　针对三角形问题使用决策表分析方法设计测试用例

我们继续分析例 4-1 三角形问题，根据需求规格说明书，找出构成决策表的条件桩。

【扫一扫：微课视频】
（推荐链接）

C1：a、b、c 构成一个三角形？

C2：　$a = b$　？

C3：　$a = c$　？

C4：　$b = c$　？

找到构成决策表的动作桩。

a1：不能构成三角形

a2：一般三角形

a3：等腰三角形

a4：等边三角形

a5：不可能事件

针对三角形问题，建立初始决策表，然后化简规则，最后设计测试用例，如表 4-17 所示。

表 4-17　使用决策表分析方法对三角形问题进行测试

选项 \ 规则		1～8	9	10	11	12	13	14	15	16
条件	C1:a、b、c 构成一个三角形？	N	Y	Y	Y	Y	Y	Y	Y	Y
	C2: $a = b$ ？	–	Y	Y	Y	Y	N	N	N	N
	C3: $a = c$ ？	–	Y	Y	N	N	Y	Y	N	N
	C4: $b = c$ ？	–	Y	N	Y	N	Y	N	Y	N
动作	a1:不能构成三角形	√								
	a2:一般三角形									√
	a3:等腰三角形					√		√	√	
	a4:等边三角形		√							
	a5:不可能事件			√	√		√			
测试用例 （a，b，c）		2,3,6	2,2,2			3,3,4		3,4,3	4,3,3	2,3,4

当然，有时候程序的可能条件有很多，或者每个条件的取值可能不是（Y,N）那么简单，而是有 m 种取值情况，那么，如果在测试时考虑所有输入条件的各种组合，其可能的组合数 n^m 将可能是一个天文数字，这样就会使测试变成一件不可能完成的任务。这时候就应该使用一定的指导方法，如因果图法等，将复杂的决策表分解成若干个简单的决策表，只考虑有逻辑关联的条件，暂时排除没有逻辑关联的条件，这样才能使决策表方法更好地完成黑盒子测试。

小　　结

1. 黑盒子测试是指不基于内部设计和代码的任何知识，而基于需求和功能性的测试，黑盒测试也称功能测试或数据驱动测试。

2. 等价类划分方法是把所有可能的输入数据，即程序的输入域划分成若干个部分（若干个子集），然后，从每一个子集中选取少数具有代表性的数据作为测试输入来设计测试用例。等价类划分的目的就是为了在有限的测试资源的情况下，用少量有代表性的数据得到比较好的测试效果。

3. 有效等价类：是指对于程序的需求规格说明书来说是合理的、有意义的输入数据构成的集合。利用有效等价类可检验程序是否实现了需求规格说明中所规定的功能和性能。

4. 无效等价类：与有效等价类的定义恰好相反，无效等价类指的是对程序的需求规格说明书而言是不合理的、无意义的输入数据所构成的集合。对于具体的问题，无效等价类至少应有一个，也可能有多个。

5. 使用边界值分析方法设计测试用例，首先应确定边界情况。应当选取正好等于、刚刚大于或刚刚小于边界的值作为测试数据，而不是选取等价类中的典型值或任意值作为测试数据。而且，边界值分析不仅仅要考虑输入条件的边界情况，还要考虑输出域的边界，构造测试输入，生成输出结果的边界情况。

6. 决策表又称为判定表，是一个用表格形式来整理逻辑关系的工具，由横向的条件（因）和动作（果）和纵向的规则（测试用例）组合而成。决策表很适合于处理某些操作的实施依赖于多个逻辑条件的组合，即针对不同逻辑条件的组合值、分别执行不同的操作这类问题。决策表的优点是：能够将复杂的问题按照各种可能的情况全部列举出来，简明并避免遗漏。

思考与练习

1. 请判断对错：测试程序仅仅按预期方式运行就行了。

2. 请判断对错：黑盒测试又叫功能测试或数据驱动测试。

3. 请判断对错：等价类法和边界值法着重考虑输入条件，而不考虑输入条件的各种组合，也不考虑输入条件之间的相互制约关系。

4. 请判断对错：因果图法是建立在决策表法基础上的一种白盒测试方法。

5. 请简述常用的黑盒子测试方法有哪些。

6. 写出下列输入中需要测试的边界值：①一个文件最多允许输入 255 个字符；②一个文本框允许输入 1～100 之间的实数；③在 Windows 7 上保存文件的文件名；④使用 163 邮箱的发件人。

7. 假定一台 ATM 机允许提取的增量为 50 元，总额为从 50 元到 5 000 元不等的现金；并要求一次最多取 2 000 元，一天最多取 5 000 元，一天最多取 3 次。请运用等价类和边界值的思想编写测试用例。

8. 有一个要输入两个变量 $X1$ 和 $X2$ 的程序，计算并显示相加的结果。假设软件产品说明书规定，输入变量 $X1$ 和 $X2$ 为整数，且要求在下列范围内取值：

$$0 \leqslant X1 \leqslant 100$$

$$0 \leqslant X2 \leqslant 100$$

如果变量 $X1$ 不在有效范围，则显示信息 N；如果变量 $X2$ 不在有效范围，则显示信息 M；如果变量 $X1$、$X2$ 都在有效范围，则显示求和结果。

请你对两个变量问题进行健壮等价类划分测试（划出等价类列表、写出测试用例）。

请你对两个变量问题进行边界值测试（划出边界值列表、写出测试用例）。

请你对两个变量问题进行决策表测试（划出并简化决策表、写出测试用例）。

9. 请你对“客户服务系统”登录模块，使用所学的黑盒子测试方法设计足够多的测试用例，用于检测整个登录模块是否存在缺陷。格式如下：

用例编号	测试输入（与步骤）	预期结果
1	检查正确的用户名和密码是否能够登录。 用户名：guest 密码：123456	弹出提示信息：“张三登录成功”
2	检查无效的用户名是否能够登录。 用户名：g123 密码：123456	弹出提示信息：“用户名输入格式错误。”
3	……	……

补充说明：需求规格说明书要求，登录用户名由 5～10 位字母或数字组成；登录密码由 6～12 位字符组成。

10. 某城市电话号码由三部分组成，分别是：

- 地区码——空白或三位数字；
- 前　缀——非"0"或"1"开头的三位数字；
- 后　缀——4 位数字。

假定被测程序能接受一切符合上述规定的电话号码，拒绝所有不符合规定的电话号码。要求：

（1）请选择适当的黑盒测试方法，写出选择该方法的原因，并写出使用该方法的步骤，给出测试用例表。

（2）如果所生成的测试用例不够全面，请考虑用别的测试方法生成一些补充的测试用例。

11. 有一个处理单价为 5 角钱饮料的自动售货机，相应规格说明如下：

- 若投入 5 角钱或 1 元钱的硬币，按下〖橙汁〗或〖啤酒〗的按钮，则相应的饮料就送出来。（每次只投入一个硬币，只按下一种饮料的按钮）
- 如投入 5 角的硬币，按下按钮后，总有饮料送出。
- 若售货机没有零钱找，则一个显示〖零钱找完〗的红灯会亮，这时再投入 1 元硬币并按下按钮后，饮料不送出来而且 1 元硬币也退出来。
- 若有零钱找，则显示〖零钱找完〗的红灯不会亮，若投入 1 元硬币及按饮料按钮，则送出饮料的同时找回 5 角硬币。

请选择适当的黑盒测试方法，写出选择该方法的原因，并写出使用该方法的步骤，设计出相应的测试用例。

第5章 软件测试资源管理

重点：

- 了解常用的软件测试资源管理工具。
- 了解 ALM 的各个版本。
- 掌握通过 ALM 进行需求管理。
- 掌握通过 ALM 进行测试用例管理。
- 掌握通过 ALM 进行测试执行管理。
- 掌握通过 ALM 进行缺陷管理。

难点：

- 将真实项目运用 ALM 进行软件测试管理。
- 软件测试工程师和软件开发工程师对 ALM 的不同使用。

【扫一扫：微课视频】
（推荐链接）

以前，传统的测试工作是采用文档方式来管理测试资源（测试流程管理、缺陷跟踪管理、测试用例管理）的，经常直接使用 Word、Excel 等工具来编写和管理需求规约、测试用例、缺陷等。这种方式在测试发展的初期非常普遍，它适用于软件规模小、质量要求比较低、测试工程师人数比较少、对测试用例的要求比较低的情况。

随着软件规模越来越大、质量要求越来越高，以往的方法出现了若干问题：

（1）缺陷管理的力度不足。对测试过程中产生的缺陷，没有进行登记、编号，没有采用标准化的流程进行跟踪，无法确保每个缺陷都会被关闭，遗漏的缺陷会对软件的正常使用构成非常重大的威胁。

（2）测试用例缺乏规范性。使用 Word 或者 Excel 来编写测试用例，使得测试用例的规范性无法得到保证，导致测试工程师之间无法共享测试用例。如果需要重新进行一次测试，就需要重写测试用例，造成成本增加。同时，无法对测试用例进行质量控制，造成测试用例本身的质量难以控制。

（3）测试过程难以进行管理。测试工作需要遵循测试流程，以保证每个需求都可以被覆盖，每个测试用例可以被执行。通过 Word 或者 Excel 的方式，无法对流程进行管理。

（4）测试需求管理没有建立。基于 Word 或者 Excel 格式的需求，不是一个条目化的需求，无法对每个需求项进行跟踪管理，无法对需求项进行变更管理。另外，当需求发生变更，也无法确定哪些测试用例需要重新设计、哪些测试用例需要回归。

（5）自动化测试无法实现。自动化测试是测试发展的一个方向，通过自动测试我们能够大幅度的提升测试覆盖率，减小测试的颗粒度，对于提升软件的质量非常重要。显而易见，Word 或者 Excel 格式的测试用例是无法实现自动化测试的。

因此，我们需要通过一套行之有效的测试资源管理软件来建立一个软件测试体系，包括：需求管理、测试分析、测试管理、缺陷跟踪，并且把这个过程纳入整个软件项目开发和软件产品开发过程。

测试管理软件是支撑 SQA 的重要工具，它应该包括以下功能：

（1）管理测试需求。测试管理软件能够对测试需求进行条目化管理，按照需求树的方式来组织测试需求。测试需求支持导入、导出，能够从任何一个需求树结点来导入、导出需求。

测试需求能关联到测试用例、关联到与需求相关的所有缺陷。测试需求还应该能够关联到场景。每个需求项（需求条目）可以具有详细的描述信息，也具备频度、状态等属性。

（2）管理测试用例。能够建立与需求同构的测试用例树。支持测试用例的描述，如：测试目标、所属需求、测试步骤、测试数据、预期结果，能够支持与自动化相关联的信息等。

（3）执行测试。能够把测试用例按照一个测试目标进行组织，形成测试集，并且能够执行测试集，支持测试执行流程。

（4）管理缺陷。能够对缺陷管理过程进行工作流的管理。支持自定义管理流程、自定义缺陷状态、自定义用户角色。支持对缺陷进行检索、合并、导出，支持缺陷的各种报告。

（5）查看测试报告。能够根据自定义的格式生成测试报告。

5.1　ALM/QC/TD：经典的软件测试管理工具

应用生命周期管理平台（Application Lifecycle Management，ALM），是最经典、使用范围最广的软件测试管理工具之一。惠普（HP）在 2006 年 7 月以 45 亿美元收购了 Mercury 公司。而在此之前，Mercury 是专注于软件测试工具研发的专业厂商，曾在测试工具这块与 Rational、Segue 号称“测试三巨头”。它推出的每一款产品都堪称划时代：测试管理工具 TestDirector、性能测试工具 LoadRunner、功能测试自动化工具 WinRunner/QuickTest，分别迅速占领了全球 70%左右的市场，时至今日，仍然威震江湖。

（1）QC 的前身是 Mercury Interactive 公司推出的测试管理工具 TD（Test Director），TD 最新发布到 8.0 版本。

（2）2006 年 HP 收购 Mercury Interactive 公司，将 TD 改进后改名为 Quality Center，简称 QC。

（3）QC 比 TD 改进在把 TD 转移到了 J2EE 平台上，支持 weblogic、jboss，支持 QTP、WinRunner 等，提供了与 HP 各种测试工具的集成使用方式。

（4）QC 当前主流版本是 8.2、9.0、10.0、ALM（也称为 Application Lifecycle Management，即 QC11）。

可以说，HP ALM 是老牌产品 QC（Quality Center）的升级版。HP ALM 能够帮助用户有效地管理日常的测试工作。它是一个用于规范和管理日常测试项目工作的平台，将管理不同开发人员、测试人员和管理人员之间的沟通调度、项目内容管理和进度追踪。而且，HP ALM 是一个集中实施、分布式使用的专业的测试项目管理平台软件，可以在用户内进行多项目的测试的协调。通过在一个整体的应用系统中提供并且集成了测试需求管理、测试计划、测试日程控制以及测试执行和错误跟踪等功能，极大地加速测试过程。建立测试项目之后，首先根据用户的业务功能需求和性能需求，建立相应的测试需求，即建立测试的内容；接着，根据测试需求设计生成测试计划，并反向考察测试计划对测试需求的覆盖率；然后，由测试计划安排和运行测试，根据运行结果来修改测试计划；最后，在测试全过程中涉及的所有缺陷信息，都由缺陷跟踪模块进行记录和管理。

ALM 主要功能模块有：① 项目管理（项目计划和跟踪、发布管理、报表）；② 需求管理（业务需求和测试需求、业务模型管理）；③ 测试计划（测试案例管理）；④ 测试运行（测试任务调度、执行和审计）；⑤ 缺陷管理（系统缺陷的集中管理和流转）；⑥ 项目自定义（后台的客户定制化平台，包括客户化字段和工作流的自定义）。

HP Application Lifecycle Management（ALM）是一个全生命周期的项目管理工具，它使得 IT 人员能够管理应用程序从需求到部署的各个核心的生命周期，它赋予 IT 人员以可预知、可重复和可适应的方式交付应用程序，它赋予开发团队可预见、协同工作的能力。

早几年，ALM 的业界影响力巨大，国际著名分析机构 Gartner 在 2009 年的测试管理魔方图中显示 HP 的测试管理工具具有绝对的领导地位。来自 Yankee Group 最新的市场份额图表显示，HP 的 QC 在企业级测试管理领域第一，占 61.7%。国内权威测试网站 51Testing 在《2011 年中国软件测试从业人员调查报告》中指出“软件测试从业人员最常使用的测试管理工具依然为 QC/TD，所占比例为 42%。”。因此，我们紧接着下来要学习的测试管理工具就是经典的 ALM（QC）。

5.2 ALM 入门

应用程序生命周期管理是一个复杂的过程，ALM 能够支持管理应用程序生命周期的所有阶段。通过集成应用程序管理中涉及的任务，它允许用户将 IT 与业务需求保持一致，并使效率达到最优化。

【扫一扫：微课视频】
（推荐链接）

使用 ALM 的应用程序生命周期管理的路线图包括以下阶段，如图 5-1 所示。

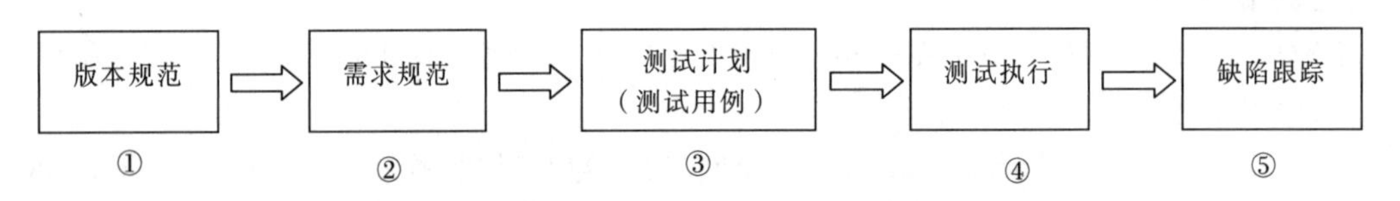

图 5-1 ALM 的应用程序生命周期管理的路线图

生命周期的各阶段描述如表 5-1 所示。

表 5-1 ALM 的应用程序生命周期各阶段描述

阶段	描述
版本规范	开发版本、周期管理可以帮助用户更有效地管理应用程序的各个版本和周期。可以根据计划跟踪应用程序版本的进度，以确定版本是否处于正轨
需求规范	定义需求以满足业务和测试需要。可以管理需求并在需求、测试和缺陷之间跨多个版本和周期执行多维度可跟踪性。ALM 提供对需求覆盖率和关联的缺陷的实时可见性，以评估软件质量和业务风险
测试计划 （测试用例）	“测试计划”模块其实是测试用例管理模块：根据项目需求，可以生成测试用例和设计测试。 “测试计划”模块允许用户按功能划分应用程序。通过创建测试计划树，将应用程序划分成若干单元或主题。测试计划树是测试计划的图形表示，按测试功能的层次结构关系显示测试

续表

阶　段	描　述
测试执行	在项目中创建测试的子集，将若干个测试用例打包在一起，按既定流程执行测试，旨在实现特定的测试目标。ALM 支持正常、功能性、回归和高级测试。通过执行测试以诊断并解决问题
缺陷跟踪	提交缺陷并跟踪其修复进度。分析缺陷和缺陷趋势，可帮助用户作出有效的“做/不做”决策。ALM 支持整个缺陷生命周期，从初始问题检测到修正缺陷和验证修复

5.3　ALM 用户使用指南

5.3.1　连接 ALM 服务器

打开 Web 浏览器，并输入 ALM 服务的 URL，格式一般为：http://<ALM Platform 服务器名称>[<:端口号>]/qcbin。进入 ALM 服务器的首页，如图 5-2 所示。

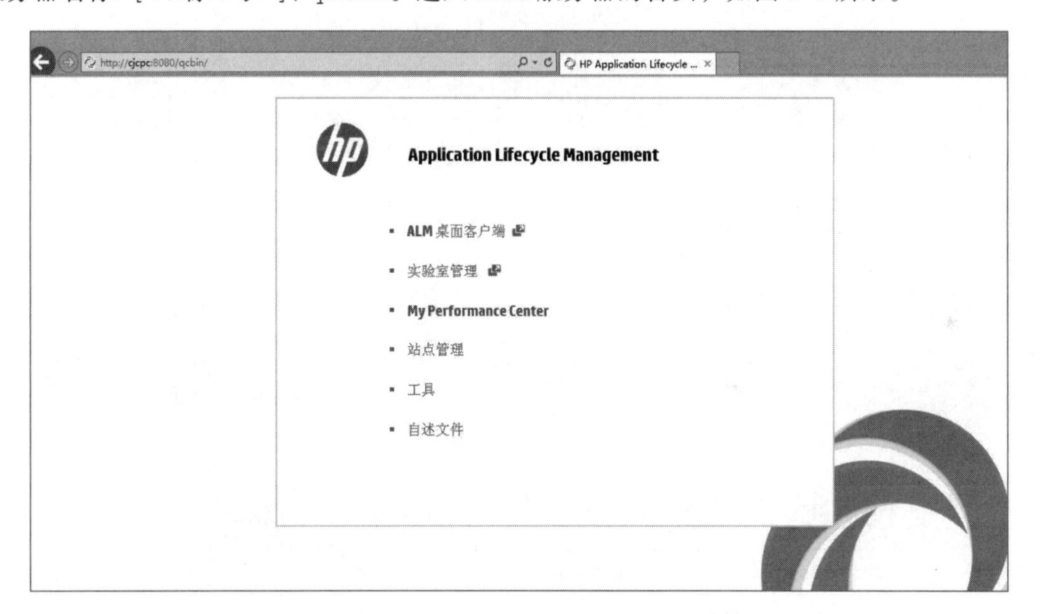

图 5-2　ALM 服务器首页

提示： 如果没有正确的 URL，可以联系 ALM 服务器的站点管理员获取。

5.3.2　登录项目

（1）单击“ALM 桌面客户端”，打开 ALM“登录”窗口。在登录框中，输入由站点管理员分配的用户名和密码，如图 5-3 所示。

提示： 如果希望 ALM 自动登录到正在处理的最近项目，则选中自动在该计算机上登录到上次的域和项目复选框。

（2）单击【身份验证】按钮。ALM 将验证用户名和密码，并确定可以访问哪些域和项目，如图 5-4 所示。

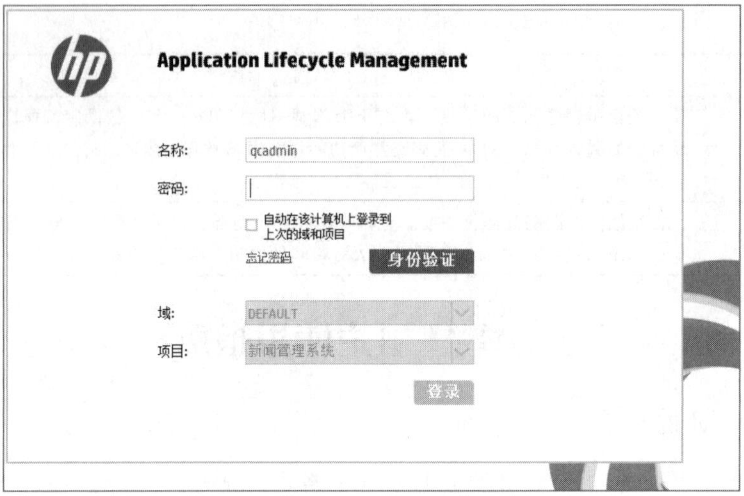

图 5-3　输入用户名和密码

图 5-4　进行身份验证

提示：如果指定了自动登录，则会直接打开 ALM，进入项目工作界面。

（3）在“域”列表中，选择一个要登录的域。默认情况下，将显示使用过的最后一个域。

（4）在“项目”列表中，选择一个要登录的项目。默认情况下，将显示使用过的最后一个项目。

提示：如果站点管理员在 ALM Platform 服务器上安装有演示项目，则可以选择 ALM_Demo 项目（确保在域列表中选择 DEFAULT）。Demo 项目包括了样本数据，可以帮助用户快速地学习 ALM。

（5）单击【登录】按钮。ALM 桌面客户端工作界面将会打开，并显示在上次会话期间最后使用的模块，如图 5-5 所示。

（6）首次运行 ALM 时，将打开“欢迎”页面。从“欢迎”页面，可以直接访问 ALM 文档。如果不想每次登录 ALM 时都显示“欢迎”页面，请选择“不再显示该内容”。

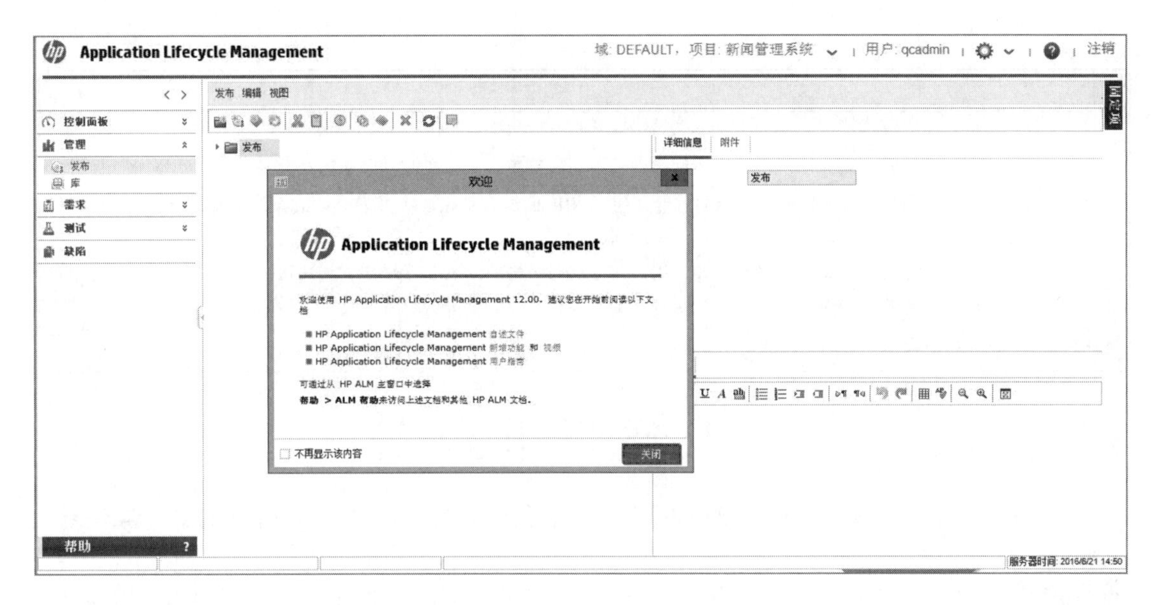

图 5-5　登录界面

（7）如果要退出并返回 ALM“登录”窗口，请单击位于窗口右上角的“注销”按钮。或者，选择“工具”→“更改项目”以转移、登录不同的项目。

5.3.3　ALM 桌面客户端工作界面

ALM 常用区域包含侧边导航栏、快捷工具栏、文档和其他资源。ALM 的侧边导航栏如图 5-6 所示，它包含了 ALM 常用的各个管理模块，是最常用的工作界面。

进一步理解，侧边导航栏分为了以下 5 个大模块，如表 5-2 所示：

图 5-6　ALM 的侧边导航栏

表 5-2　侧边导航栏描述

元　素	描　述
控制面板	包括以下模块： • 分析视图：允许用户创建图、报告和 Excel 报告 • 控制面板视图：允许用户创建控制面板页面，用户可以在单个显示中查看多个图
管理	包括以下模块： • 版本：允许用户定义应用程序管理流程的版本和周期 • 库：允许用户定义库以跟踪项目中的更改、重用项目中的实体，或跨多个项目共享实体
需求	包括以下模块： • 需求：允许用户在分层树结构中管理需求。需求可以链接到其他需求、测试或缺陷 • 业务模型：允许用户导入业务流程模型，并测试模型及其组件的质量（提示：对此模块的访问权限取决于用户获得的 ALM 许可证权限。）

续表

元　　素	描　　述
测试	包括以下模块： • 测试资源：允许用户在分层树结构中管理测试资源。测试资源可以和测试关联 • 业务组件：此模块允许主题内容专家使用 HP 测试自动化解决方案 Business Process Testing 驱动质量优化流程。（提示：对此模块的访问权限取决于用户获得的 ALM 许可证权限。） • 测试计划：测试用例管理，允许用户在分层树结构中开发和管理测试。测试可以链接到需求和缺陷 • 测试实验室：允许用户管理和运行测试。运行测试后，可以分析结果
缺陷	允许用户添加缺陷、确定修复优先级、修复打开的缺陷以及分析数据

5.4 案例引入

在这里，为了方便大家理解 ALM 的操作流程，我们引入一个学习案例，通过这个案例场景来分解 ALM 的操作流程。

案例：J 电子商务网站的需求背景：现在我们要做的是一个便于人们上网购买所需物品的网站——电子商务网站。通过该网站，人们可以足不出户便能随时买到心仪、便宜且实用的物品（家用电器、笔记本、衣服以及化妆品等）。

整个电子商务网站（前台+后台）分为以下 7 大功能模块：用户管理、账户管理、商品购买、商品管理、订单管理、广告管理、评论管理。如图 5-7 所示。

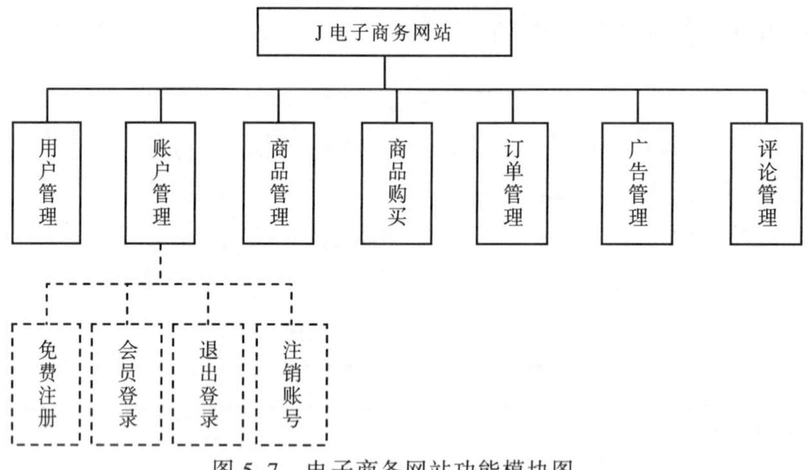

图 5-7　电子商务网站功能模块图

- 用户管理：会员信息维护、后台用户管理。
- 账户管理：免费注册、会员登录、退出登录、注销账号。
- 商品购买：加入购物车、结算、提交订单、删除购物车商品、查看已买宝贝、查看我的订单。
- 商品管理：上架商品、下架商品、查看商品信息、修改商品信息、商品分类。
- 订单管理：新增订单、修改订单、删除订单。
- 广告管理：上架广告、下架广告。
- 评论管理。

在这里，我们以普遍性较广的“会员登录”子需求为主要学习案例，如图 5-8 所示。

图 5-8　会员登录

其功能描述如下：

（1）简述：会员要购买商品就先必须登录，会员输入用户名、密码进行登录。

（2）角色：会员。

（3）前置条件：无。

（4）主要流程：

① 在站点，单击【会员登录】，进入会员登录界面。

② 显示登录信息输入界面：用户名、密码，输入用户名和密码。

③ 单击【登录】按钮，根据系统验证返回的结果，若“登录成功”，则跳转到主页面。

（5）替代流程：

a. 进行流程③时，系统提示“用户名或密码错误”，回到流程②，重新输入用户名和密码。

b. 进行流程②时，系统提示“用户名不能为空”，回到流程②，重新输入用户名。

c. 进行流程②时，系统提示“密码不能为空”，回到流程②，重新输入密码。

d. 进行流程③时，系统提示“登录失败”，回到流程②，重新输入用户名和密码。

（6）约束：

① 用户名和密码都不能为空，输入的用户名必须是存在的，密码与用户名相对应。

② 会员用户名由字母、数字、下画线、中文组成，限 5～20 个字符，一个汉字为两个字符。

③ 会员密码必须由字母开头，由字母、数字或符号组成，限 6～16 个字符。

5.5　在 ALM 管理端上创建项目

要开始在 ALM 中工作，首先需要在“站点管理”中创建项目。

【扫一扫：微课视频】（推荐链接）

提示：“在管理端创建项目”这一部分一般由 ALM 的站点管理员来完成，如果用户没有管理员权限，则可以请求用户的 ALM 服务器管理员协助完成。

（1）打开 Web 浏览器，并输入 ALM 服务的 URL，格式一般为：`http://<ALM Platform 服务器名称>[<:端口号>]/qcbin`。进入

ALM 服务器的首页，如图 5-9 所示。

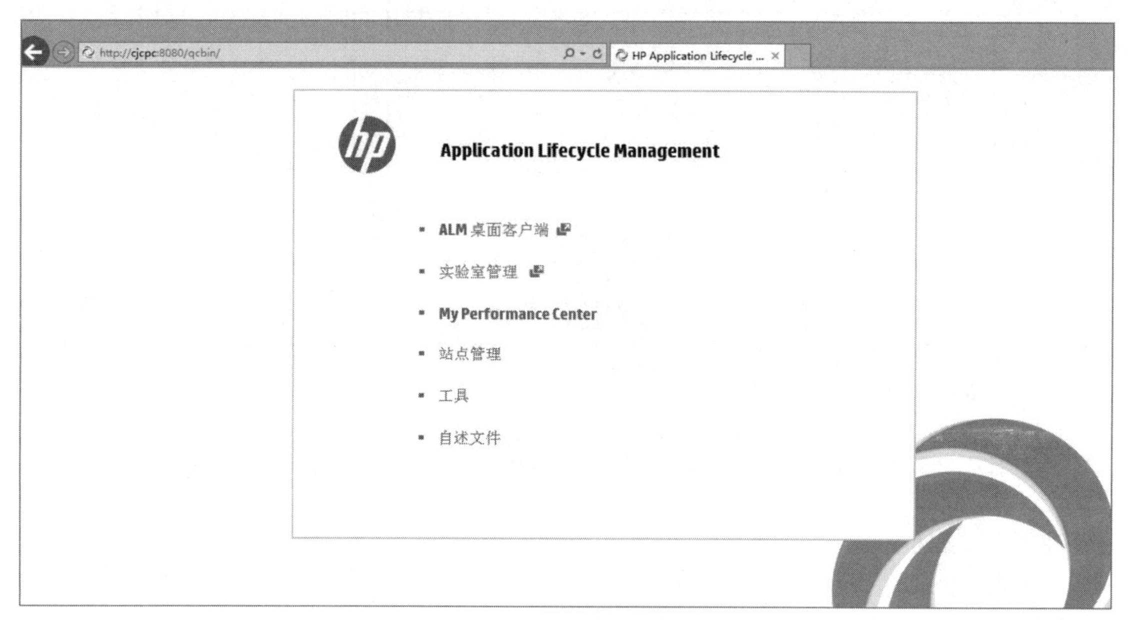

图 5-9　ALM 服务器首页

（2）单击“站点管理”，打开 ALM“站点管理”的“登录”窗口。在登录输入框中，输入管理员的“用户名”和“密码”。如图 5-10 所示。

提示：*管理员的用户名和密码在安装 ALM 的时候可以设置。*

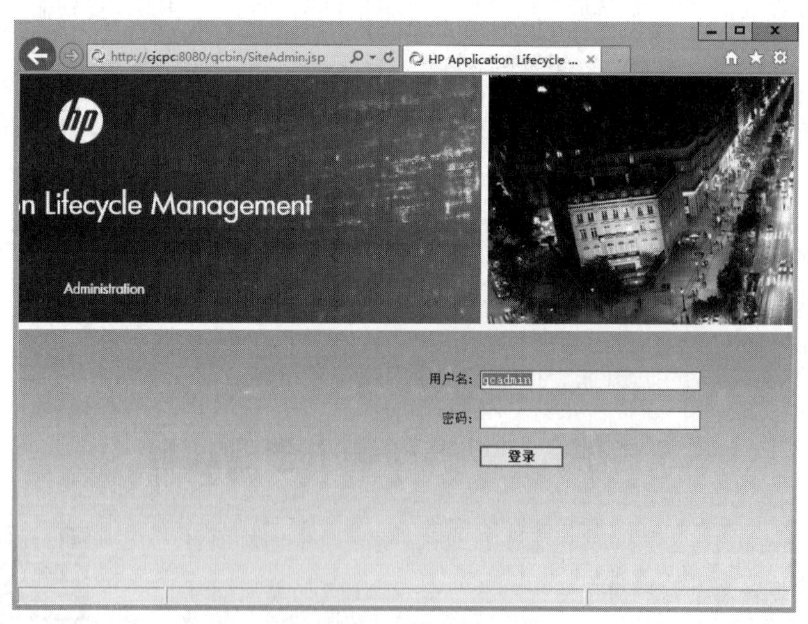

图 5-10　ALM“站点管理”的“登录”窗口

（3）单击【登录】按钮。ALM 将验证您的用户名和密码，如果身份验证成功，则打开 ALM，进入项目管理端界面，如图 5-11 所示。

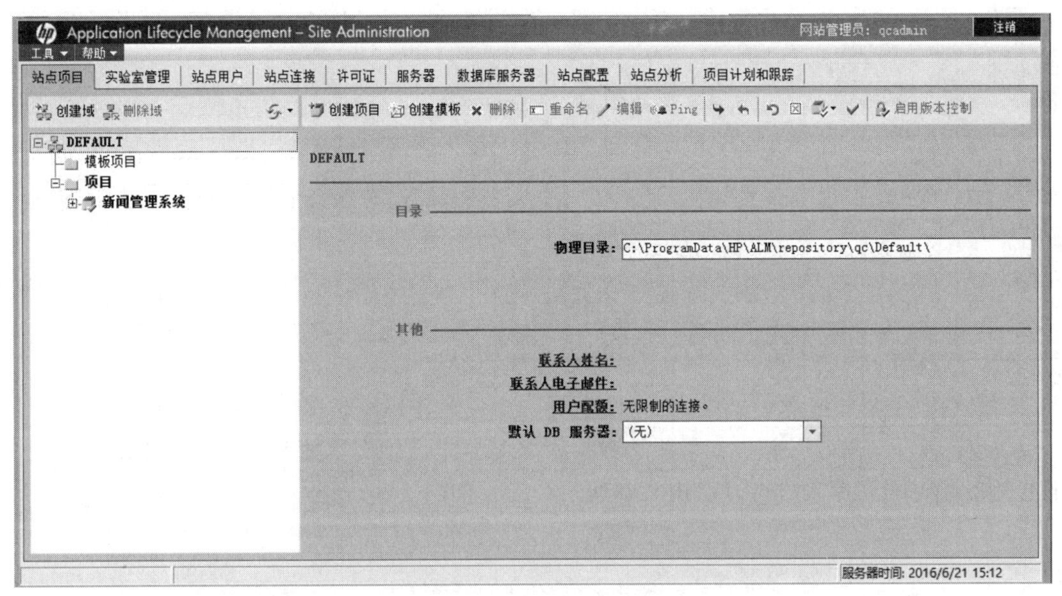

图 5-11　项目管理端界面

（4）创建空项目。在“站点管理”界面中，单击“站点项目”选项卡，选择要创建项目的域。然后，单击【创建项目】按钮。（或者在“项目”树的标签项上右击，选择“创建项目”命令也可以，如图 5-12 所示）。

（5）打开“创建项目”对话框，创建新项目。选择“创建一个空项目”，如图 5-13 所示，单击【下一步】按钮。

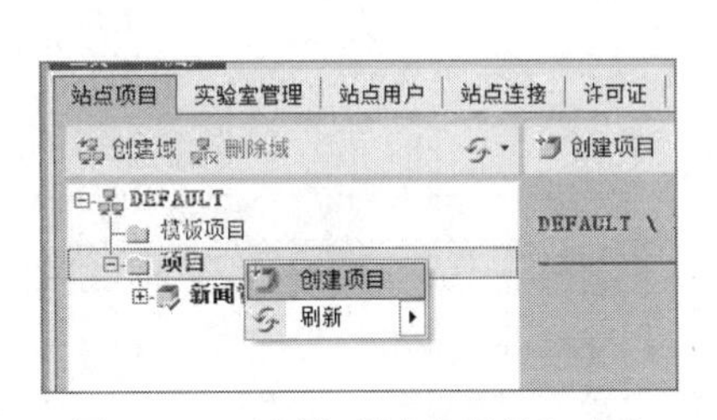

图 5-12　选择“创建项目”命令

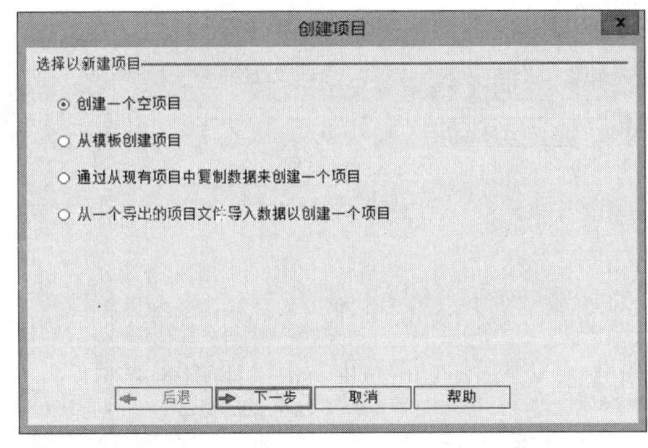

图 5-13　“创建一个空项目”对话框

（6）在“项目名称”框中，输入项目的名称“J 电子商务网站”，如图 5-14 所示。项目名称不能超过 30 个字符，且不能包括特殊字符。单击【下一步】按钮，打开数据库连接对话框。

（7）数据库类型可以选择 Oracle 或 MS-SQL，因为本 ALM 服务器只安装了 MS-SQL，所以，在这里我们选择“MS-SQL”，如图 5-15 所示。

默认情况下，显示为域定义的“服务器名”、“DB 管理员用户”和“DB 管理员密码”的默认值。如果定义了其他数据库服务器，则可从服务器名列表选择另一个名称。

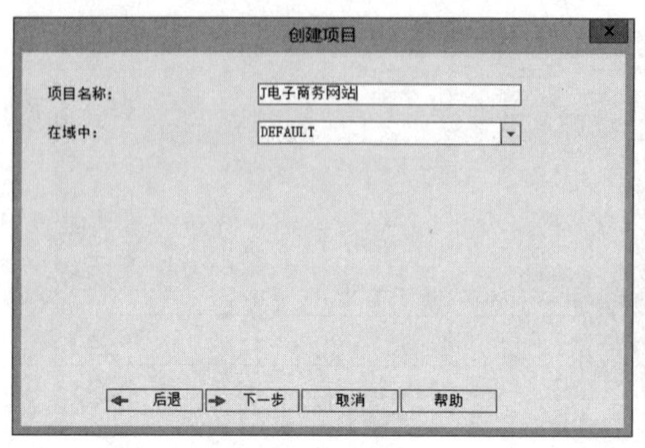

图 5-14　输入项目名称

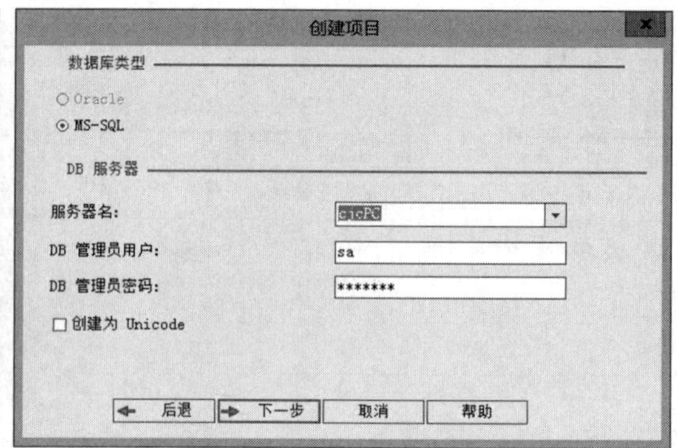

图 5-15　选择数据库类型

（8）单击【下一步】按钮，如果所选数据库服务器未启用文本搜索功能，将打开消息框。该消息指出此过程完成之后可以启用文本搜索功能，如图 5-16 所示。

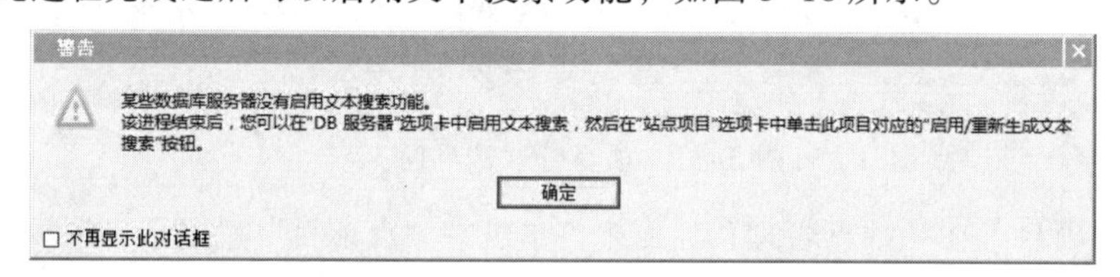

图 5-16　消息框

（9）单击【确定】按钮，打开“添加项目管理员”对话框，如图 5-17 所示。“选定的项目管理员”列表列出了将会分配为项目管理员的用户。“可用用户”列表列出了项目中的可用用户。分配项目管理员时，通过单击“⇦”按钮，将选定用户从“可用用户”列表移动到“选定的项目管理员”列表，如图 5-18 所示。

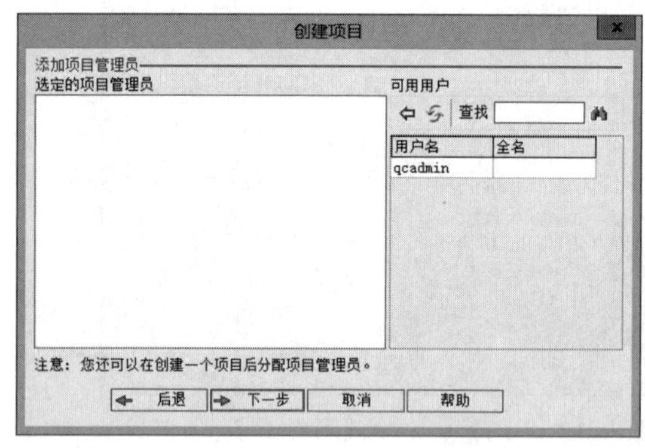

图 5-17　添加项目管理员

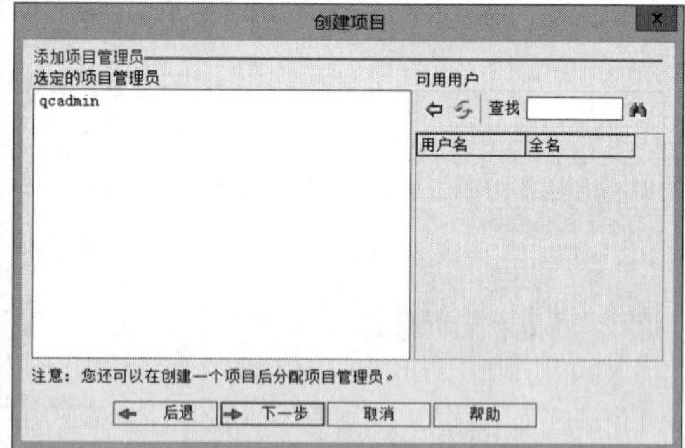

图 5-18　选择并移动用户

提示：项目管理员用户可以在项目中添加和管理其他用户，是一个项目中权限最高的角色。

（10）单击【下一步】按钮，如果 ALM Platform 上安装有一个或多个扩展，则会打开以下对话框，如图 5-19 所示。

在这里，我们不需要激活任何“扩展”，所有，直接单击【下一步】按钮。打开验证项目详细信息对话框，如图 5-20 所示。

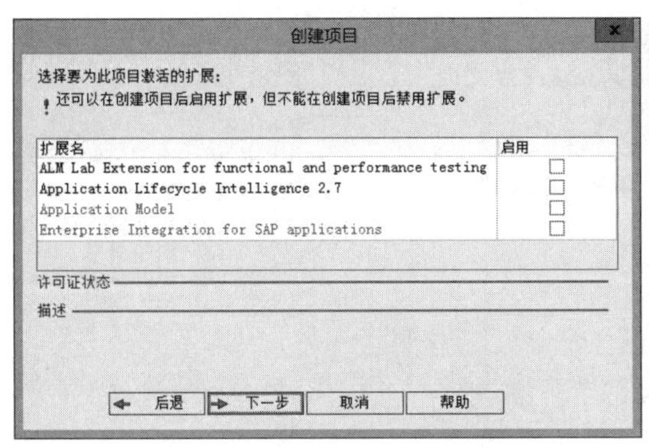

图 5-19　选择要为此项目激活的扩展

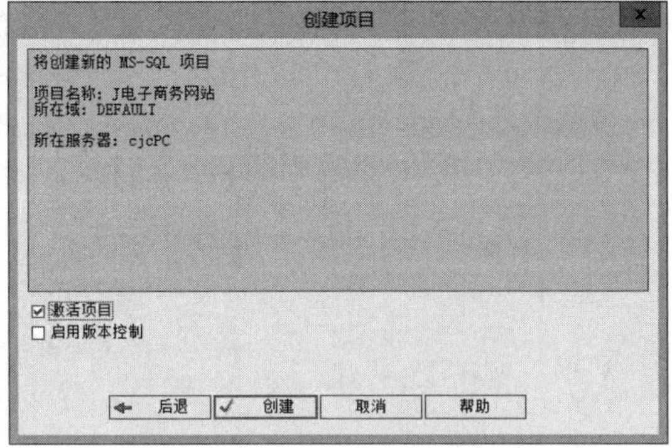

图 5-20　验证项目详细信息

（11）选择“激活项目”复选框，单击【创建】按钮，以激活新项目。等待 1～2 min 后，新项目“J 电子商务网站”就已创建成功了，如图 5-21 所示。

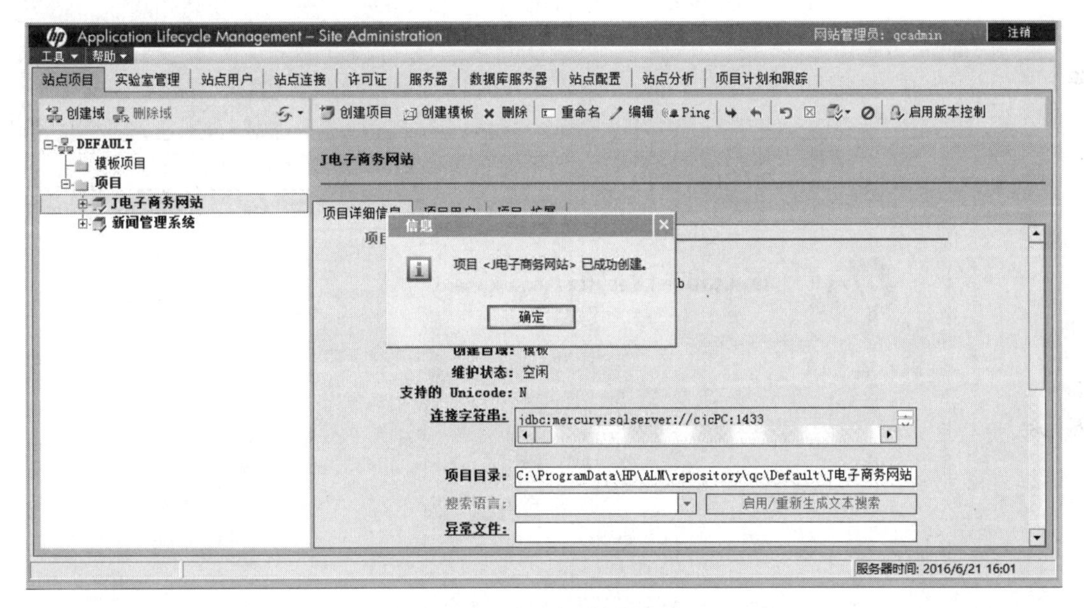

图 5-21　新项目创建成功

项目创建完成以后，就可以通过“ALM 桌面用户端”进入项目，进行项目资源管理了。

5.6　在 ALM 用户端登录项目

（1）打开 Web 浏览器，并输入 ALM 服务的 URL，格式一般为：http://<ALM Platform 服务器名称>[<:端口号>]/qcbin，进行项目登录。如图 5-22 所示。

（2）单击“ALM 桌面客户端”，打开 ALM“登录”窗口。在登录框中，输入由站点管理员分配给您的用户名和密码，如图 5-23 所示。

【扫一扫：微课视频】
（推荐链接）

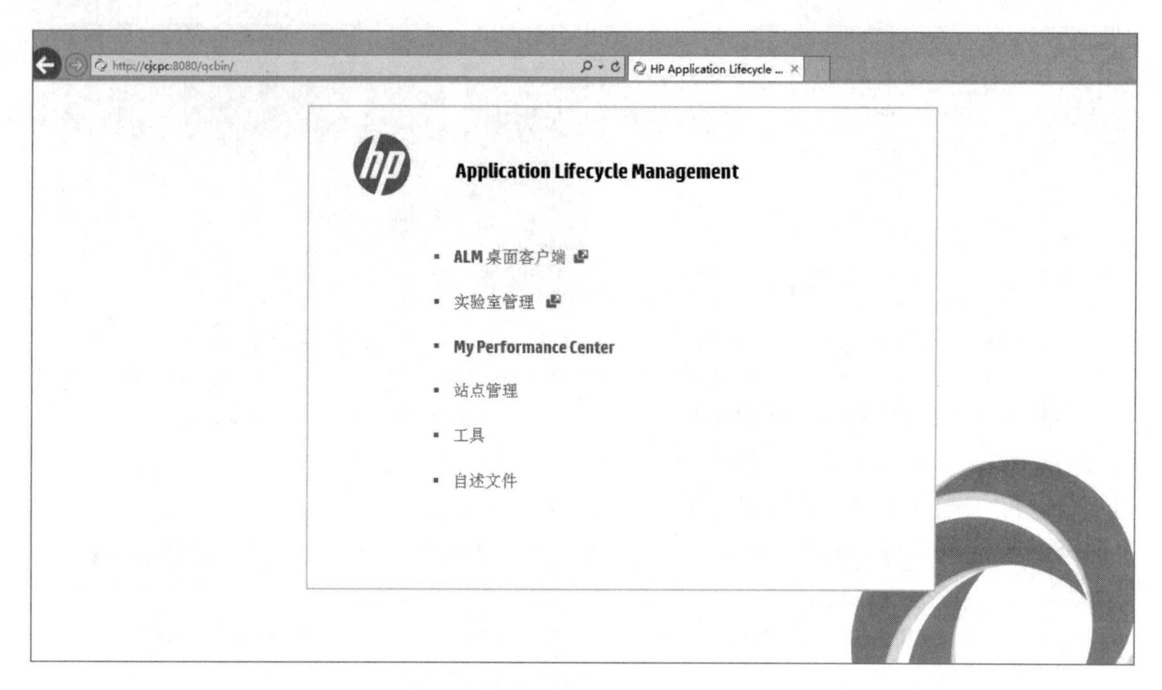

图 5-22　登录项目

图 5-23　输入用户名和密码

在上一小节“在 ALM 管理端上创建项目”中，我们分配给项目“J 电子商务网站”的管理员是“qcadmin”，所以，在这里，我们直接使用管理员 qcadmin 的用户名和密码进行身份验证并登录。（当然，在实际项目中，用户应该使用管理员分配给用户的具有正常角色权限的用户名和密码进行登录，在这里只是 ALM 流程学习，所以省略了这个步骤。）

（3）单击【身份验证】按钮。ALM 验证用户名和密码成功后，在项目列表中，选择上一小节中新创建的项目“J 电子商务网站”，如图 5-24 所示。

图 5-24　选择“J 电子商务网站”

（4）单击【登录】按钮，打开 ALM，进入项目工作界面，如图 5-25 所示。

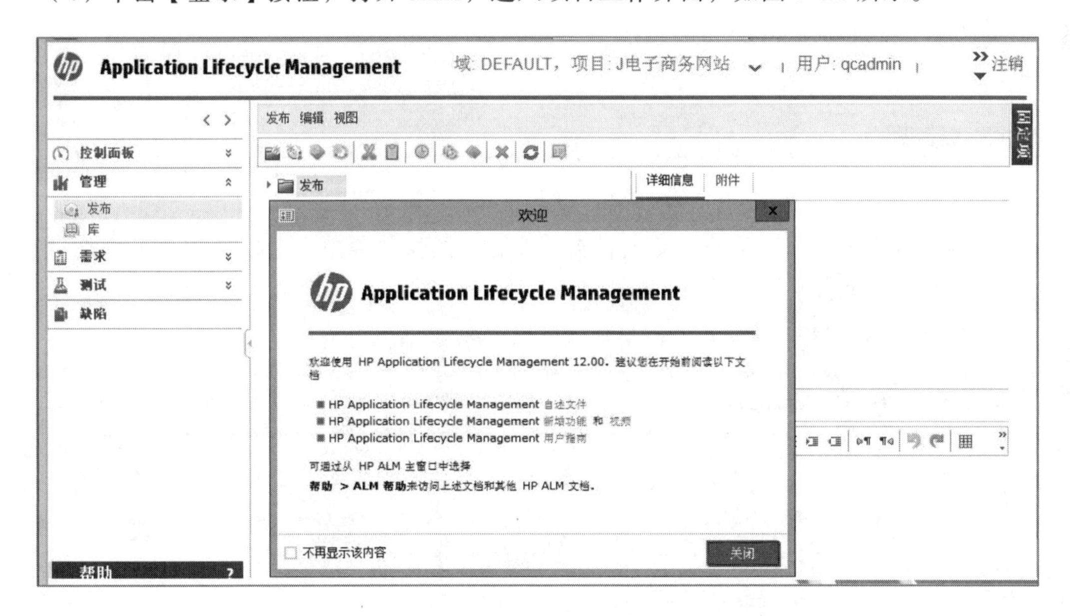

图 5-25　进入项目工作界面

5.7　使用 ALM 创建需求

在 ALM 中，“需求”模块允许用户在应用程序生命周期管理的各个阶段定义、管理和跟踪需求。

在 ALM 中，创建需求是通过创建“需求树”来组织的。通过创建“需求树”，在“需求”模块中记录需求。“需求树”定义了需求范围的层次结构框架，是需求规范的图形表示，显示不同需求之间的层次结构关系。“树”包括基于需求类型或功能区域的不同需求组。

对每个需求组，在“需求树”中创建详细需求的列表。详细描述“树”中的每个需求，并可以包括任何相关链接和附件。

在创建“需求树”后，需求就可用作在“测试计划树”中定义测试的基础。

（1）打开“需求”模块，创建需求。在 ALM 侧栏上的“需求”选项栏下，选择“需求”，打开“需求模块窗口”，在“查看”菜单中，选择“需求树”，如图 5-26 所示。

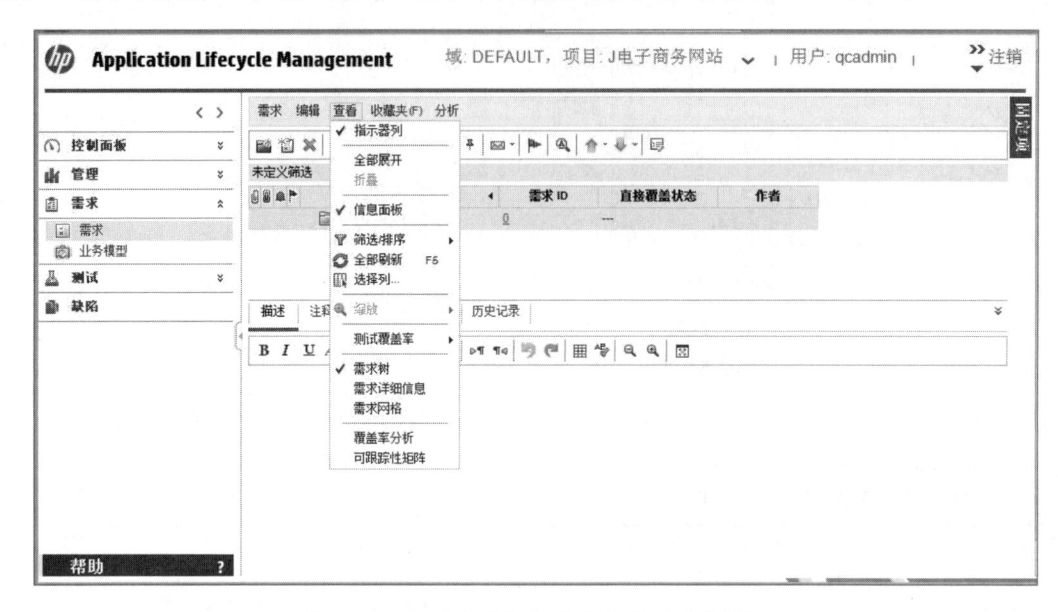

图 5-26　在“查看”菜单中选择“需求树”

（2）创建文件夹。右击“需求”根文件夹，在弹出的快捷菜单中选择“新建文件夹”命令，打开“新建需求文件夹”对话框。如图 5-27 和图 5-28 所示。当然，也可以单击“新建文件夹”快捷按钮进行相同的操作。

图 5-27　选择“新建文件夹”命令

同理，要创建子文件夹，请右键点击选中的文件夹，并选择“新建文件夹”即可。

图 5-28　打开“新建需求文件夹”对话框

在 ALM 中，创建需求是通过创建“需求树”来组织的，而“需求树”的创建是通过新建一个个的文件夹来一层层组织的。

一般的情况下，软件项目都会包含功能需求、性能需求、安全性需求，所以，我们在“J 电子商务网站”项目中，在需求的根文件夹下，我们分别创建“功能需求”“性能需求”“安全性需求”3 个文件夹，如图 5-29 所示。

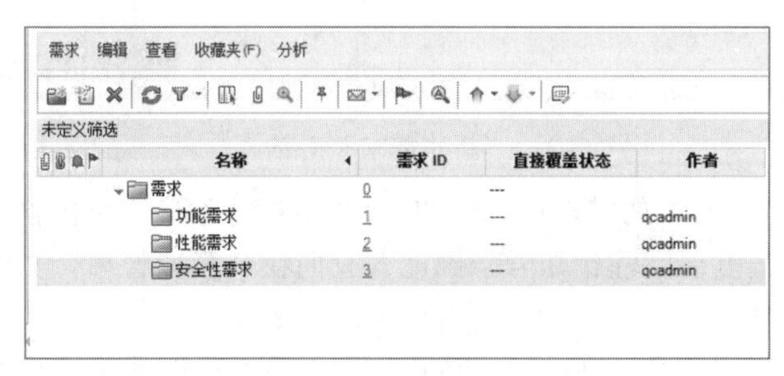

图 5-29　创建需求文件夹

（3）继续完成功能需求树，在案例“J 电子商务网站”的需求背景中我们知道，整个电子商务网站（前台+后台）分为以下 7 大功能模块：用户管理、账户管理、商品购买、商品管理、订单管理、广告管理、评论管理。

因此，如果我们根据功能模块来组织功能需求，则可以在“功能需求”文件夹下分别创建这 7 个文件夹，作为“功能需求”目录下的下一级目录，如图 5-30 所示。

需求 编辑 查看 收藏夹(F) 分析

未定义筛选

名称	需求 ID	直接覆盖状态	作者
需求	0	---	
功能需求	1	---	qcadmin
用户管理	4	---	qcadmin
账户管理	5	---	qcadmin
商品购买	6	---	qcadmin
商品管理	7	---	qcadmin
订单管理	8	---	qcadmin
广告管理	9	---	qcadmin
评论管理	10	---	qcadmin
性能需求	2	---	qcadmin
安全性需求	3	---	qcadmin

图 5-30　组织功能需求

（4）“需求树”完成以后，就可以添加详细需求了。右击选中的“需求文件夹”，在弹出的快捷菜单中选择“新建需求”，打开“新建需求”对话框，如图 5-31 所示。当然，也可以单击 “新建需求”快捷按钮进行相同的操作。

图 5-31 “新建需求”对话框

在案例“J 电子商务网站”的需求中我们知道，“账户管理”模块包含 4 个功能需求：免费注册、会员登录、退出登录、注销账号。因此，我们在“账户管理”文件夹下分别新建 4 个对应的需求。如图 5-32 所示。

（5）继续完成需求详细信息。在这里，我们以“会员登录”子需求为例，完成该需求的详细信息。在“会员登录”子需求上右击，在弹出的快捷菜单中选择“需求详细信息”命令，如图 5-33 所示。

需求 编辑 查看 收藏夹(F) 分析

未定义筛选

名称	需求 ID	直接覆盖状态	作者
需求	0	---	
功能需求	1	---	qcadmin
用户管理	4	---	qcadmin
账户管理	5	---	qcadmin
免费注册	11	Not Covered	qcadmin
会员登录	12	Not Covered	qcadmin
退出登录	13	Not Covered	qcadmin
注销账号	14	Not Covered	qcadmin
商品购买	6	---	qcadmin
商品管理	7	---	qcadmin
订单管理	8	---	qcadmin
广告管理	9	---	qcadmin
评论管理	10	---	qcadmin
性能需求	2	---	qcadmin
安全性需求	3	---	qcadmin

图 5-32 建立“账户管理”需求

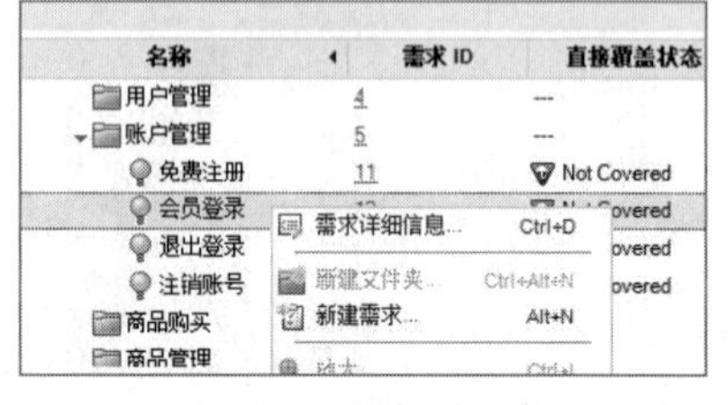

图 5-33 选择“需求详细信息”命令

然后会弹出“需求详细信息”窗口。在“需求详细信息”窗口的各字段中输入如下信息，然后单击【确定】按钮，保存需求详细信息，如图 5-34 所示。

图 5-34　“需求详细信息”窗口

需求详细信息如下：

需求类型：选择“功能”。

产品：因为之前未在项目中配置“产品”信息，所以暂时不录入。

发布目标：因为之前未在项目中配置“版本”信息，所以暂时不录入。

目标周期：因为之前未在项目中配置“周期”信息，所以暂时不录入。

已审阅：未审阅。

优先级：3-高。

直接覆盖状态：Not Covered。

作者：因为之前未添加项目用户，所以默认使用了我们的登录用户名“qcadmin”。

描述：

（1）简述：会员要购买商品就先必须登录，会员输入用户名、密码进行登录。

（2）角色：会员。

（3）前置条件：无。

（4）主要流程：

① 在站点，单击【会员登录】，进入会员登录界面。

② 显示登录信息输入界面：用户名、密码，输入用户名和密码。

③ 单击【登录】按钮，根据系统验证返回的结果，若“登录成功”，则跳转到主页面。

（5）替代流程：

（a）进行流程③时，系统提示“用户名或密码错误”，回到流程（2），重新输入用户名和密码。

（b）进行流程②时，系统提示“用户名不能为空”，回到流程（2），重新输入用户名。

（c）进行流程②时，系统提示“密码不能为空”，回到流程（2），重新输入密码。

（d）进行流程③时，系统提示“登录失败”，回到流程（2），重新输入用户名和密码。

（6）约束：

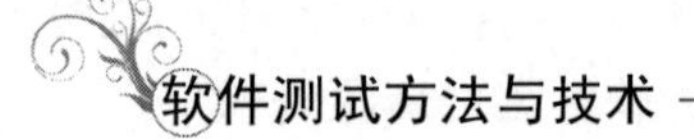

① 用户名和密码都不能为空，输入的用户名必须是存在的，密码与用户名相对应。

② 会员用户名由字母、数字、下画线、中文组成，限 5～20 个字符，一个汉字为两个字符。

③ 会员密码必须由字母开头，由字母、数字或符号组成，限 6～16 个字符。

注释：(无)

进一步理解，在上述步骤中用到的各个字段，其详细描述如表 5-3 所示。

表 5-3 “需求详细信息”对话框各字段描述

字　段	描　述
需求 ID	为需求自动分配的唯一的字母数字 ID。“需求 ID”字段不能修改
名称	需求的名称
需求类型	需求的类型 默认值： • 业务：业务流程需求。默认情况下，不能将覆盖率添加到此需求 • 文件夹：用于组织需求的文件夹。默认情况下，不能将覆盖率添加到此需求 • 功能：系统行为需求 • 组：相关需求的集合 • 测试：系统性能需求 • 业务模型：表示业务流程模型实体的需求 • 未定义：未定义的需求 注：可以自定义默认类型，并创建自己的需求类型
产品	需求基于的应用程序的组件。打开“选择产品”对话框，允许用户将选择的需求分配给产品
发布目标	表示向其分配需求的版本。打开“选择目标”对话框，允许用户将选择的需求分配给版本
目标周期	表示分配需求的周期。打开“选择周期”对话框，允许用户将选择的需求分配至周期
已审阅	表示需求是否经过负责人的复审和批准
优先级	需求的优先级，范围从低优先级（1 级）到紧急优先级（5 级）
直接覆盖状态	需求的当前状态，取决于与需求关联的测试的状态 需求状态可以是以下任意一种： • 已阻止：需求覆盖的一个或多个测试具有执行状态“已阻止” • 未覆盖：需求尚未链接到测试 • 失败：需求覆盖的一个或多个测试具有执行状态“失败”，没有执行状态“已阻止” • 未完成：需求覆盖的一个或多个测试具有执行状态“未完成”，没有执行状态“已阻止”或“失败”。另外，需求覆盖的测试具有执行状态“通过”和“未运行” • 通过：需求覆盖的所有测试具有执行状态“通过” • 未运行：需求覆盖的所有测试具有执行状态“未运行” • 暂缺：需求的当前状态不适用 • -----：需求不具有直接覆盖状态，因为它属于不支持覆盖率的需求类型 • **默认值**：状态为未覆盖
作者	需求链接的创建者的用户名 默认值：登录用户名
描述	需求的详细描述
注释	有关需求的注释。(如果没有，可以省略)

到此，“会员登录”子需求的录入已经完成了，接着应该继续录入“J 电子商务网站”其他子需求的详细信息，直至全部完成为止。因为在这里主要是讲解 ALM 的使用，篇幅关系，其他子需求的添加暂且省略。

5.8　使用 ALM 创建“测试”（测试用例）

应用程序通常很大，不能作为一个整体来测试，那么，“测试计划”模块就允许用户按功能划分的应用程序。其实，更贴切地说应该将“测试计划”模块改名为“测试用例”管理模块，但是从 TD 开始，Mercury 公司就一直把它称为“测试计划”。通过创建“测试计划树”，将应用程序划分成若干单元或主题。测试计划树是测试计划的图形表示，按测试功能的层次结构关系显示测试。

【扫一扫：微课视频】
（推荐链接）

在“树”中定义主题之后，决定为每个主题创建哪些测试并将测试添加到“树”中。在此阶段，定义有关测试的基本信息，比如名称、状态和设计者，还可以附加文件、URL、应用程序快照或系统信息以说明测试。随后，定义测试步骤。 测试步骤包含有关如何执行测试和评估结果的详细指示。

在上一小节中，我们已经学习了如何使用 ALM 创建需求，那么，在这里我们要继续学习如何根据需求使用 ALM 在“测试计划树”中创建“测试主题”文件夹，并将“测试”添加到“测试主题”。

（1）创建“测试主题”。在“测试计划树”中创建文件夹，每个文件夹表示一个“测试主题”，即应用程序中的一个测试区域。

在 ALM 侧栏上的“测试”选项栏下方，选择“测试计划”。在侧栏右侧就可以看到“测试计划树”栏了，如图 5-35 所示。

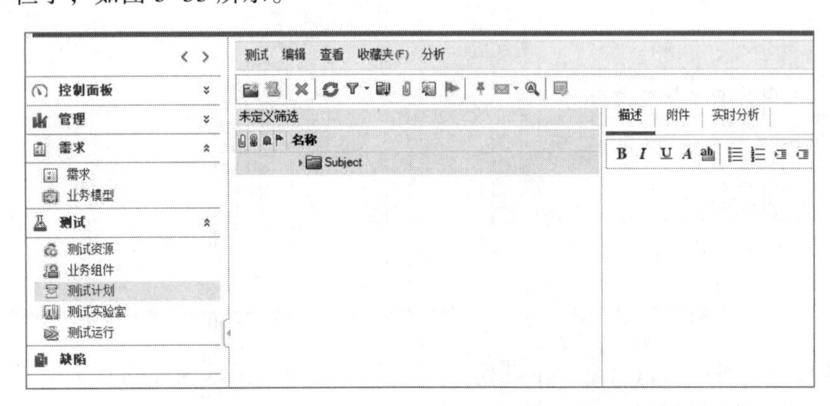

图 5-35　显示“测试计划树”

在“测试计划树”中，按“主题”组织测试计划有很多种方法，可以考虑按以下方式定义“主题”：

- 第一级“主题”按“测试类型”划分——比如，功能、用户界面、性能和负载等。
- 第二级“主题”按“应用程序功能”划分——比如，会员管理、商品管理和订单管理等。

首先创建第一级“主题”。选择“Subject”根文件夹，并右击，在弹出的快捷菜单中选择“新建文件夹”命令，如图 5-36 所示；或者，在快捷工具栏单击“新建文件夹”快捷按钮也是一样的。

在“新建测试文件夹”对话框中，输入“功能测试”，并单击【确定】按钮，如图 5-37 所示。

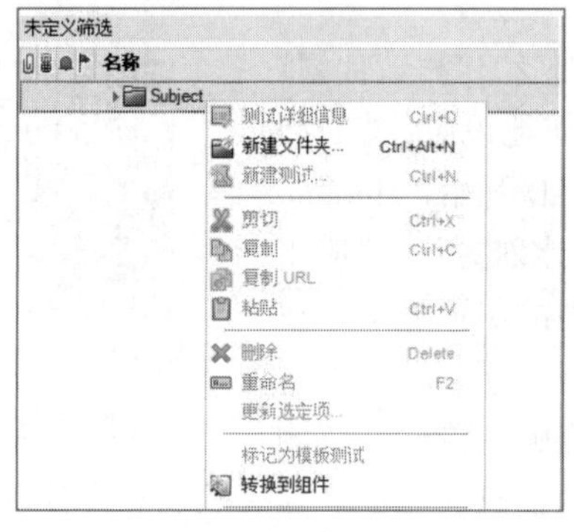

图 5-36 选择“新建文件夹”命令

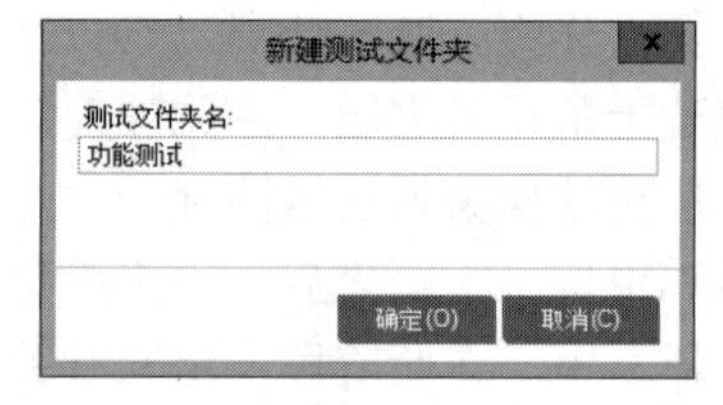

图 5-37 “新建测试文件夹”对话框

依此类推，继续输入第一级主题“性能测试”“安全性测试”，如图 5-38 所示。

然后，创建第二级“主题”。选择“功能测试”文件夹，右击，在弹出的快捷菜单中选择“新建文件夹”命令，命令创建第二级主题。

因为整个电子商务网站（前台+后台）分为以下 7 大功能模块：用户管理、账户管理、商品购买、商品管理、订单管理、广告管理、评论管理。所以我们可以在“功能测试”文件夹下分别创建这 7 个文件夹，作为“功能测试”主题下的下一级主题，如图 5-39 所示。

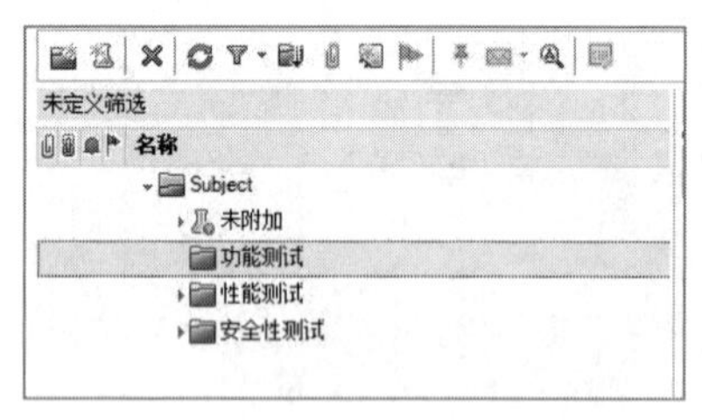

图 5-38 继续输入第一级主题

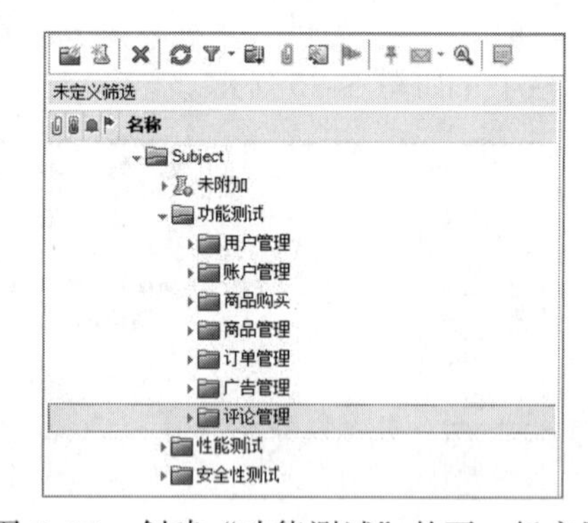

图 5-39 创建“功能测试”的下一级主题

我们可以发现，整个测试计划“主题树”的目录结构与“需求树”的目录结构是相互呼应的，这样方便我们将测试用例和需求进行关联。

（2）在“测试计划树”中创建“测试”。在“测试计划树”中，右击文件夹，并在快捷菜单中选择“新建测试”命令，填写“新建测试”对话框中的字段；或者，在快捷工具栏单击“新建测试”快捷按钮也是一样的。

在这里，我们以“会员登录”子需求为例，创建该需求对应的功能测试的测试用例。在“账户管理”文件夹上右击，在弹出的快捷菜单中选择“新建测试”命令，如图 5-40 所示，打开“新建测试”对话框。

图 5-40　选择“新建测试”命令

一般来说，为了实现某个测试目标，我们会设计若干多个测试用例对测试对象进行检测。那么怎么样管理这些测试用例呢？

为了更好地对测试用例进行组织，我们会把同类的测试用例进行合并，把同类的若干个测试用例的测试步骤依序放在对应的一个“测试”的“步骤”中。在这里，我们以黑盒子测试中的等价类划分法为例，将“会员登录”需求对应的测试用例划分为两类：有效等价类、无效等价类。

因此，在“账户管理”文件夹上右击，新建第一个“测试”，测试名称为“会员登录-有效等价类”，测试类型为“MANUAL（手动测试）”，创建日期选择当前日期，状态为“Design（设计）”，描述为“用例目的：利用等价类划分法的有效等价类进行测试，检验针对需求规格说明书来说合理地、有意义地输入，程序是否实现了需求规格说明中所规定的功能。”如图 5-41 所示。

图 5-41　新建第一个“测试”

同理，新建第二个“测试”，测试名称为“会员登录-无效等价类”，测试类型为“MANUAL（手动测试）”，创建日期选择当前日期，状态为“Design（设计）”，描述为“用例目的：利用等价类划分法的无效等价类进行测试，检验针对需求规格说明书来说不合理的、无意义的、恶意的输入，程序是否有完备的、有效的验证，能否按照需求规格说明的约定来拦截输入并做出相应提示。”如图 5-42 所示。

图 5-42　新建第二个“测试”

进一步理解，在上述步骤中用到的各个字段，其详细描述如表 5-4 所示。

表 5-4　“新建测试”对话框各字段描述

字　段	描　述
测试名称	测试的名称，在同一个文件夹下测试名称必须要唯一
测试类型	选择手动或自动化测试类型 如果选择自动化测试，则可以使用自动化测试工具 QuickTest Professional、LoadRunner 或 Visual API-XP 生成测试脚本并运行测试。（自动化测试可在无人值守情况下高速执行测试，还可使测试可重用、可重复。例如，自动化功能、基准、单位、负荷和负载测试，以及需要有关应用程序详细信息的测试。） BUSINESS-PROCESS：业务流程测试 FLOW：由一组顺序固定的业务组件组成用以执行特定任务的测试 LR-SCENARIO：由 HP 负载测试工具 LoadRunner 执行的场景 **MANUAL：手动运行的测试** PERFORMANCE-TEST：性能测试 QAINSPECT_TEST：由 HP 安全测试工具 QAInspect 执行的测试 QUICKTEST_TEST：由 HP 企业级功能测试工具 QuickTest Professional 执行的测试 SERVICE-TEST：由 Service Test 执行的测试，Service Test 是一款为无 GU 应用程序（如 Web Service 和 REST 服务）创建测试的 HP 工具 SYSTEM-TEST：指示 ALM 提供系统信息、捕获桌面图像或重新启动计算机的测试 VAPI-XP-TEST：由 Visual API-XP（ALM Open Test ArchitectureAPI 测试工具）创建的测试

续表

字　　段	描　　述
创建日期	创建测试的日期。默认情况下，创建日期设置为当前 ALM Platform 服务器日期。单击向下箭头可显示日历和选择其他创建日期
设计者	设计测试的人的用户名
状态	测试计划的状态 Imported：从另一处导入的 Design：设计 Ready：已就绪的，设计已完成，可执行测试了 Repair：修复的 默认状态是 Design（设计）
注释	显示有关测试的注释

（3）继续完成“测试”的详细信息。新建“测试”完成后，接着就是设计测试步骤，这是整个测试的核心工作之一，执行测试时能否发现软件缺陷，测试方法的具体实现，这些都需要在测试步骤中具体设计、完成。

在刚才新建的“测试”——“会员登录-有效等价类”上右击，在弹出的快捷菜单中选择“测试详细信息”命令，如图 5-43 所示，打开 “测试详细信息”对话框；或者，直接在“测试”——“会员登录-有效等价类”上双击，也可打开“测试详细信息”对话框；甚至，无须打开“测试详细信息”对话框，在“测试”——“会员登录-有效等价类”上单击时，右边的内容栏就已经打开了该测试的详细信息页了。

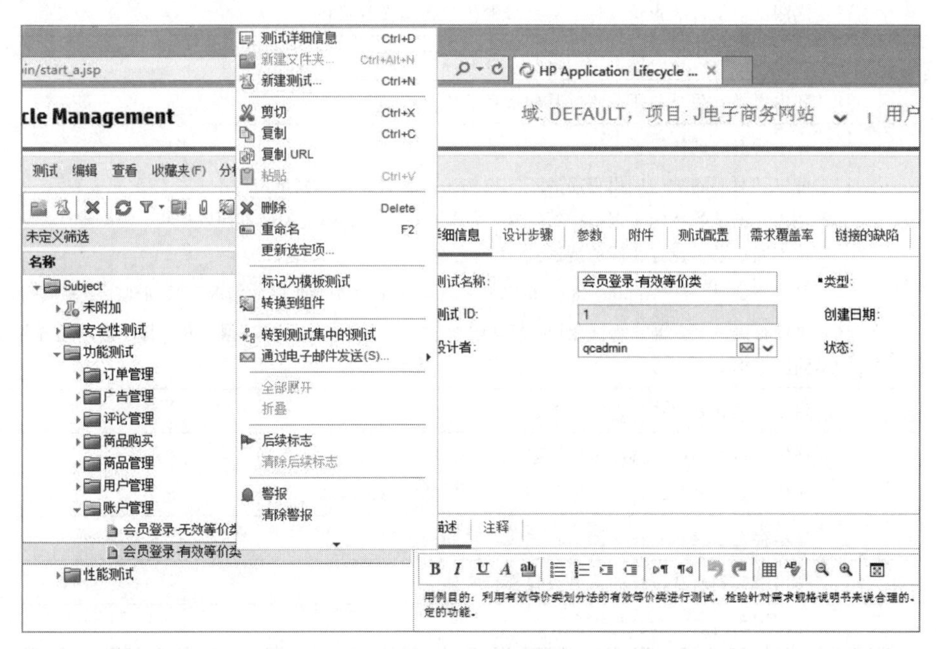

图 5-43　选择“测试详细信息”命令

打开的“测试详细信息”对话框如图 5-44 所示。

图 5-44 “测试详细信息”对话框

进一步理解，在“测试详细信息”对话框中用到的各个字段，其详细描述如表 5-5 所示。

表 5-5 “测试详细信息”对话框各字段描述

字　段	描　述
设计步骤	列出如何执行所选测试的说明。在将测试添加到测试计划树之后，详细地、逐步描述测试人员要完成测试应执行的指示。每个测试步骤都包括操作的描述
参数	列出与当前所选测试关联的参数。参数可以在测试的设计步骤中加入
附件	列出提供有关当前所选测试其他信息的附件
测试配置	显示所选测试的配置 可以针对要测试的应用程序的不同用例运行测试。每个测试用例由一个测试配置表示。 测试配置是描述测试的特定用例的一组定义。可以为每个测试配置关联不同数据集。使用测试配置允许用户在不同场景下运行相同的测试 创建测试时，HP Application Lifecycle Management（ALM）默认情况下只创建一个测试配置 可以将测试配置与“测试计划”模块“参数”选项卡中定义的数据关联。每个测试配置可以关联不同的数据
需求覆盖率	列出测试计划树中所选测试覆盖的需求
链接的缺陷	列出链接到当前所选测试的缺陷 允许用户定义和维护指向缺陷和其他实体的缺陷的链接
依赖关系	显示存在于测试资源和测试相关实体之间的依赖关系
业务模型链接	列出链接到所选测试的业务流程模型实体
历史记录	列出对当前所选测试的更改

（4）在“测试详细信息”对话框上单击“设计步骤”，打开测试设计步骤页面，如图 5-45 所示。

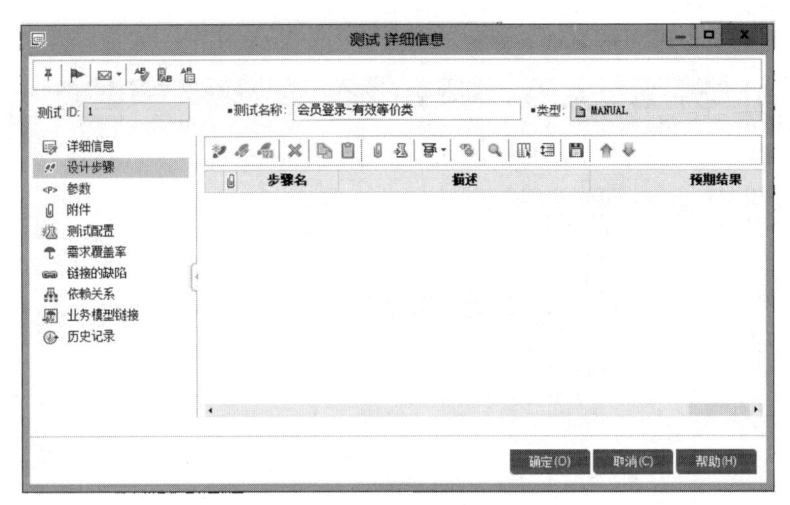

图 5-45　“设计步骤”页面

在快捷工具栏单击“新建步骤”快捷按钮，打开“设计步骤详细信息”页面，如图 5-46 所示。

图 5-46　“设计步骤详细信息”页面

（5）一般来说，我们需要提前准备好在后续的测试步骤中要用到的一些测试数据、测试环境等，因此，我们应该在测试步骤的第一步中新建一个步骤，步骤名为“前置条件”，用于准备在后续的测试步骤中要用到的一些测试数据、测试环境，如图 5-47 所示。详细信息如下：

步骤名称：步骤 1：前置条件；

描述：数据：

已注册用户名：cjc001，密码：c123456；

已注册用户名：cjc002，密码：j123456；

进入用户登录页面。

预期结果：（为空，因为是前置条件，不需要检查，所以不需要填写）。

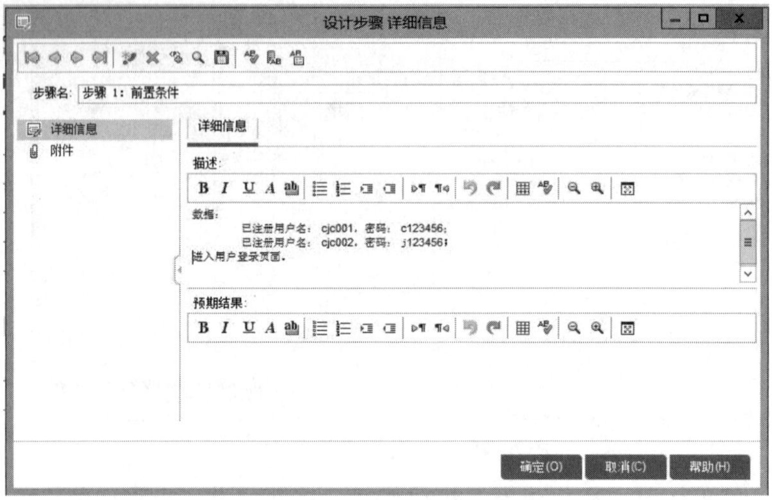

图 5-47　设置前置条件

（6）根据等价类划分法的指导，我们可以把有效等价类细分为“正确的用户名和密码”“正确的用户名和错误的密码”“不存在的用户名和某个存在的密码”等几类，然后设计测试步骤，覆盖上述细分的各个等价类。

因此，在快捷工具栏单击“新建步骤”快捷按钮，继续设计当前测试的下一个步骤，如图 5-48 所示。详细信息如下：

步骤名称：步骤 2：合法登录；

描述：使用存在且正确的用户名和密码进行登录。

　　用户名：cjc001

　　密码：c123456

点击[登录]。

预期结果：显示“登录成功!”的提示，跳转到用户首页。用户操作权限正常（不多不少）。

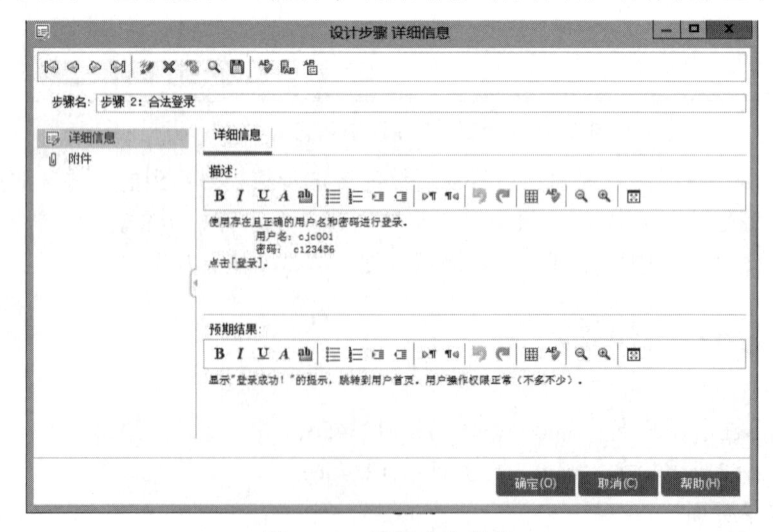

图 5-48　设置合法登录

单击 “新建步骤”快捷按钮，继续设计当前测试的下一个步骤，如图 5-49 所示。详细信息如下：

步骤名称：步骤 3：不合法登录；

描述：输入存在且正确的用户名和错误的密码进行登录。

　　用户名：cjc001

　　密码：123456

点击[登录]。

预期结果：显示“用户名或密码输入错误！”的警示。

图 5-49　设置不合法登录（一）

单击 “新建步骤”快捷按钮，继续设计当前测试的下一个步骤，如图 5-50 所示。详细信息如下：

步骤名称：步骤 4：不合法登录；

描述：输入不存在的用户名和某个存在的密码进行登录。

　　用户名：cjc000

　　密码：c123456

点击[登录]。

预期结果：显示“用户名或密码输入错误！”的警示。

单击 “新建步骤”快捷按钮，继续设计当前测试的下一个步骤，详细信息如下：

步骤名称：步骤 5：不合法登录；

描述：输入存在的用户名和不匹配的密码进行登录。

　　用户名：cjc002

　　密码：c123456（用户 cjc001 的密码）

点击[登录]。

预期结果：显示“用户名或密码输入错误！”的警示。

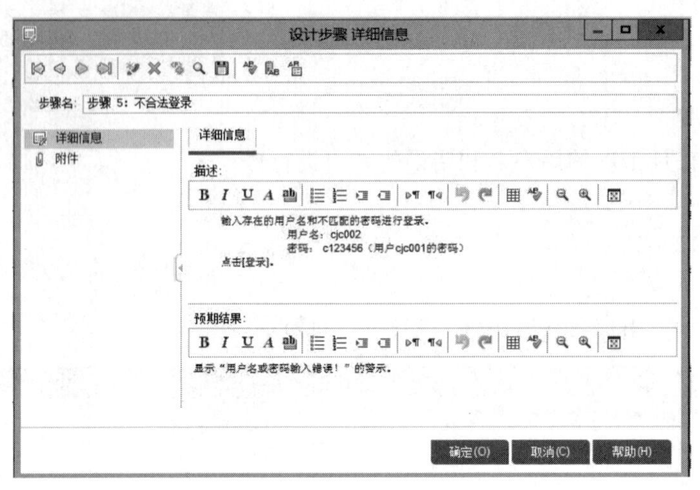

图 5-50 设置不合法登录（二）

当所有测试步骤都已经设计完成，可以单击【确定】按钮，如图 5-51 所示，关闭"设计步骤"详细信息页面。

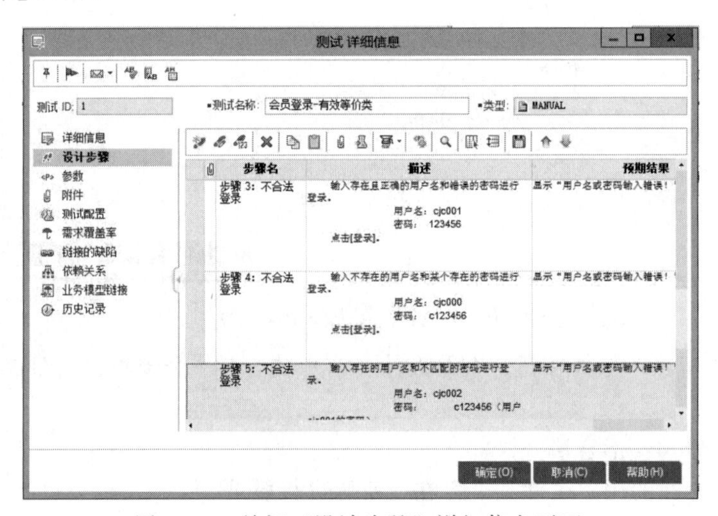

图 5-51 关闭"设计步骤"详细信息页面

如果以后有需要，我们还可以继续新增或修改测试步骤。在测试步骤列表框中右击，在弹出的快捷菜单中选择"新建步骤"或"编辑步骤"命令即可，如图 5-52 所示。

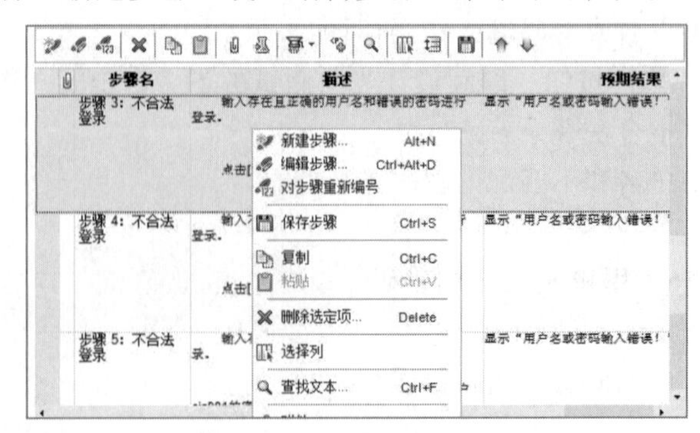

图 5-52 新增或修改步骤

（7）链接“测试”所覆盖的需求。测试计划中的“测试”必须符合原始需求，要跟踪需求和测试之间的关系，就要在其间添加链接。

在“需求覆盖率”列表框，通过选择要链接到“测试”的需求创建需求覆盖率。“需求覆盖率”可以帮助估计“测试”或需求更改的影响范围。一个“测试”可以覆盖多个需求，一个需求也可以被多个“测试”覆盖。

链接以后，可以在需求模块的“覆盖率分析”中查看需求覆盖情况，覆盖率是用来度量测试完整性的一个重要手段，同时也是测试技术有效性的一个度量。

在“测试”——“会员登录-有效等价类”上右击，在弹出的快捷菜单中选择“测试详细信息”命令，打开“测试详细信息”对话框，点选“需求覆盖率”项，打开“需求覆盖率”列表框，如图 5-53 所示。

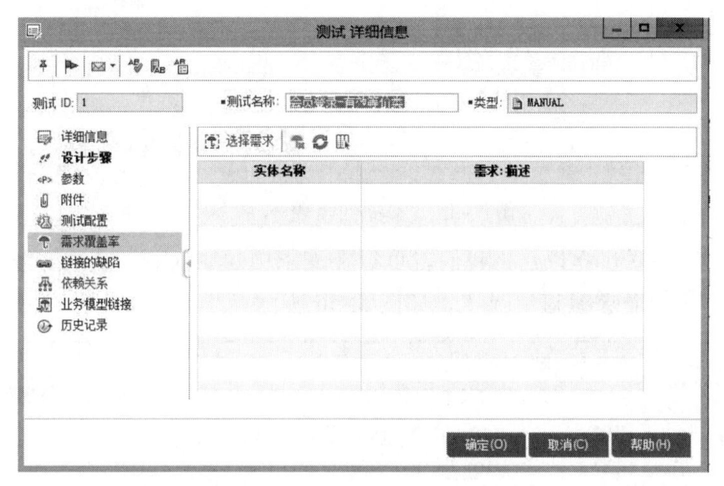

图 5-53 “需求覆盖率”列表框

在快捷工具栏单击“选择需求”快捷按钮，打开“需求树”选择列表，如图 5-54 所示。

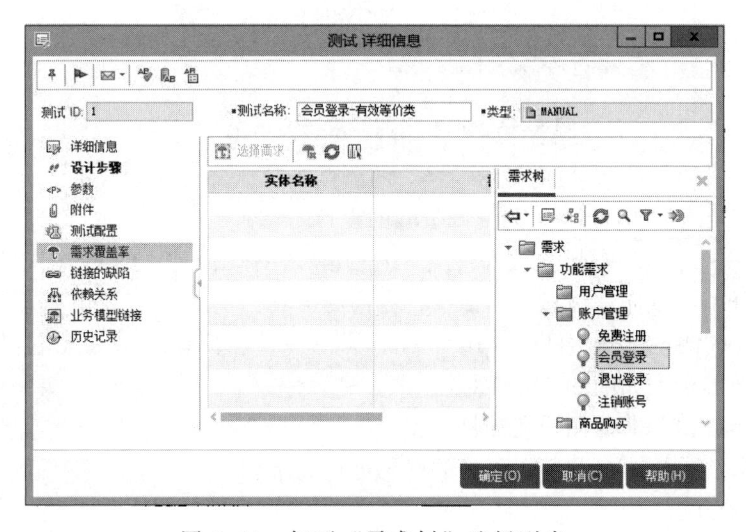

图 5-54 打开“需求树”选择列表

选择需求“会员登录”，然后单击 “添加到覆盖率”快捷按钮，将“测试”——“会员登录-有效等价类”与需求“会员登录”建立关联，如图 5-55 所示。

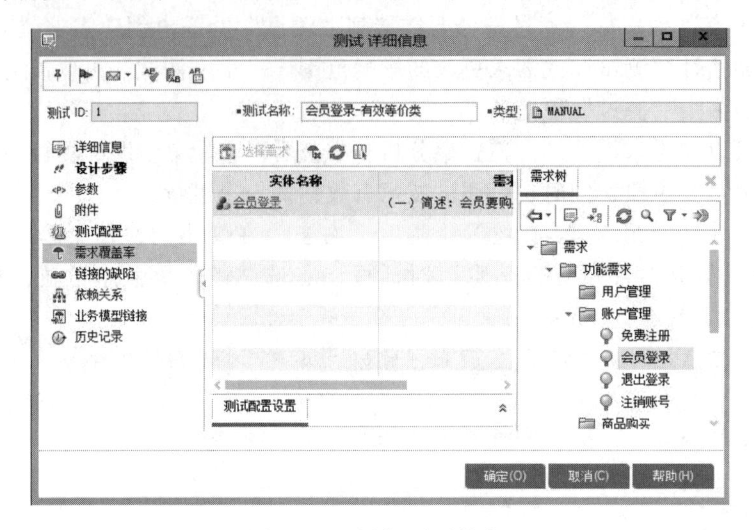

图 5-55　添加到覆盖率

“测试”与需求的关联建立以后，我们就可以在需求模块中选择“查看”菜单项中的“覆盖率分析”，查看当前的需求覆盖情况了，如图 5-56 所示。

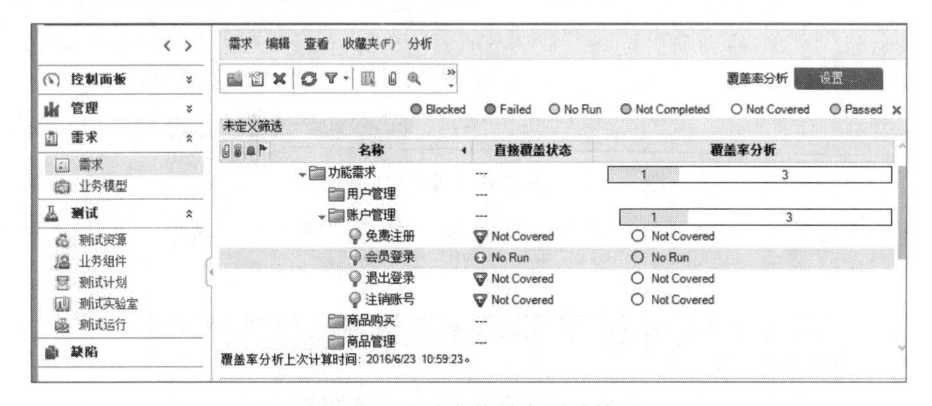

图 5-56　查看当前需求覆盖情况

（8）“测试”——“会员登录-有效等价类”的测试步骤已经设计完成了，接着要完成“测试”——“会员登录-无效等价类”的测试步骤的设计。

在“测试”——“会员登录-无效等价类”上右击，在弹出的快捷菜单中选择“测试详细信息”命令，打开“测试详细信息”对话框，在快捷工具栏单击 “新建步骤”快捷按钮，设计当前“测试”的测试步骤，操作方式和“测试”——“会员登录-有效等价类”的操作方式一致。设计无效等价类如图 5-57 所示。测试步骤设计如下：

步骤名称：步骤 1：非法用户名的格式验证；

描述：输入非法的用户名和某一正确的密码进行登录。

用户名：（为空）

用户名：长度超长

用户名：长度超短

用户名：包含非法字符：' – ; & * ? ! % < > / \ ( )

用户名：包含汉字、全角数字等

密码：（合法的密码）

点击[登录]。

预期结果：显示“用户名输入错误，请按要求重新输入!”的警示。

步骤名称：步骤 2：非法密码的格式验证；

描述：输入合法的用户名和非法的密码进行登录。

用户名：（合法的用户名）

密码：（为空）

密码：长度超长

密码：长度超短

密码：包含非法字符：' – ; & * ? ! % < > / \ ( )

密码：包含汉字、全角数字等

点击[登录]。

预期结果：显示“密码输入错误，请按要求重新输入!”的警示。

同理，也要在“需求覆盖率”列表框中选择需求“会员登录”，建立“测试”——“会员登录–无效等价类”与需求“会员登录”的关联。

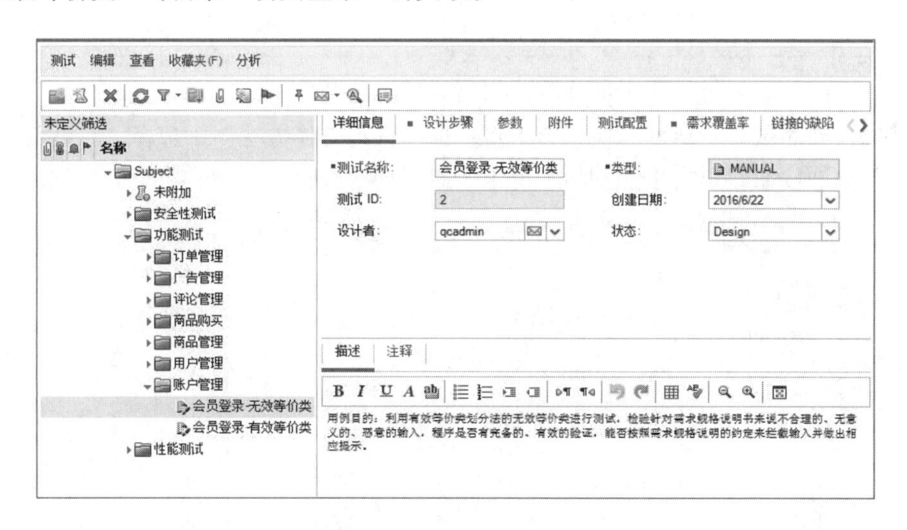

图 5–57　设计无效等价类

到此，根据等价类划分方法指导的针对“会员登录”子需求的测试用例已经设计完成了，为了讲解的一气呵成，其中没有讲述“参数”和“测试配置”这两个知识点，它们的使用可以大大减少测试步骤的冗余性，使得测试用例的设计变得更高效，在实际项目中推荐大家尝试使用。

接着应该继续使用其他的测试方法作指导，设计更多测试用例，使得针对“会员登录”子需求的测试更全面。

同理，针对“会员登录”子需求的测试用例设计完成后，还应该继续设计“J 电子商务网站”其他子需求的测试用例，直至全部完成为止，因为篇幅关系，作为 ALM 流程教学暂且省略。

（9）进一步学习——直接从需求转换到“测试”。

在上一小节中，我们是通过在“测试计划”模块上创建“测试计划树”，然后在“测试计划树”上一个一个新建“测试”完成测试用例的新建的，其实，在实际工作中，我们更习惯于用一种更快捷、一键生成的方式来生成新的“测试”。

首先，在 ALM 侧栏中打开“需求”模块，在“需求树”栏中，在“账户管理”子需求上右击，在弹出的快捷菜单中选择“转换到测试”命令，如图 5-58 所示。

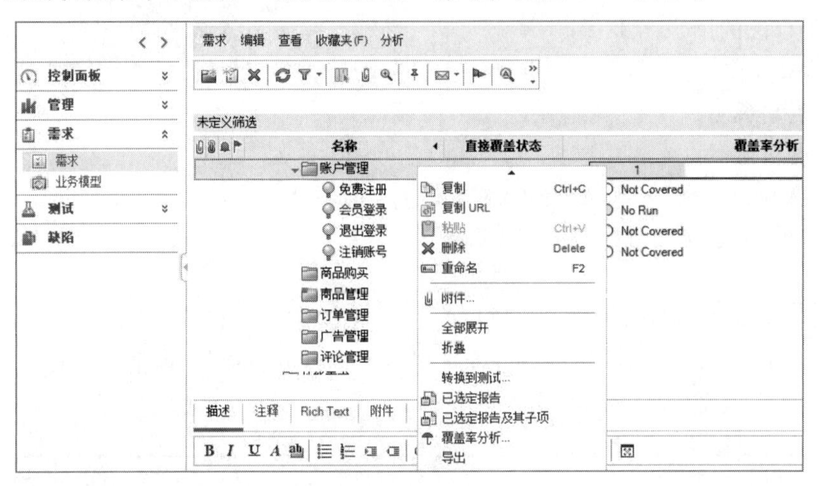

图 5-58　选择“转换到测试”命令

打开“转换到测试”对话框。在“第 1 步：选择自动转换方法”中选择“将最低子需求转换到测试”单选按钮，单击【下一步】按钮，如图 5-59 所示。

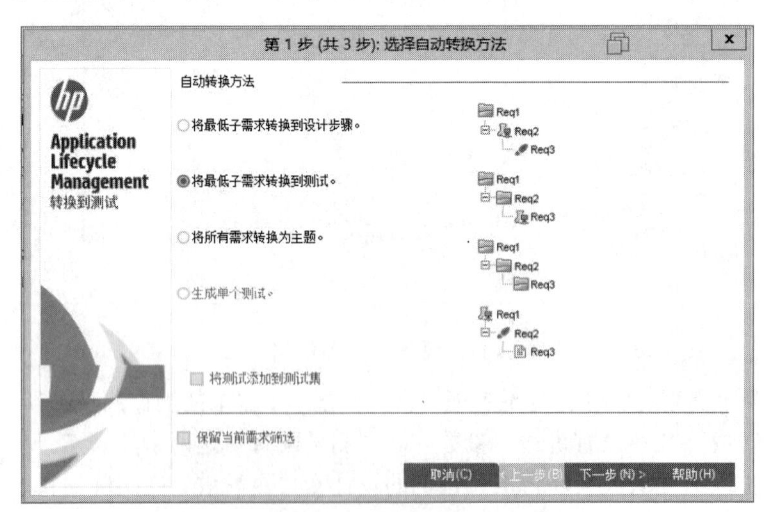

图 5-59　第 1 步：选择自动转换方法

在“第 2 步：手动更改转换”中，不需要做任何改变，选择默认值即可，单击【下一步】按钮，如图 5-60 所示。

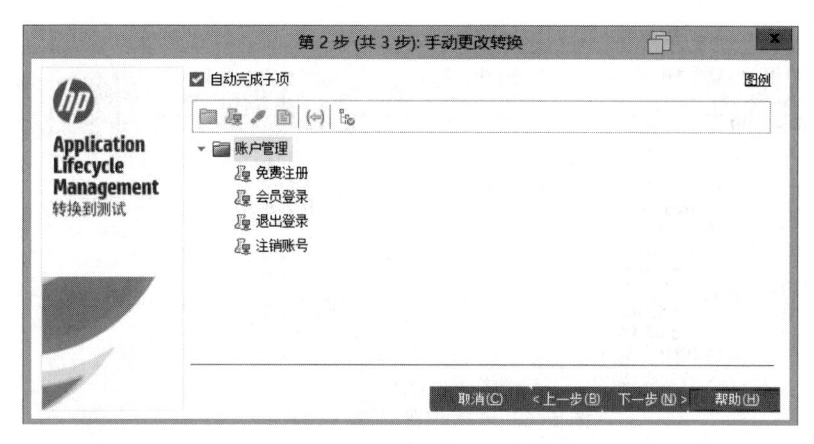

图 5-60　第 2 步：手动更改转换

在“第 3 步：选择目标路径”中，选择“测试”在“测试计划树”中生成的位置，因为这里只是做一个演示，所以不做任何改变，选择默认值，单击【完成】按钮，如图 5-61 所示。

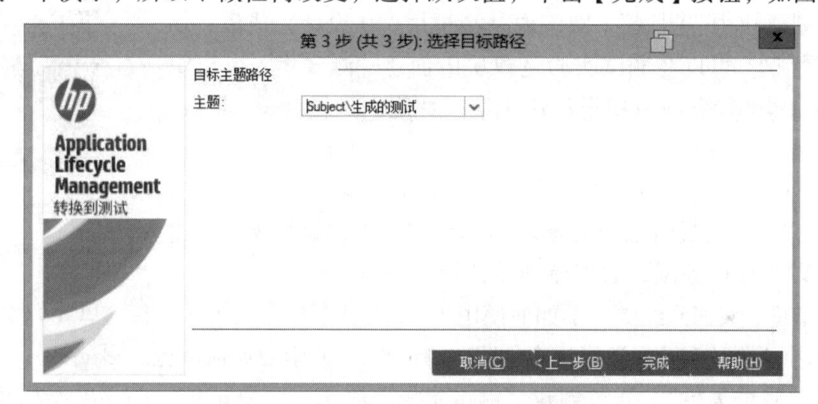

图 5-61　第 3 步：选择目标路径

ALM 会自动为各个“子需求”对应创建一个“测试”，如图 5-62 所示。

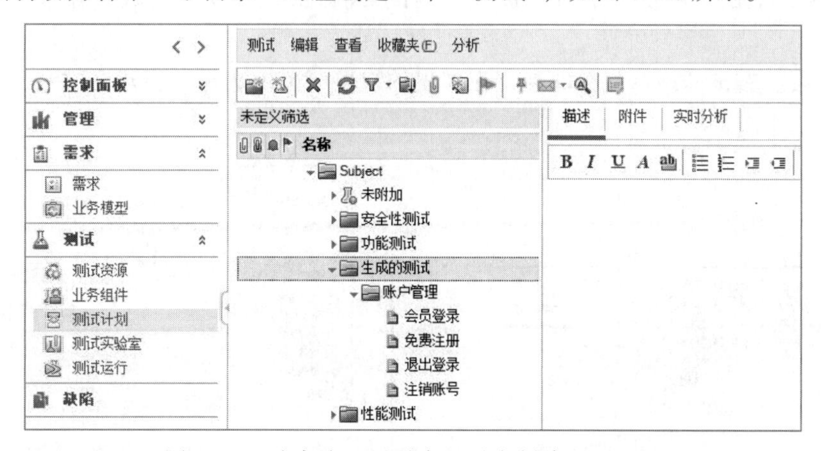

图 5-62　为各个“子需求”对应创建“测试”

而且，ALM 会自动将各个子需求与生成的各个“测试”进行关联，非常便捷，不需要我们手动建立关联了，这可以从“需求覆盖率”栏目中看到，如图 5-63 所示。

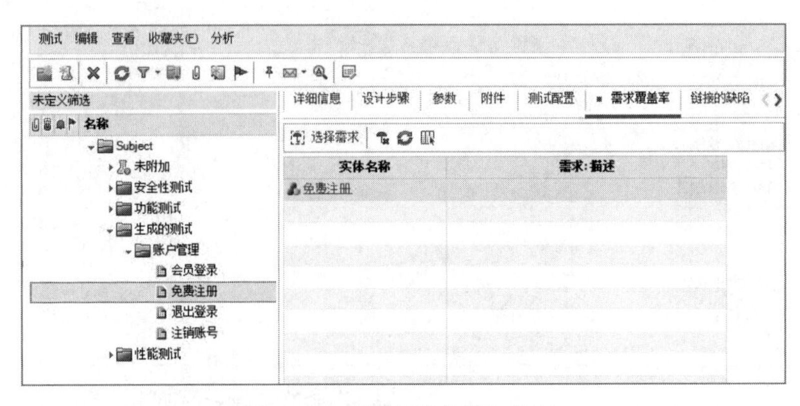

图 5-63 “需求覆盖率”栏目

5.9 使用 ALM 创建测试集

在测试计划模块中“测试”(应该说是测试用例)设计完成后，如何执行“测试”呢？可以在测试实验室模块中创建“测试集”以组织测试执行,“测试集”包含项目中设计用于实现特定测试目标的“测试”的子集。

【扫一扫：微课视频】
（推荐链接）

“测试集”并不是仅仅将“测试”简单地放在一起执行，而是对“测试”执行的设计，通过将以单元模块为单位建立的测试用例，通过不同的组合，以实现业务流、数据流和功能流的测试。

在上一小节中，我们已经学习了如何使用 ALM 创建“测试”，那么，在这里我们要继续学习如何使用 ALM 在“测试实验室”模块中创建“测试集”，并学习如何运行“测试集”、提交缺陷。

（1）创建“测试集树”。通过创建“测试集树”来定义“测试集”的层次结构框架，“测试树”可以包含文件夹和子文件夹。

在 ALM 侧栏上的“测试”下方，选择“测试实验室”，打开“测试实验室”模块，如图 5-64 所示。

创建文件夹。右击“Root”文件夹，在弹出的快捷菜单中选择“新建文件夹”命令，如图 5-65 所示。

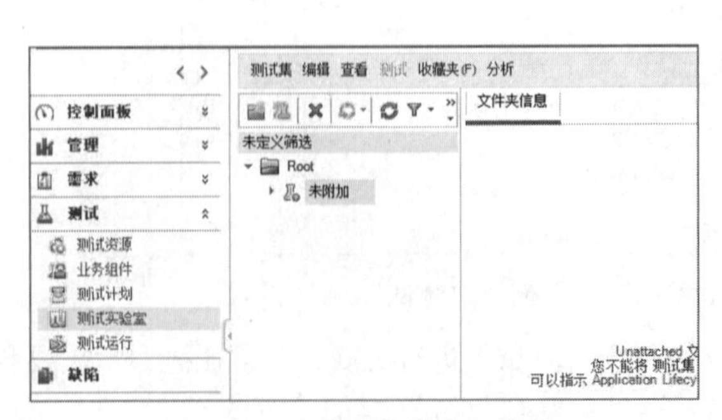

图 5-64 “测试实验室”模块

图 5-65 选择“新建文件夹”命令

我们可以按应用程序功能划分、测试类型划分等方式来组织“测试集”，在这里，为了方便大家学习，我们就按照在上一小节中创建的“测试计划树”的相同目录结构来创建“测试集树”。

但是，“测试”的执行是严格与开发软件的版本挂钩的，相同的“测试”（测试用例）在不同软件版本中，产生的执行结果是不一样的。比如，在软件 V0.00.001 版中某个功能实现存在缺陷，那么，“测试”执行结果应该标记为“失败”的，但是，在软件 V0.00.002 版中软件工程师修复了这个功能的缺陷了，重新执行相同的“测试”（测试用例），没有再发现缺陷了，那么是不是要把原来标记为“失败”的执行结果替换掉呢？不是的，无论如何都不应该覆盖之前版本的执行结果，这个新的执行结果（“通过”）应该在另一个地方重新标记。

所以，在“测试集树”的“Root”文件夹下，应该先创建一个要对应执行的软件版本的文件夹。例如，接下来要在软件 V0.00.001 版中执行上一小节创建的“测试”，那么，我们就应该新建一个“V0.00.001”文件夹，如图 5-66 所示。

图 5-66　新建测试集文件夹

单击【确定】按钮后，要填写该文件夹的“详细信息”，主要是选择要分配至哪个“周期”，这个对项目管理很重要，但是，前面为了讲述的连贯性，我们没有创建“周期”，所以，暂时可以让它为空，如图 5-67 所示。

然后，我们就可以按照“测试计划树”的目录结构来组织“测试集树”了。在“V0.00.001”文件夹上创建对应的子文件夹，如图 5-68 所示。

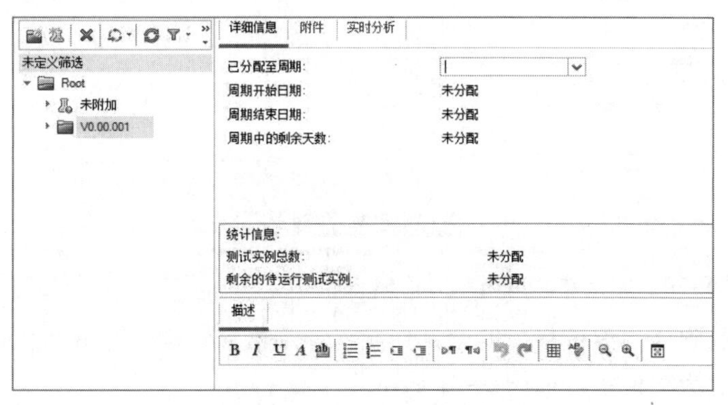

图 5-67　设置“周期”为空

图 5-68　创建对应的子文件夹

（2）在文件夹中添加“测试集”。

“测试集树”创建以后，我们就可以在相应的文件夹上添加“测试集”了。一般来说，为了实现某个测试目标，可以通过“测试集”对“测试”执行进行设计。“测试集”可以通过不同的组合方式，将若干个以单元模块为单位建立的测试用例，打包在一起，按顺序执行，以实现业务流、数据流和功能流的测试。

右击“账户管理”文件夹，在弹出的快捷菜单中选择“新建测试集”命令，如图 5-69 所示，或者在快捷工具栏单击 “新建测试集”快捷按钮，打开“新建测试集”对话框。

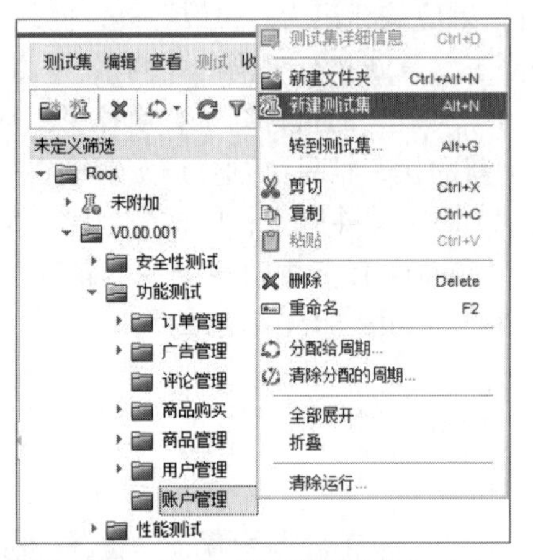

图 5-69　选择“新建测试集”命令

在打开的“新建测试集”对话框中，录入测试集名称为“会员登录”，类型为“默认”，打开日期选择当前日期，关闭日期选择当前日期的第二天，状态为“打开”，描述为“执行目的：对会员登录模块进行功能测试。”其他选择默认值，如图 5-70 所示。

图 5-70　“新建测试集”对话框

单击【确定】按钮后，可以看到该“测试集”的全部信息：详细信息、执行网格、执行流、附件、自动化、链接的缺陷、历史记录，如图 5-71 所示。

“测试集”新建以后，就可以通过“执行网格”选项卡或“执行流”选项卡向“测试集”中添加手动测试或自动化测试了，如图 5-72 所示。

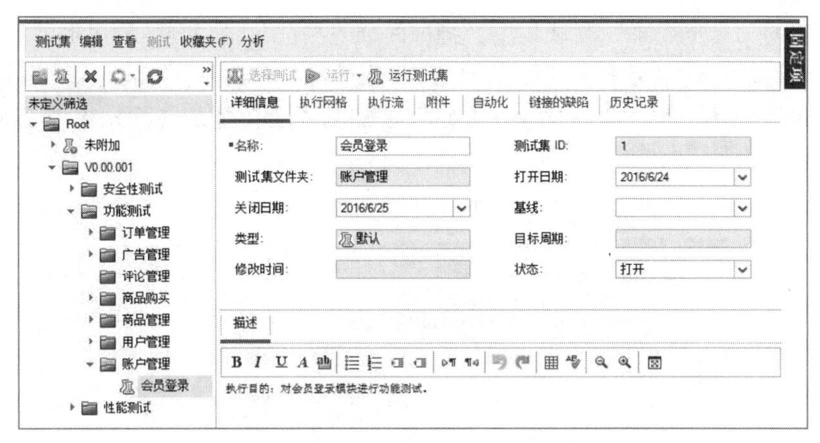

图 5-71　查看“测试集”的全部信息

图 5-72　“执行网格”选项卡

单击“执行网格”选项卡，单击“选择测试”快捷按钮。从“测试计划树”栏目选择要添加到该“测试集”的测试用例，如图 5-73 所示。

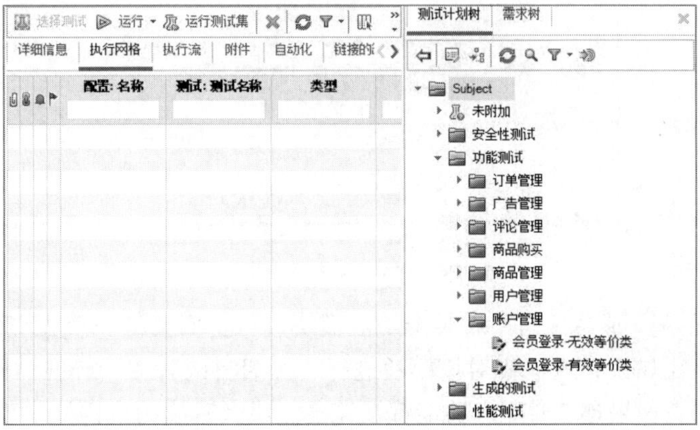

图 5-73　选择要添加的测试用例

在前面的步骤中，我们只创建了“会员登录-有效等价类”“会员登录-无效等价类”两个“测试”，在这里我们以“对会员登录模块进行功能测试”作为执行目的，将这两个“测试”

添加到刚才新建的“会员登录”测试集中，将这两个“测试”以一定的顺序捆绑执行。

分别选择“会员登录–有效等价类”“会员登录–无效等价类”两个测试，然后单击“ ⇦ “向测试集添加测试”快捷按钮，将这两个“测试”添加到“会员登录”测试集中，如图 5–74 所示。

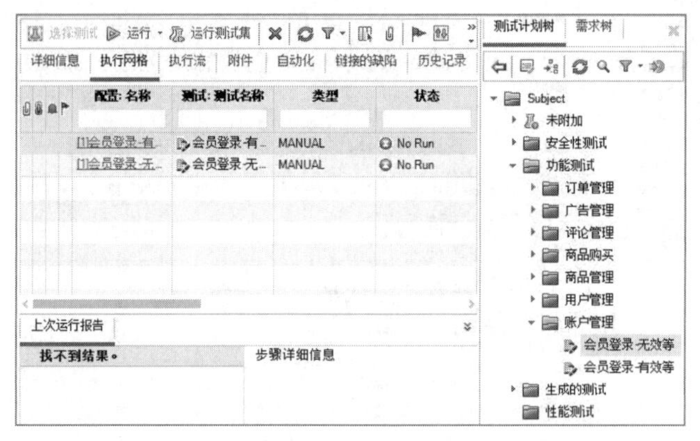

图 5–74　将两个“测试”添加到“会员登录”测试集中

（3）控制“测试集”中测试实例的执行。使用 “测试实验室”模块的 “执行流”选项卡，可以设置执行测试实例的条件，可以简单地把单元测试用例根据业务需要组合成集成测试用例或者测试流。

条件可以是基于“执行流”中另一个指定的测试实例的结果，设置条件可以指示 “测试实验室”模块将当前测试实例的执行推迟到另一个指定的测试实例完成运行或通过为止，还可以设置执行测试实例的顺序。

在上一步中，我们已经在“会员登录”测试集中引入了“会员登录–有效等价类”“会员登录–无效等价类”两个“测试”，单击“测试实验室”模块的“执行流”选项卡，在当前情况下，“会员登录–有效等价类”“会员登录–无效等价类”两个“测试”是没有先后顺序，可以并行执行的，如图 5–75 所示。

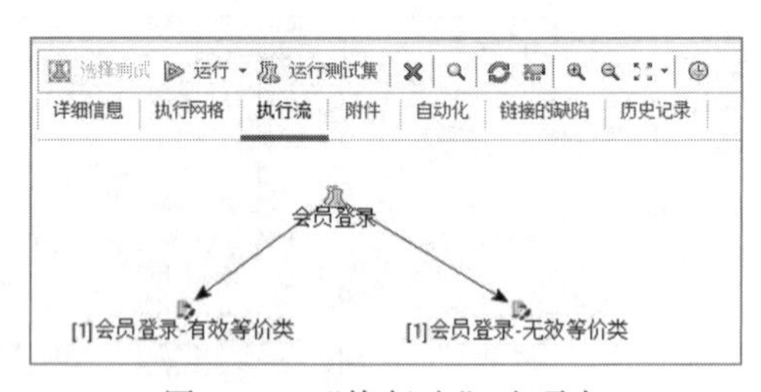

图 5–75　“执行流”选项卡

但是，实际情况是，如果我们要对某个功能模块进行全面测试，首先应确保该模块到达了测试的准入条件，比如说，应该先对该模块进行“冒烟测试”，保证该模块的“骨干”功能的使用场景都能跑通，如果连“骨干”功能都没跑通，那么后续的全面测试就没必要进行了。

在这里“会员登录–有效等价类”就像是“冒烟测试”，如果这个“测试”都无法通过，那么，“会员登录–无效等价类”就没有必要执行了，就算执行了也是浪费时间。

因此，“会员登录–有效等价类”和“会员登录–无效等价类”这两个“测试”是有执行的先后顺序的，而不是并行关系，“会员登录–有效等价类”在前，“会员登录–无效等价类”

在后，换一句话说，“测试”——“会员登录-有效等价类”是“测试”——“会员登录-无效等价类”的可执行条件。

因此，我们在“执行流”选项卡上选择“会员登录-无效等价类”测试，单击该“测试”上方的“编辑”快捷按钮，进入“运行计划”对话框，修改该“测试”的执行条件，如图 5-76 所示。

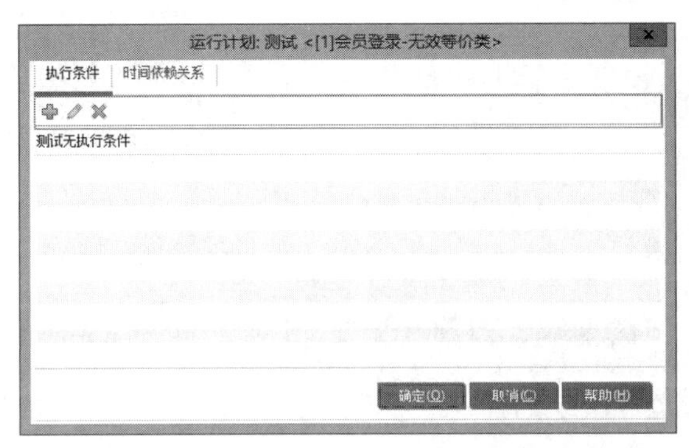

图 5-76　“运行计划”对话框

单击“新建执行条件”快捷按钮，进入“新建执行条件”对话框，如图 5-77 所示。

在对话框中，“测试”栏目选择当前测试所依赖的“测试”——“会员登录-无效等价类”，“是”条件选择“通过”，在“注释”写上注解“达到测试准入标准后才进行无效等价类测试”，如图 5-78 所示。

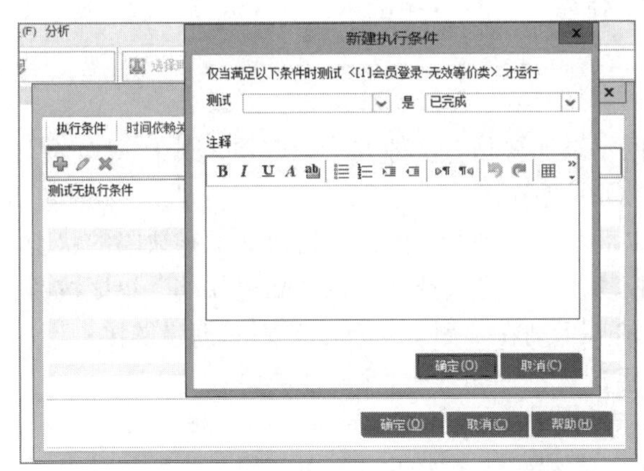

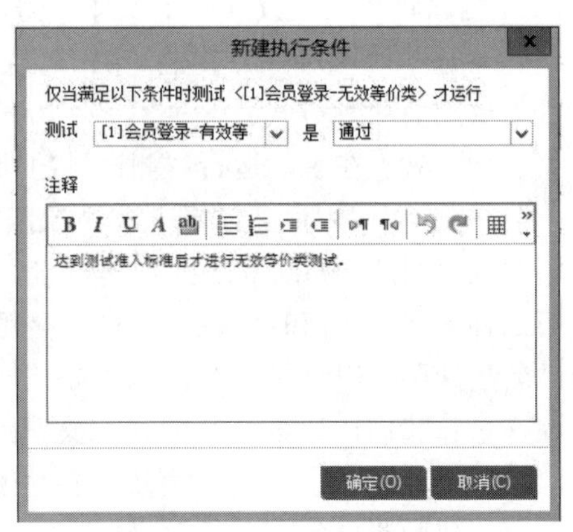

图 5-77　打开“新建执行条件”对话框　　图 5-78　在“新建执行条件”对话框中进行设置

进一步理解在“新建执行条件”对话框中用到的各个字段，其详细描述如表 5-6 所示。

表 5-6　“新建执行条件”对话框各字段描述

字　段	描　述
测试	希望当前测试依赖的测试实例
是	指定执行条件。它包括以下选项： 已完成：仅在指定的测试实例执行完成之后，才执行当前测试实例 通过：仅在指定的测试实例执行完成且通过之后，才执行当前测试实例
注释	有关条件的注释

到此，把“测试”——“会员登录-有效等价类”设置为“测试”——“会员登录-无效等价类”的可执行条件就已经完成了，如图 5-79 所示。

返回“执行流”选项卡，可以看到两个“测试”执行的先后顺序，如图 5-80 所示。

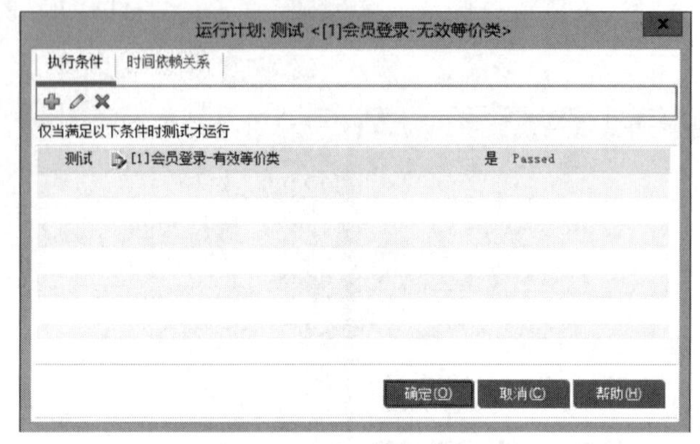

图 5-79 设置可执行条件

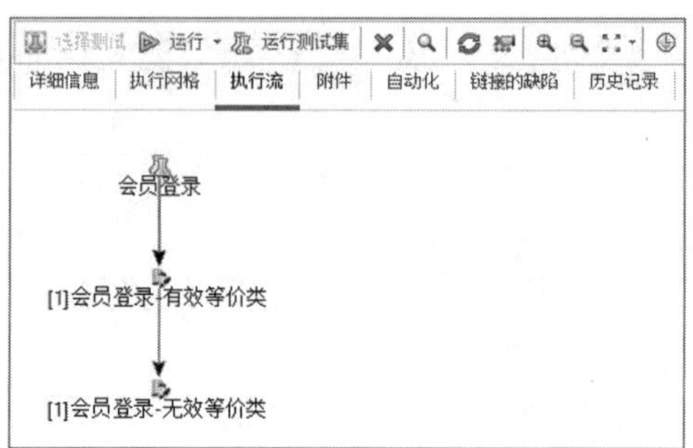

图 5-80 “测试”执行的先后顺序

当然，除了可以添加“执行条件”，也可以选择“时间依赖关系”选项卡，添加时间依赖关系，用于指定执行测试实例的时间，如果有需要可以自行指定，在这里暂且省略。

5.10 使用 ALM 进行缺陷管理

ALM 可以将缺陷链接到以下实体：需求、业务、测试、测试集、业务流程测试、流、测试实例、运行、运行步骤和其他缺陷。

添加缺陷有两种方式：

第一种方式：在手动运行“测试”的期间，添加缺陷，这种方式最方便，因为 ALM 会自动在“测试”（测试用例、需求）和新缺陷之间创建链接。

通过在“测试”和缺陷之间创建链接，以后就可以判断“测试”是否基于有缺陷的状态。

第二种方式：任何时候在“缺陷”管理模块中，单击快捷菜单的“新建缺陷”快捷按钮，通过“新建缺陷”对话框，专门添加缺陷，然后手动在“测试”和缺陷之间创建链接。

在这里，我们讲述第一种方式的操作：手动运行“测试”，并添加缺陷。

（1）进入“测试实验室”模块，在“测试集”目录树中选择要运行的“测试集”——在上一节中创建的测试集“会员登录”，单击“运行测试集”快捷按钮，在“手动测试运行”对话框中选择“手动运行器”单选按钮，如图 5-81 所示。

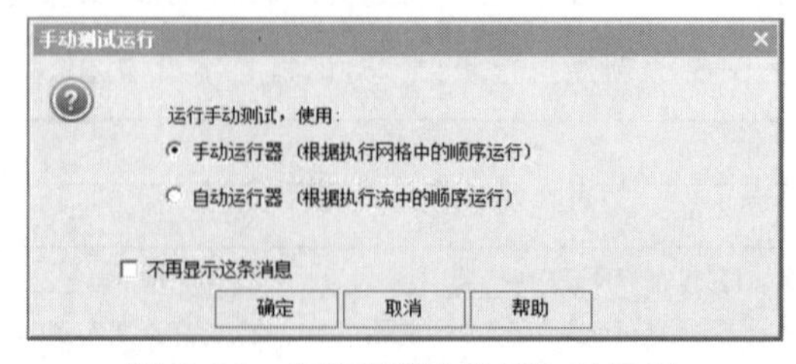

图 5-81 “手动测试运行”对话框

（2）在弹出的“手动运行器”向导上，可以看到根据测试集“执行流”安排的第一个“测试”——“会员登录-有效等价类”的运行详细信息，如图 5-82 所示。

图 5-82　“会员登录-有效等价类”的运行详细信息

（3）打开要测试的应用程序（被测程序），然后单击 ▷“开始运行”快捷按钮，继续进入“手动运行器”向导的下一步——执行“测试”。根据之前的“测试”——“会员登录-有效等价类”的设计，执行测试步骤，按照测试步骤“描述”中的详细说明执行操作，如图 5-83 所示。

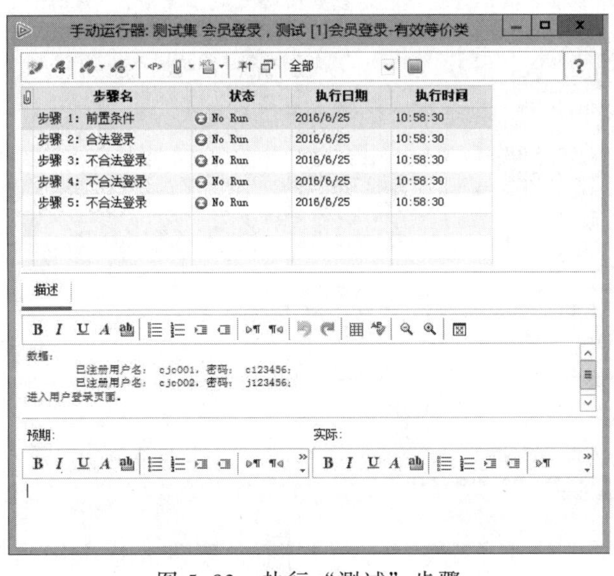

图 5-83　执行“测试”步骤

因为，“步骤 1”是前置条件，所以，我们只需按照步骤描述要求，做好后续步骤执行的前期准备即可。然后单击“标记选定项为成功”快捷按钮，选择选项“标记选定项为成功”。然后，进入“步骤 2：合法登录”的“测试”执行，如图 5-84 所示。

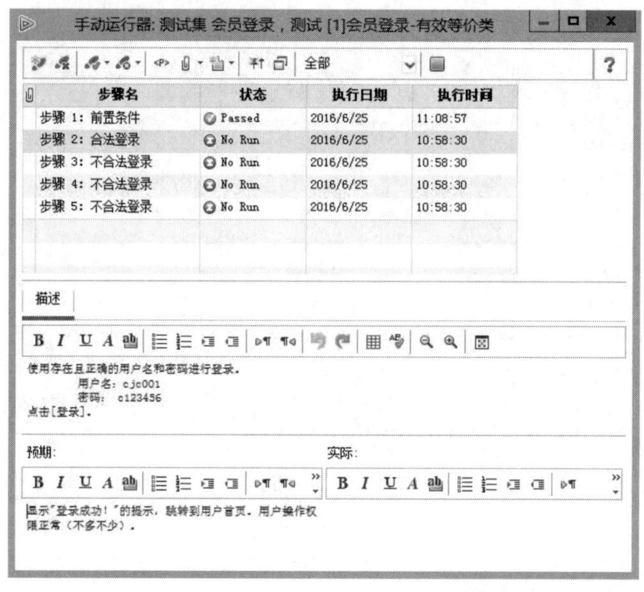

图 5-84 “步骤 2：合法登录”的“测试”执行

按照测试步骤“描述”中的测试设计执行相应操作，然后判断在被测程序中执行得到的实际结果与测试设计中的预期结果是否一致。如果实际结果和预期结果一致，则在“实际”栏目上写上真实的执行结果，或直接写“与预期结果一致”，如图 5-85 所示，然后单击 “标记选定项为成功”快捷按钮，选择选项“标记选定项为成功”。然后，进入“步骤 3：不合法登录”的“测试”执行，如图 5-86 所示。

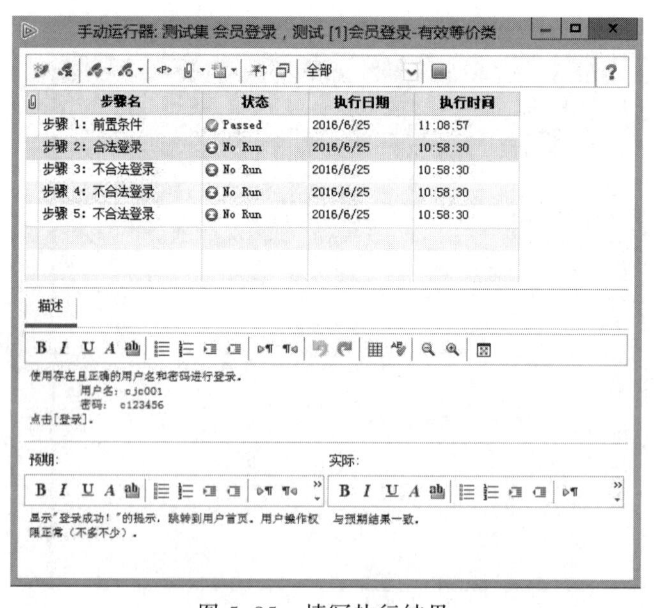

图 5-85 填写执行结果

按照测试“步骤 3”“描述”中的测试设计执行相应操作，然后，判断在被测程序中执行得到的实际结果与测试设计中的预期结果是否一致。如果实际结果和预期结果不一致，则在“实际”栏目上写上真实的执行结果。

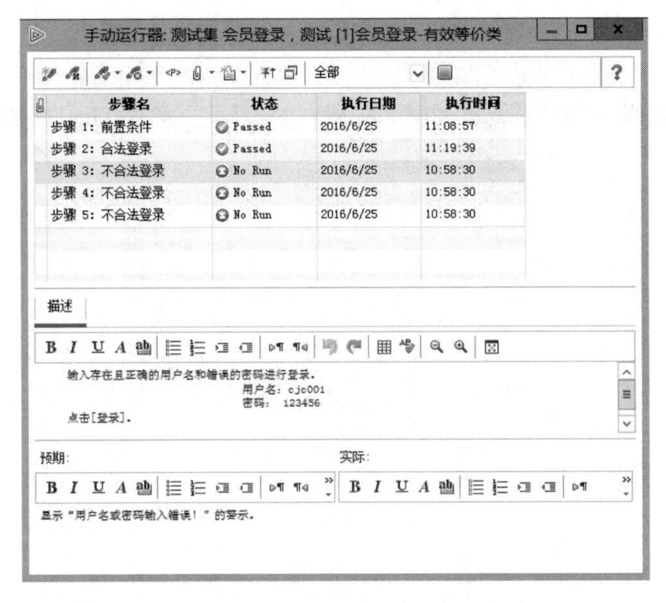

图 5-86　"步骤 3：不合法登录"的"测试"执行

在这里我们假设，在被测程序的登录页面，输入正确的用户名"cjc001"和错误的密码"123456"，单击【登录】按钮，结果却显示"登录成功"的提示，并跳转到了用户首页，显而易见，这明显是存在缺陷的，登录功能未能实现身份验证的要求。那么，我们就应该在"实际"栏目上写上真实的执行结果：登录功能未能拦截错误密码的身份验证，显示"登录成功"的提示，并跳转到了用户首页，如图 5-87 所示。然后单击"标记选定项为失败"快捷按钮，选择选项"标记选定项为失败"。

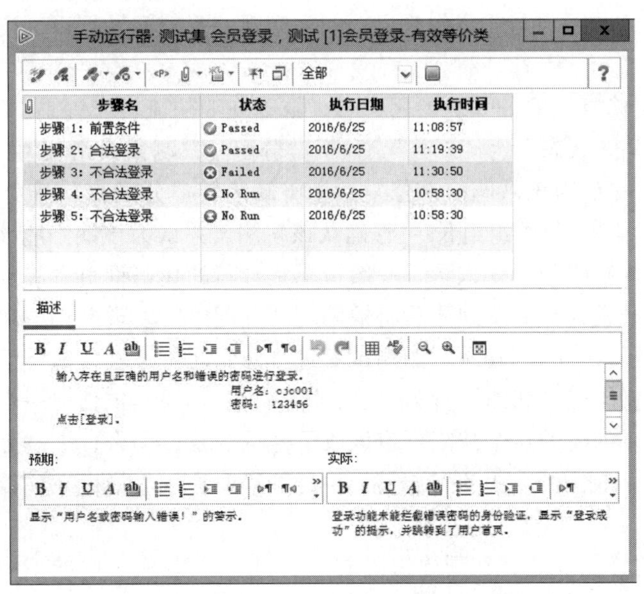

图 5-87　填写执行结果

因为实际结果和预期结果不一致，这一个测试步骤发现了一个缺陷，所以，我们应该提交这个缺陷。

（4）单击"新建缺陷"快捷按钮，选择选项"新建缺陷"，弹出"新建缺陷"对话框，如图 5-88 所示。

图 5-88 "新建缺陷"对话框

"摘要"是缺陷的简短、概要的描述，应该做到简单、明了，例如："会员登录，错误密码也登录成功"，一般建议采用的格式是：前半部分是缺陷定位，后半部分是缺陷的一句话简述。

"测试日期""测试者"使用默认值即可，缺陷的严重程度的范围从低（1 级）到紧急（5 级）可以分为 5 个等级，因为当前身份验证功能未实现，安全问题严重，所以"严重程度"选择：5-紧急。

"分配给"是负责修复缺陷的人员的用户名，缺陷一般的流转流程是：① 缺陷由"测试者"发现并创建，缺陷"状态"为"新建"，然后"分配给"测试组组长/主管；② 测试组组长/主管确认该缺陷，并认为该缺陷应该修复，则将缺陷转"分配给"开发组组长/主管，缺陷"状态"为"打开"；③ 开发组组长/主管确认该缺陷，并认为该缺陷应该修复，则将缺陷转"分配给"具体修复缺陷的开发人员（一般情况是谁写的代码谁负责修复），缺陷"状态"仍然为"打开"；④ 开发人员修复缺陷后将缺陷转"分配给"发现并创建缺陷的测试者，缺陷"状态"为"已修正"；⑤ 创建缺陷的测试者进行回归测试，确认缺陷已修复，并且没有引发新的缺陷，最后将缺陷"状态"置为"已关闭"；⑥ 如果其中任何一个环节，被"分配给"的人员认为测试者创建的这个缺陷不应该或不值得修复，那么，被"分配给"的人员可以将缺陷"状态"置为"拒绝"，并在"描述"中详细说明原因，最后在项目会议上最终决定缺陷是否应该修复。

"描述"是缺陷的详细描述，在新建缺陷时，ALM 会自动将关联的"测试步骤"引入，方便开发人员修复缺陷时，重现缺陷。如果关联的"测试步骤"描述不够详尽，可以继续对"描述"进行相应的添加、修改。

填写完毕后，如图 5-89 所示。

图 5-89　详细信息填写完毕

进一步理解在“新建缺陷”对话框中用到的各个字段，其详细描述如下表 5-7 所示。

表 5-7　“新建缺陷”对话框各字段描述

字　　段	描　　述
测试日期	检测缺陷的日期。 默认值：当前数据库服务器的日期
测试者	缺陷的提交者的用户名
严重程度	缺陷的严重程度，范围从低（1 级）到紧急（5 级）
分配给	为修复缺陷而分配的人员的用户名
估计修复时间	修复缺陷所需的估计天数。如果将此字段留空，则 ALM 将根据“关闭日期”—“测试日期”自动计算“实际修复时间”
关闭日期	关闭缺陷的日期
关闭于版本	在其中关闭缺陷的应用程序版本
检测于周期	在其中检测缺陷的周期。将缺陷分配给检测于周期字段中的周期时，ALM 会将其版本自动分配给检测于发行版字段
检测于发布	在其中检测缺陷的发行版
检测于版本	在其中检测缺陷的应用程序版本
计划关闭版本	计划在其中修复缺陷的版本
优先级	缺陷的优先级，范围从低优先级（1 级）到紧急优先级（5 级）
状态	缺陷的当前状态。缺陷状态可以是以下任意一种：已关闭、已修正、 新建、打开、拒绝、重新打开。 默认值：新建
描述	详细描述缺陷
项目	出现缺陷的项目的名称

续表

字　段	描　述
可重现	缺陷是否可以根据检测到它的相同条件重新创建。 默认值：Y
主题	主题文件夹
目标周期	计划在其中修复缺陷的周期。 将缺陷分配给目标周期字段中的周期时，ALM 会将其版本自动分配给目标发布字段
目标发布	计划在其中关闭缺陷的版本
缺陷 ID	ALM 为缺陷自动分配的唯一数字 ID。 缺陷 ID 是只读的
注释	有关缺陷的注释

在“新建缺陷”对话框中各字段填写完毕后，单击【确定】按钮，按照“测试”——“会员登录-有效等价类”的设计要求，继续执行测试“步骤 4”“步骤 5”等，操作过程和前面的步骤类似。

（5）当“测试”——“会员登录-有效等价类”的所有步骤都执行完毕以后，会显示当前“测试”各个步骤的执行状态，如图 5-90 所示。

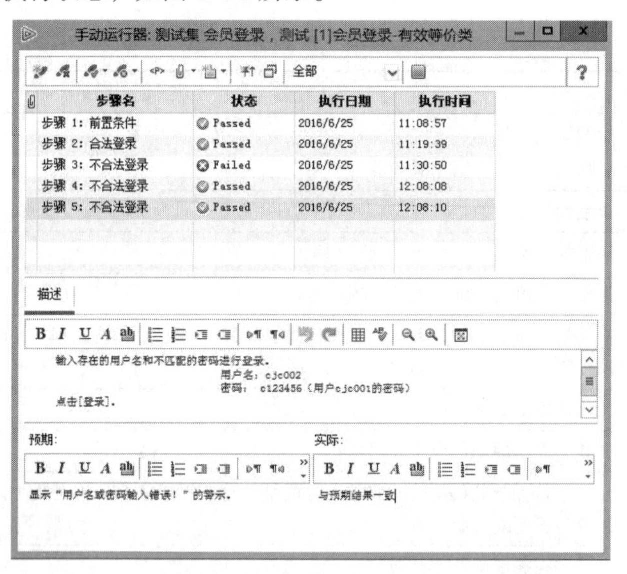

图 5-90　显示当前“测试”各个步骤的执行状态

（6）最后，“测试”——“会员登录-有效等价类”的测试步骤执行完毕，我们应该单击 “结束运行”快捷按钮，结束当前测试执行。

（7）因为，当前测试集——“会员登录”包含了两个“测试”——“会员登录-有效等价类”和“会员登录-无效等价类”，所以，第一个“测试”执行完毕以后，“手动运行器”会自动打开第二个“测试”——“会员登录-无效等价类”的运行详细信息，如图 5-91 所示。

与前面的操作类似，根据之前的“测试”——“会员登录-无效等价类”的设计，执行测试步骤，按照测试步骤“描述”中的详细说明执行操作即可。

图 5-91　“会员登录-无效等价类”的运行详细信息

（8）测试执行完毕之后，我们可以在 ALM 侧栏上的“测试”下方，选择“测试运行”，打开“测试运行”模块。在“测试运行”模块中，我们可以看到当前所有的“测试运行”的状态和相应的详细信息，如图 5-92 所示。

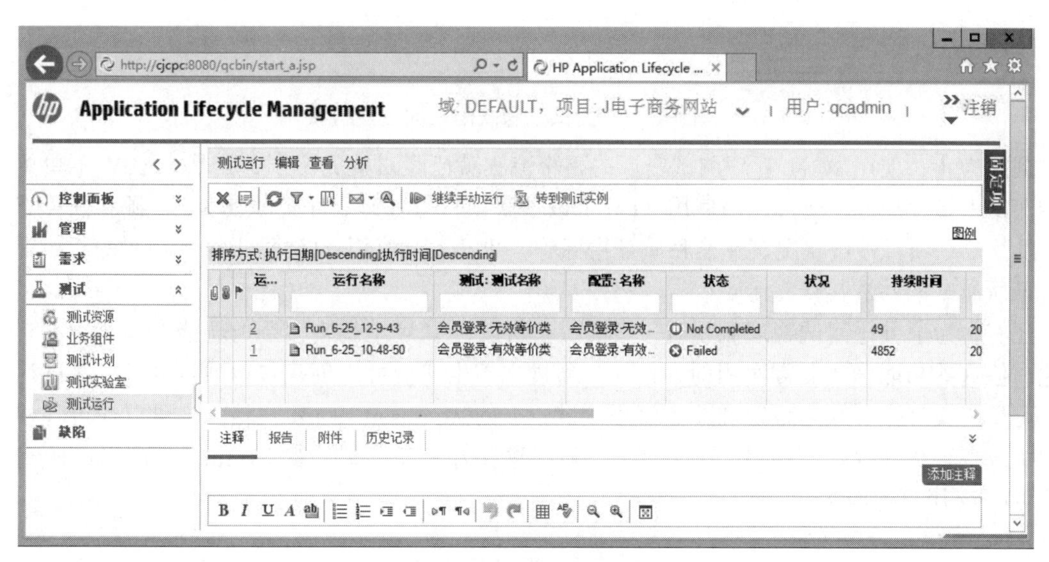

图 5-92　“测试运行”模块

（9）第二种添加缺陷的方式是在“缺陷”模块中直接添加。在 ALM 侧栏上选择“缺陷”，打开“缺陷”模块，在“缺陷”模块中可以看到当前缺陷的列表及与其相应的详细信息，如图 5-93 所示。

添加缺陷的第二种方式，我们可以在缺陷管理模块中，单击菜单的“新建缺陷”快捷按钮，打开“新建缺陷”对话框，添加缺陷，添加缺陷需要填写的字段和第一种方式讲述的一致，但是，最后要手动在“测试”和缺陷之间创建链接，如图 5-94 所示。

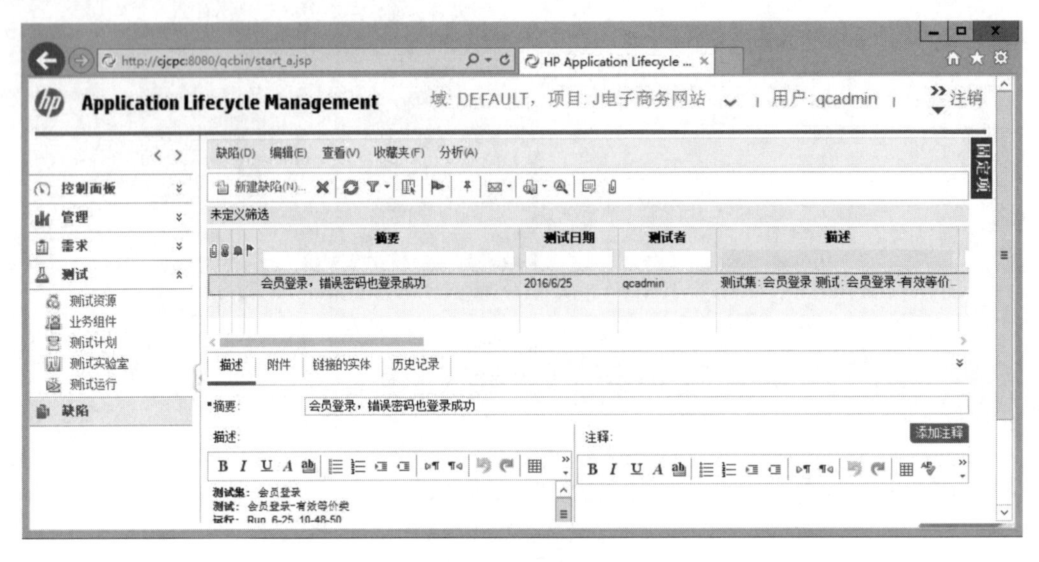

图 5-93 “缺陷”模块

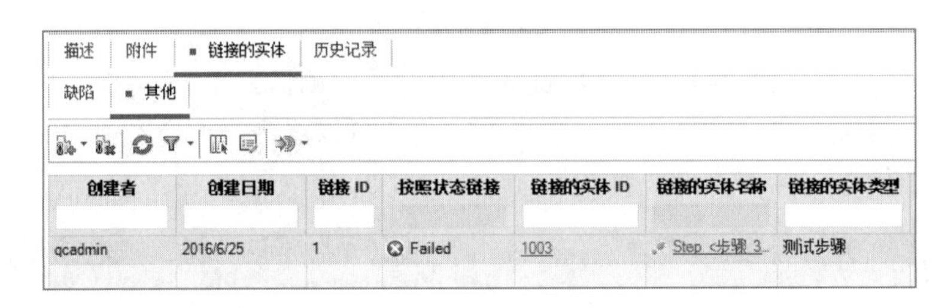

图 5-94 手动在“测试”和缺陷之间创建链接

到此为止，使用 ALM 管理测试资源的整个流程就已经讲述完毕了，当然，ALM 不单单是给测试人员使用的。项目经理使用 ALM 可以了解项目里程碑、可交付版本、资源和预算需求，以及跟踪项目进展状况、标准和质量指标等。开发人员使用 ALM 可以了解项目需求、查阅自己所属缺陷并进行修复等。

还有，为了讲述测试管理流程时一气呵成，所以，ALM 中很多实用的功能在本章中没有阐述，但这些功能确实非常实用的，例如，通过文档生成器可以创建包含项目需求、测试计划、测试集文件夹、缺陷跟踪和业务流程测试数据的 Microsoft Word 文档；也可以通过各种视图生成各种统计数据、统计图形、报表等。强烈建议大家有需要时参阅《Application Lifecycle Management 用户指南》。

小　结

1. ALM 主要功能模块有：① 项目管理（项目计划和跟踪、发布管理、报表）；② 需求管理（业务需求和测试需求、业务模型管理）；③ 测试计划（测试案例管理）；④ 测试运行（测试任务调度、执行和审计）；⑤ 缺陷管理（系统缺陷的集中管理和流转）；⑥ 项目自定义（后台的客户定制化平台，包括客户化字段和工作流的自定义）。

2. 使用 ALM 的应用程序生命周期管理的路线图包括以下阶段：① 版本规范；② 需求规范；③ 测试计划；④ 测试执行；⑤ 缺陷跟踪。

思考与练习

1. 请简述使用 ALM 的应用程序生命周期管理的路线图包括哪几个阶段。

2. 请判断对错：缺陷跟踪系统只针对测试人员来使用。

3. 请判断对错：软件生存周期是从软件开始开发到开发结束的整个时期。

4. 请简述，为什么传统的采用文档来管理测试资源的方式逐渐被集成的测试资源管理工具所代替？

5. 针对第 4 章黑盒子测试中介绍的典型案例——三角形问题，尝试使用 ALM 在管理端创建相应测试项目——判断三角形程序测试。

6. 针对第 4 章黑盒子测试中介绍的典型案例——三角形问题，尝试使用 ALM 的用户端登录刚刚创建的“判断三角形程序测试”项目。

7. 针对第 4 章黑盒子测试中介绍的典型案例——三角形问题，尝试使用 ALM 在刚刚创建的“判断三角形程序测试”项目中，创建需求。

8. 针对第 4 章黑盒子测试中介绍的典型案例——三角形问题，尝试使用 ALM 在刚刚创建的“判断三角形程序测试”项目中，创建测试（即，根据需求设计测试用例）。

9. 针对第 4 章黑盒子测试中介绍的典型案例——三角形问题，尝试使用 ALM 在刚刚创建的“判断三角形程序测试”项目中，创建测试集，并执行测试。

10. 针对第 4 章黑盒子测试中介绍的典型案例——三角形问题，尝试使用 ALM 在刚刚创建的“判断三角形程序测试”项目中，进行缺陷管理。

11. 针对第 4 章黑盒子测试中介绍的典型案例——三角形问题，尝试使用 ALM 在刚刚创建的“判断三角形程序测试”项目中，使用“文档生成”功能，将刚刚的需求、测试和缺陷列表导出成 word 文档。

12. 尝试使用 ALM 创建项目，对 Windows 自带的计算器进行测试资源管理，完成整个测试流程。

第6章 白盒子测试

重点：

- 理解白盒子测试的概念。
- 了解数据流分析测试方法。
- 理解逻辑覆盖测试方法。
- 掌握路径分析测试方法。

【扫一扫：微课视频】
（推荐链接）

难点：

- 根据代码画程序控制流图。
- 设计测试用例进行逻辑覆盖。
- 设计独立路径进行路径分析测试。

在软件测试中，白盒子测试是根据被测程序的内部结构设计测试用例的一种测试方法，又称为结构分析。白盒子测试将被测程序看作一个打开的盒子，测试者能够看到被测程序的源代码，可以分析被测程序的内部结构，此时测试的焦点集中在根据其内部结构设计测试用例。

【扫一扫：微课视频】
（推荐链接）

白盒子测试就像给测试员戴上了一副X光透视眼镜，测试员通过这副X光透视眼镜可以看清楚软件内部的代码实现，如图6–1所示。

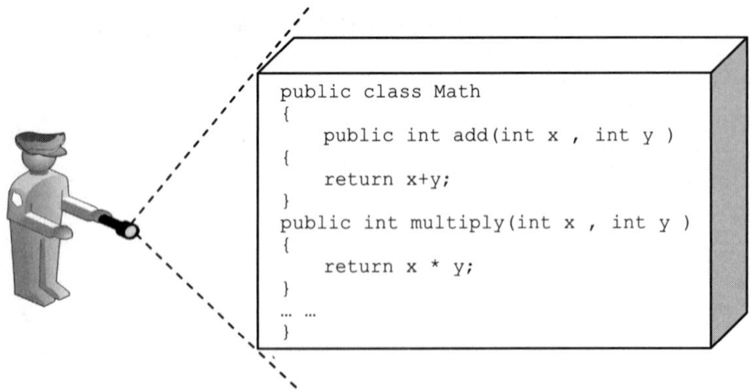

图6–1　白盒子测试

白盒子测试的优点是：① 迫使测试人员去仔细思考软件的实现；② 可以检测代码中的每条分支和路径；③ 揭示隐藏在代码中的错误；④ 对代码的测试比较彻底。

常用的白盒子测试方法有：数据流分析、逻辑覆盖、路径分析等。在介绍这三种白盒子测试方法之前，必须先介绍程序控制流图。

6.1　程序控制流图

在程序设计时，为了更加突出控制流的结构，可对程序流程图进行简化，简化后的图称为程序控制流图。

程序控制流图中只有二种图形符号，即结点和控制流线。结点：由带有标号的圆圈表示，可以代表一个或多个语句、一个条件判断结构或一个函数程序块；控制流线：由带有箭头的弧或线表示，可称为边，代表程序中的控制流。三大程序结构的控制流图如图 6-2 所示。

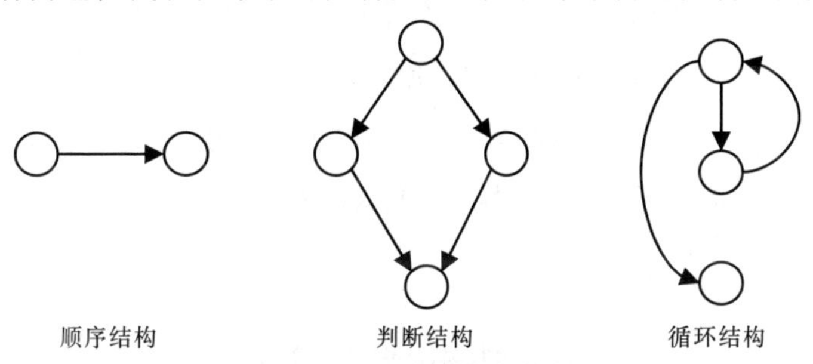

图 6-2　三大程序结构的控制流图

为了简化，程序控制流图不考虑不执行语句（如，变量声明、注释等）。

【例 6-1】将如图 6-3 所示的程序流程图转换为程序控制流图。

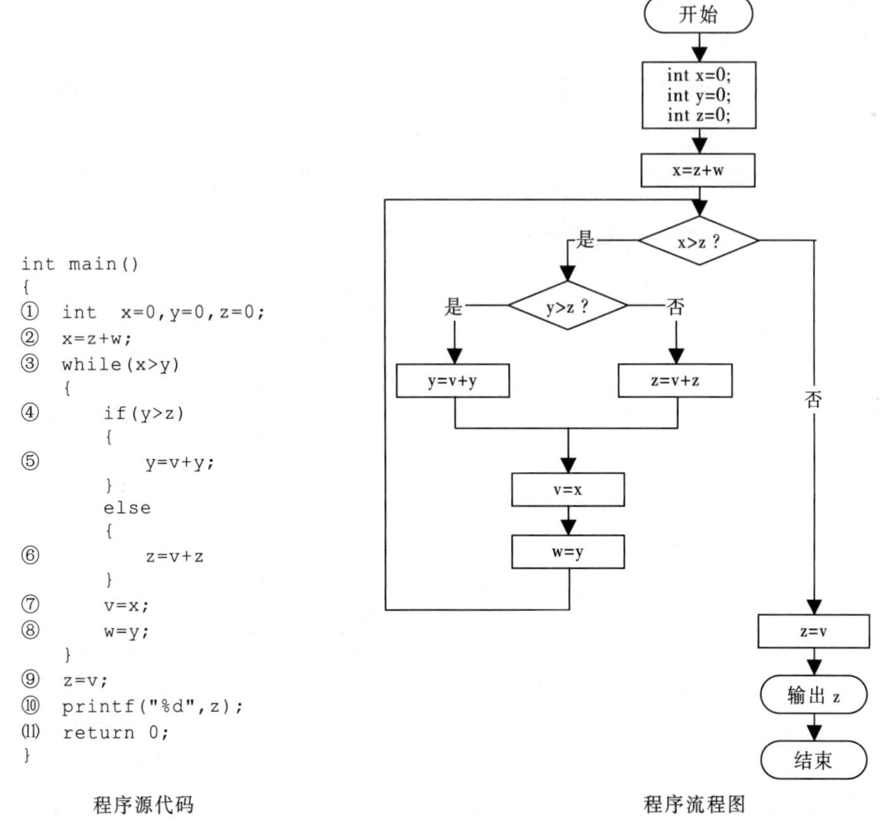

图 6-3　程序流程图

转换后，程序控制流图如图 6-4 所示。

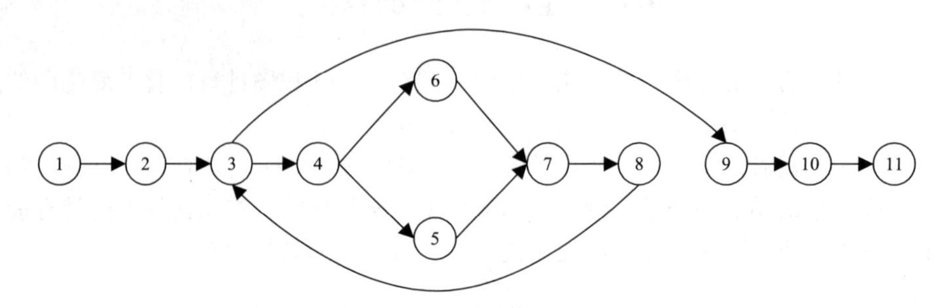

图 6-4 程序控制流图

程序控制流图是白盒子测试的主要依据。对于一个程序，其程序控制流图 $G=(V,E,I,O)$ 是一个有向图。其中 V 是结点的集合，E 是边的集合，I 是唯一的入口结点，而 O 是唯一的出口结点。

6.2 数据流分析

数据流分析是指在不运行被测程序的情况下，对变量的定义、引用进行分析，以检测数据的赋值与引用之间是否出现不合理的现象，如引用了未赋值的变量、对已经赋值过的变量再定义等数据流异常现象。

数据流分析中只考虑两种情况，若语句 m 执行时改变了变量 X 的值，则称语句 m 定义了变量 X；若语句 n 执行时引用了变量 X 的值，则称语句 n 引用了变量 X。

【例 6-2】使用数据流分析方法，对上述图 6-3 的程序进行白盒子测试，如表 6-1 所示。

表 6-1 数据流分析方法进行白盒子测试步骤

结　　点	被定义的变量	被引用的变量
1	x　y　z	
2	x	z　w
3		x　y
4		y　z
5	y	v　y
6	z	v　z
7	v	x
8	w	y
9	z	v
10		z
11		

根据数据流分析方法，分析上述得到的表格，发现程序中包含两个错误：① 语句 2 使用了变量 w，而在此之前却未对其定义；② 语句 5、6 使用了变量 v，而就算在第一次执行循环时也未对其定义过。

同时，还发现该程序还包含了两个异常：① 语句 6 对 z 的定义从未使用过；② 语句 8 对 w 的定义也从未使用过。

数据流分析是一种简单的白盒子测试方法，它只关注变量的定义和引用，是一种结构测试方法，现今针对高级编程语言所设计的编译器基本上都包含了数据流分析功能，换一句话说，数据流分析可以由工具自动完成了。

6.3　逻辑覆盖

逻辑覆盖是以程序内部的逻辑结构为基础的设计测试用例的技术，属于白盒测试的另一种方法。这一方法要求测试员对程序的逻辑结构有清楚地了解，甚至要能掌握源程序的所有细节。

【扫一扫：微课视频】（推荐链接）

由于覆盖测试的目标不同，逻辑覆盖又可分为：语句覆盖、判定覆盖、条件覆盖、判定-条件覆盖、条件组合覆盖及路径覆盖。

在这里以同一个例子分别来讲述语句覆盖、判定覆盖、条件覆盖、判定-条件覆盖、条件组合覆盖及路径覆盖。

【例 6-3】针对下述函数代码段，先画出该程序的流程图和控制流图，然后，分别用语句覆盖、判定覆盖、判定-条件覆盖、条件组合覆盖及路径覆盖来对它进行白盒子测试。

```
void ExFuntion( )
{
… …
①if(A>1 && B==0)
  {
②    X=X/A;
  }
③if(A==2 || X>1)
  {
④    X=X+1;
  }
⑤return;
}
```

画出该程序的流程图，如图 6-5 所示。

画出该程序的控制流图，如图 6-6 所示。

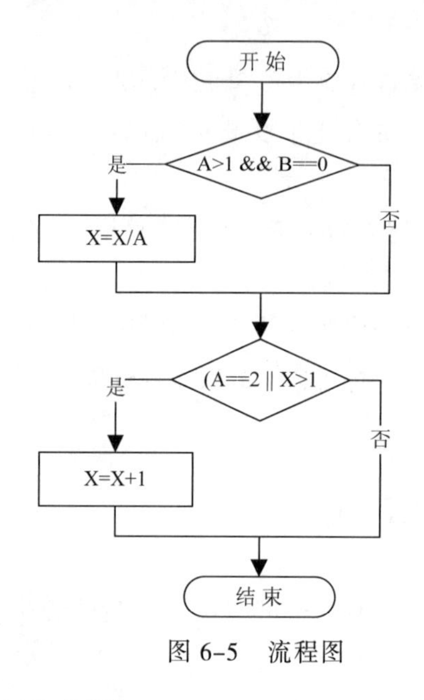

图 6-5　流程图

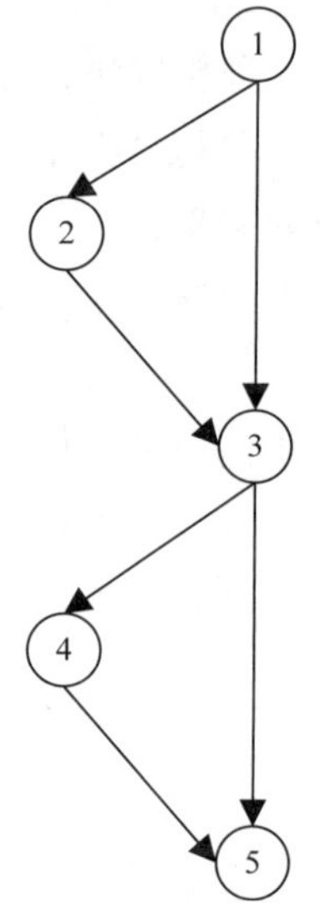

图 6-6　控制流图

6.3.1　语句覆盖

语句覆盖就是设计若干个测试用例，运行被测程序，使得每一可执行语句至少执行一次。

针对例 6-3，使用语句覆盖进行白盒子测试，那么，可以构造测试用例如下：

A = 2

B = 0

X = 3

那么，程序则按照路径①②③④⑤来执行，这样，该程序段的所有语句都被执行了一遍，从而实现了语句覆盖。

这种覆盖又称为点覆盖，它使得程序中每个可执行语句都得到执行，可以起到一定的检测作用，但是它是最弱的逻辑覆盖。例如：如果第①条语句中的与运算错误地编写成或运算，上面的测试用例是不能发现这个错误的；第③条语句中 X>1 误写成 X> 0，这个测试用例也不能暴露这个错误；此外，如果沿着路径①③⑤执行时，X 的值本应该保持不变的，但是如果这一方面有错误，上述测试用例也不能发现这方面的错误。

6.3.2　判定覆盖

判定覆盖就是设计若干个测试用例，运行被测程序，使得程序中每个判断的取真分支和取假分支至少经历一次，判定覆盖又称为分支覆盖。

针对例 6-3，使用判定覆盖进行白盒子测试，那么，可以构造两个测试用例如下：

A = 2　　　　A = 1

B = 0　　　　B = 0

X = 3　　　　X = 1

那么，程序则按照路径①②③④⑤和①③⑤来执行，这样，该程序段的两个条件判断的 4 个分支都被执行了一遍，从而实现了判定覆盖。

判定覆盖比语句覆盖严格，因为如果每个分支都执行过了，则每个语句也就执行过了。但是，判定覆盖只比语句覆盖稍强一些，但实际效果表明，只是判定覆盖，还不能保证一定能查出在判断的条件中存在的错误。例如：如果第③条语句中 X>1 误写成 X>2，程序还是按照路径①②③④⑤和①③⑤来执行，这个测试用例不能暴露这个错误。

6.3.3　条件覆盖

【扫一扫：微课视频】
（推荐链接）

条件覆盖就是设计若干个测试用例，运行被测程序，使得程序中每个判断的每个条件的可能取值至少执行一次。

针对例 6-3，使用条件覆盖进行白盒子测试，那么，可以构造 3 个测试用例如下：

针对程序的第一个判断(语句①),需要考虑 2 个条件的取值情况：

A>1 取真，记为 T1；
A>1 取假，即 A<=1，记为 F1；
B==0 取真，记为 T2；
B==0 取假，即 B!=0，记为 F2。

针对程序的第二个判断（语句③），需要考虑 2 个条件的取值情况：

A==2 取真，记为 T3；
A==2 取假，即 A!=2，记为 F3；
X>1 取真，记为 T4；
X>1 取假，即 X<=1，记为 F4。

要覆盖上述条件，可以构造如表 6-2 所示的 3 个测试用例：

表 6-2　条件覆盖（一）

测试用例	所走路径	覆盖条件
A=2 B=0 X=3	①②③④⑤	T1,T2,T3,T4
A=1 B=0 X=1	①③⑤	F1,T2,F3,F4
A=2 B=1 X=3	①③④⑤	T1,F2,T3,T4

条件覆盖通常比判定覆盖强，因为它使一个判定中的每一个条件都取到了两个不同的结果，而判定覆盖则不保证这一点。但是，条件覆盖并不包含判定覆盖。例如，如表 6-3 所示的 2 个测试用例：

表 6-3　条件覆盖（二）

测试用例	所走路径	覆盖条件
A=1 B=0 X=3	①③④⑤	F1,T2,F3,T4
A=2 B=1 X=1	①③④⑤	T1,F2,T3,F4

这一覆盖情况表明，覆盖了条件的测试用例不一定覆盖了分支，事实上，它只覆盖了判断覆盖 4 个分支中的两个。

6.3.4 判定–条件覆盖

判定–条件覆盖就是设计足够的测试用例，使得判断中每个条件的所有可能取值至少执行一次，同时每个判断本身的所有可能判断结果至少执行一次。换言之，就是要求各个判断的所有可能的条件取值组合至少执行一次。

针对例 6–3，使用判定–条件覆盖进行白盒子测试，那么，可以构造测试用例如下：

针对程序的第一个判断（语句①）和第二个判断（语句③），需要考虑 8 组条件组合的取值情况：

1. A>1，B==0，记为 T1，T2
2. A>1，B!=0，记为 T1，F2
3. A<=1，B==0，记为 F1，T2
4. A<=1，B!=0，记为 F1，F2
5. A==2，X>1，记为 T3，T4
6. A==2，X<=1，记为 T3，F4
7. A!=2，X>1，记为 F3，T4
8. A!=2，X<=1，记为 F3，F4

要覆盖上述 8 组条件组合，可以构造如表 6–4 所示的 4 个测试用例。

表 6-4 判定-条件覆盖测试用例

测试用例	所走路径	覆盖条件
A=2 B=0 X=3	①②③④⑤	T1,T2；T3,T4
A=2 B=1 X=1	①③④⑤	T1,F2；T3,F4
A=1 B=0 X=3	①③④⑤	F1,T2；F3,T4
A=1 B=1 X=1	①③⑤	F1,F2；F3,F4

判定–条件覆盖还是有一定缺陷，从表面上来看，它测试了所有条件的取值。但是事实并非如此。往往某些条件掩盖了另一些条件，会遗漏某些条件取值错误的情况。为彻底地检查所有条件的取值，需要将判定语句中给出的复合条件表达式进行分解，形成由多个基本判定嵌套的流程图。这样就可以有效地检查所有的条件是否正确了。

6.3.5 条件组合覆盖

条件组合覆盖就是设计足够的测试用例，运行被测程序，使得每个判断的所有可能的条件取值组合至少执行一次。

针对例 6–3，使用条件组合覆盖进行白盒子测试，那么，可以构造测试用例如下：

针对程序的第一个判断（语句①）的两个条件和第二个判断（语句③）的两个条件，需要考虑 2^4=16 组条件组合的取值情况，如表 6–5 所示。

表 6-5 使用条件组合覆盖进行白盒子测试的条件组合

条件桩	L1	L2	L3	L4	L5	L6	L7	L8	L9	L10	L11	L12	L13	L14	L15	L16
C1：A>1	T	T	T	T	T	T	T	T	F	F	F	F	F	F	F	F

续表

条件桩	L1	L2	L3	L4	L5	L6	L7	L8	L9	L10	L11	L12	L13	L14	L15	L16
C2：B==0	T	T	T	T	F	F	F	F	T	T	T	T	F	F	F	F
C3：A==2	T	T	F	F	T	T	F	F	T	T	F	F	T	T	F	F
C4：X>1	T	F	T	F	T	F	T	F	T	F	T	F	T	F	T	F
执行路径																
①②③④⑤	√	√	√													
①②③⑤				√												
①③④⑤					√	√	√				√				√	
①③⑤								√				√				√
不可能情况									√	√			√	√		

要覆盖上述 16 组条件组合，排除了 4 组不可能情况，可以构造以下 12 个测试用例：

L1: A=2 B=0 X=2

L2: A=2 B=0 X=1

L3: A=3 B=0 X=2

L4: A=3 B=0 X=1

L5: A=2 B=1 X=2

L6: A=2 B=1 X=1

L7: A=3 B=1 X=2

L8: A=3 B=1 X=1

L11: A=1 B=0 X=2

L12: A=1 B=0 X=1

L15: A=1 B=1 X=2

L16: A=1 B=1 X=1

条件组合覆盖是一种相当强的覆盖准则，可以有效地检查各种可能的条件取值的组合是否正确。它不但可覆盖所有条件的可能取值的组合，还可覆盖所有判断的可取分支。但是，有可能有的路径会遗漏，比如说，出现循环的情况等，测试还是不够完全。

6.3.6　路径覆盖

路径覆盖就是设计足够的测试用例，覆盖程序中所有可能的路径。这是最强的覆盖准则，但在路径数目很大时，真正做到完全覆盖是很困难的，必须把覆盖路径数目压缩到一定限度。

【扫一扫：微课视频】

（推荐链接）

针对例 6-3，使用路径覆盖进行白盒子测试，那么，可以构造测试用例如下：

程序的控制流图如图 6-7 所示。

根据程序的控制流图，分析程序的执行只有 4 条可能的路径：

L1: ①②③④⑤

L2: ①③④⑤

L3: ①②③⑤

L4: ①③⑤

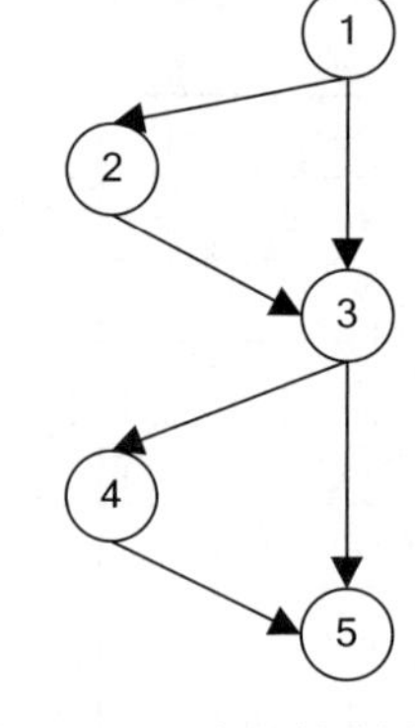

图 6-7　程序的控制流图

要覆盖这 4 条路径，只需设计 4 个测试用例即可：

L1: A=2 B=0 X=2

L2: A=2 B=1 X=2

L3: A=3 B=0 X=1

L4: A=3 B=1 X=1

虽然路径覆盖是最强的覆盖准则，但在路径数目很大时，真正做到完全覆盖是很困难的，例如，考虑以下程序的完全路径覆盖测试的情况：

```
void ExFuntion( )
{
… …
①  int i=0;
②while(i<100)
  {
③    if(A>1 && B==0)
     {
④       X=X/A;
     }
⑤    if(A==2 || X>1)
     {
⑥       X=X+1;
     }
⑦    i++;
  }
⑧return;
}
```

画出该程序的控制流图，如图 6-8 所示。

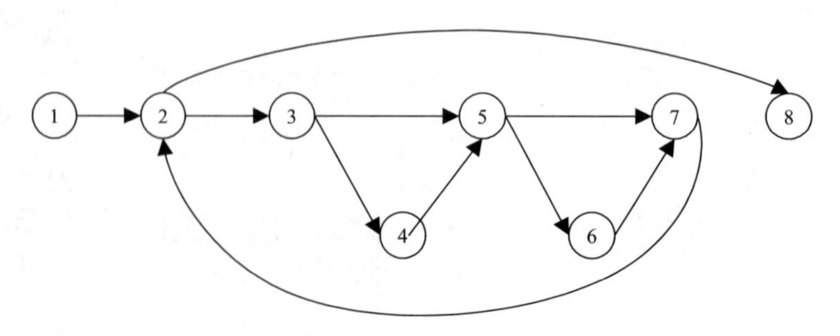

图 6-8　程序的控制流图

上面一段小程序的流程图，其中包括了一个执行 100 次的循环。每一次的循环中，可执行的路径有 4 条，那么，它总共所包含的不同执行路径数高达 $4^{100} \approx 1.6 \times 10^{60}$ 条，若要对它进行穷举测试，覆盖所有的路径，假使测试程序对每一条路径进行测试仅需要 1 毫秒，同样假定一天工作 24 小时，一年工作 365 天，那么要想把上面的小程序的所有路径测试完，则约需要 5×10^{49} 年。

这是不可能完成的任务，真正做到完全覆盖是很困难的，所以，必须依据一定的方法指导，把覆盖路径数目压缩到一定可接受的限度。

6.4　路 径 分 析

从广义的角度讲，任何有关路径分析的测试都可以被称为路径测试，简单地说，路径测试就是从程序的一个入口开始，执行所经历的各个语句，最终到达程序出口的一个完整过程。

从上一节的论述中可以发现要实施完全路径覆盖是不现实的，是一个不可能完成的任务，必须依据一定的方法指导，把覆盖路径数目压缩到一定可接受的限度。常用的路径分析方法有基本路径测试、循环测试等。

【扫一扫：微课视频】
（推荐链接）

6.4.1　基本路径测试

如果把覆盖的路径数压缩到一定限度内，例如，程序中的循环体只执行零次和一次，这就是基本路径测试。

它是在程序控制流图的基础上，通过分析控制构造的环路复杂性，导出基本可执行路径集合，从而设计测试用例的方法。设计出的测试用例要保证在测试中，程序的每一个可执行语句至少要执行一次。下面以例子为说明，讲述用基本路径测试方法实施白盒子测试的步骤和过程。

【例 6-4】针对下面的程序，使用基本路径测试方法实施白盒子测试。

```
void sort(int iRecordNum,int iType)
{
①int x=0;
②int y=0;
③while(iRecordNum > 0)
 {
④    if(0==iType)
      {
⑤        x=y+2;
⑥        break;
      }
      else
      {
⑦        if(1==iType)
```

```
        {
⑧           x=y+10;
        }
        else
        {
⑨           x=y+20;
        }
    }
⑩   iRecordNum- -;
  }
⑾return;
}
```

步骤一：画出程序的控制流图，如图 6-9 所示。

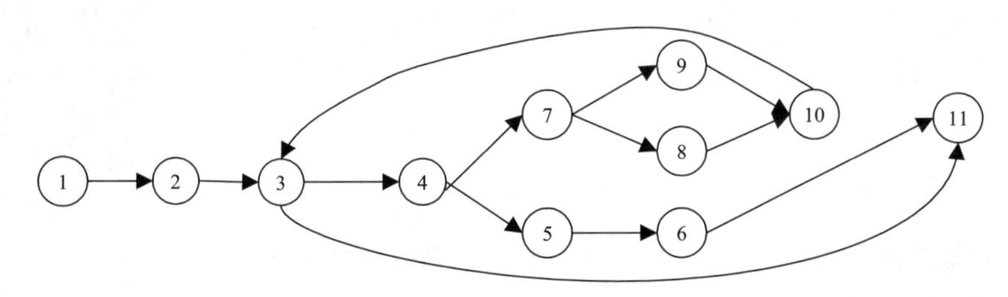

图 6-9　程序的控制流图

步骤二：计算环形复杂度。

【扫一扫：微课视频】
（推荐链接）

环形复杂度是一种为程序逻辑复杂性提供定量测度的软件度量，将该度量用于计算程序的基本的独立路径数目，要测试的基本的独立路径数等于计算得到的环形复杂度。

有以下三种方法计算环形复杂度：

方法一：流图中区域的数量对应于环型的复杂性；区域就是一个个由边和结点封闭起来的单独的圈，另外，所有封闭圈以外的范围也当作是一个区域。

方法二：给定流图 G 的环形复杂度 $V(G)$，定义为 $V(G)=E-N+2$，E 是流图中边的数量，N 是流图中结点的数量。

方法三：给定流图 G 的环形复杂度 $V(G)$，定义为 $V(G)=P+1$，P 是流图 G 中判定结点（即分支结点）的数量。

对应步骤一所画的程序控制流图，分别使用 3 种方法计算程序的环形复杂度：

方法一：

分析程序的控制流图可以发现，如图 6-10 所示，图中有 4 个区域，所以，给定控制流图 G 的环形复杂度 $V(G)=4$。

方法二：

分析程序的控制流图可以发现，图中有 13 条边，11 个结点，所以，给定控制流图 G 的环形复杂度 $V(G)=13-11+2=4$。

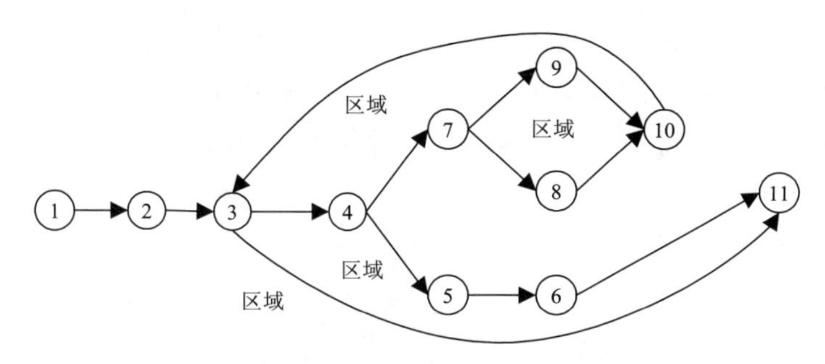

图 6-10 控制流图的 4 个区域

方法三：

分析程序的控制流图可以发现，图中有 3 个判定结点，结点③、④、⑦，所以，给定控制流图 G 的环形复杂度 $V(G)=3+1=4$。

步骤三：设计独立路径。

根据步骤二得到的环形复杂度为 4，那么，要测试的基本的独立路径数就是 4 条。为了确保所有语句至少执行一次，设计独立路径时，每条新的独立路径必须包含一条在之前定义不曾用到的边。即，和其他的独立路径相比，至少引入了一个新处理语句或一个新判断的程序通路。

可以设计独立路径如下：

路径一：①②③⑪

路径二：①②③④⑤⑥⑪

路径三：①②③④⑦⑧⑩③⑪

路径四：①②③④⑦⑨⑩③⑪

步骤四：设计测试用例。

为满足步骤三设计的 4 条独立路径，可以设计 4 个测试用例测试 4 条独立路径，如表 6-6 所示。

表 6-6 独立路径测试用例

测试用例	所走路径
iRecordNum=0　　iType=0	L1：①②③⑪
iRecordNum=1　　iType=0	L2：①②③④⑤⑥⑪
iRecordNum=1　　iType=1	L3：①②③④⑦⑧⑩③⑪
iRecordNum=1　　iType=2	L4：①②③④⑦⑨⑩③⑪

6.4.2 循环测试

一般情况下，在包含循环的程序中直接使用路径覆盖测试，那将会是一场噩梦，是一个不可能完成的任务。那么，依据一定的方法指导来测试循环结构就变得非常必要，循环测试也是一种路径分析的白盒子测试方法，它注重于测试循环构造的有效性。

在循环测试前，必须要将程序的循环结构分类，然后，根据不同的分类分别采用不同的技巧来实施测试。可以分为 4 种循环：简单循环、串接（连锁）循环，如图 6-11 所示，以及嵌套循环、不规则循环，如图 6-12 所示。

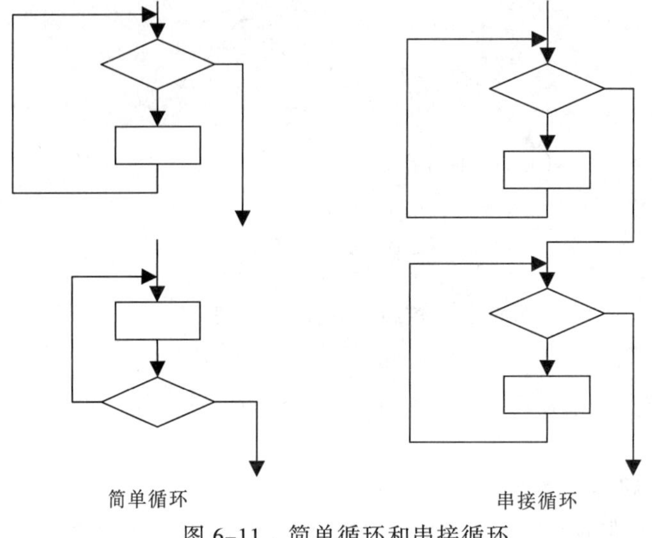

图 6-11　简单循环和串接循环

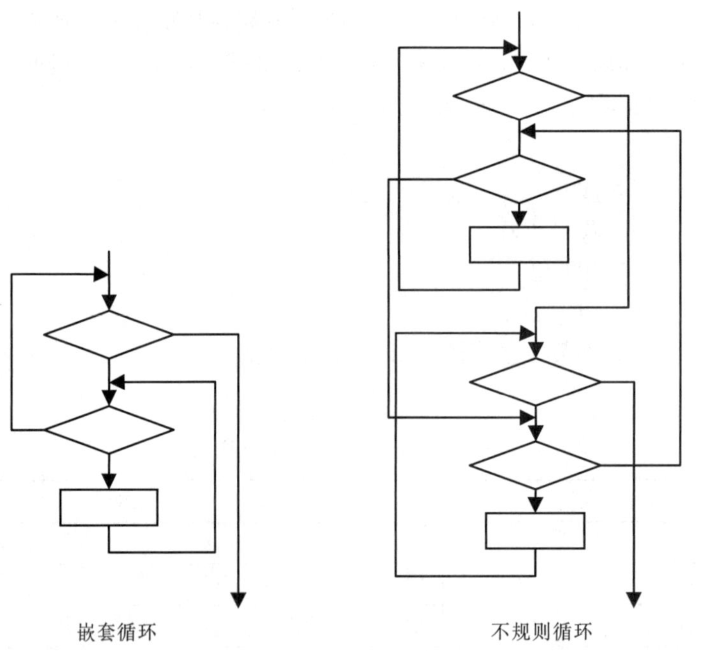

图 6-12　嵌套循环和不规则循环

对于简单循环，测试应包括以下几种（其中的 n 表示循环允许的最大次数）:

（1）零次循环：从循环入口直接跳到循环出口。

（2）一次循环：查找循环初始值方面的错误。

（3）二次循环：检查在多次循环时才能暴露的错误。

（4）m 次循环：此时的 $m<n$，也是检查在多次循环时才能暴露的错误。

（5）n（最大）次数循环，$n-1$（比最大次数少一）次的循环，$n+1$（比最大次数多一，非法值）次的循环。

对于嵌套循环，不能将简单循环的测试方法简单地扩大到嵌套循环，因为可能的测试数目将随嵌套层次的增加呈几何倍数增长。这可能导致一个天文数字的测试数目。下面是一种有助于减少测试数目的测试方法：

（1）从最内层循环开始，设置所有其他层的循环为最小值。

（2）对最内层循环做简单循环的全部测试。测试时保持所有外层循环的循环变量为最小值。另外，对越界值和非法值做类似的测试。

（3）逐步外推，对其外面一层循环进行测试。测试时保持所有外层循环的循环变量取最小值，所有其他嵌套内层循环的循环变量取“典型”值。

（4）反复进行，直到所有各层循环测试完毕。

（5）对全部各层循环同时取最小循环次数，或者同时取最大循环次数。对于后一种测试，由于测试量太大，需人为指定最大循环次数。

对于串接循环，要区别两种情况：

（1）如果各个循环互相独立，则串接循环可以用与简单循环相同的方法进行测试。

（2）如果有两个循环处于串接状态，而前一个循环的循环变量的值是后一个循环的初值。则这几个循环不是互相独立的，则需要使用测试嵌套循环的办法来处理。

对于不规则循环，在程序开发时应尽量避免，这常常会导致逻辑混乱，现今的编程语言都不鼓励这种做法。对于不规则循环，是不能应用循环测试的，应重新设计循环结构，使之成为其他循环方式，然后再进行测试。

小　结

1. 白盒子测试是根据被测程序的内部结构设计测试用例的一种测试方法，又称为结构分析。白盒子测试分析被测程序的内部结构，将测试的焦点集中在根据其内部结构设计测试用例。

2. 常用的白盒子测试方法有：数据流分析、逻辑覆盖、路径分析等。

3. 程序控制流图中只有二种图形符号，即结点和控制流线。结点：由带有标号的圆圈表示，可以代表一个或多个语句、一个条件判断结构或一个函数程序块。控制流线：由带有箭头的弧或线表示，可称为边，代表程序中的控制流。

4. 所谓数据流分析是指在不运行被测程序的情况下，对变量的定义、引用进行分析，以检测数据的赋值与引用之间是否出现不合理的现象，如引用了未赋值的变量，对已经赋值过的变量再定义等数据流异常现象。

5. 数据流分析中只考虑两种情况，若语句 m 执行时改变了变量 X 的值，则称语句 m 定义了变量 X；若语句 n 执行时引用了变量 X 的值，则称语句 n 引用了变量 X。

6. 由于覆盖测试的目标不同，逻辑覆盖又可分为：语句覆盖、判定覆盖、条件覆盖、判定—条件覆盖、条件组合覆盖及路径覆盖。语句覆盖是最弱的覆盖准则，路径覆盖是最强的覆盖准则。

7. 简单地说，路径测试就是从程序的一个入口开始，执行所经历的各个语句，最终到达程序出口的一个完整过程。如果把覆盖的路径数压缩到一定限度内，例如，程序中的循环体只执行零次和一次，这就是基本路径测试。

8. 基本路径测试是在程序控制流图的基础上，通过分析控制构造的环路复杂性，导出基本可执行路径集合，从而设计测试用例的方法。设计出的测试用例保证了在测试中，程序的每一个可执行语句至少执行了一次。

9. 在循环测试前，必须要将程序的循环结构分类，然后，根据不同的分类分别采用不同的技巧来实施测试。循环结构可以分为4类：简单循环，串接（连锁）循环，嵌套循环和不规则循环。

思考与练习

1. 请判断对错：单元测试通常应该先进行“人工走查”，再以白盒法为主，辅以黑盒法进行动态测试。

2. 请判断对错：测试只要做到语句覆盖和分支覆盖，就可以发现程序中的所有错误。

3. 请判断对错：白盒测试方法比黑盒测试方法好。

4. 请判断对错：一个程序中所含有的路径数与程序的复杂程度有着直接的关系。

5. 请判断对错：Junit是一个开源的Java单元测试框架。

6. 请判断对错：采用自动化测试有可能延误项目进度。

7. 请简述常用的白盒子测试方法有哪些。

8. 请你将图6-13所示的流程图转换为控制流图，并估算至少需要多少个测试用例完成逻辑覆盖。

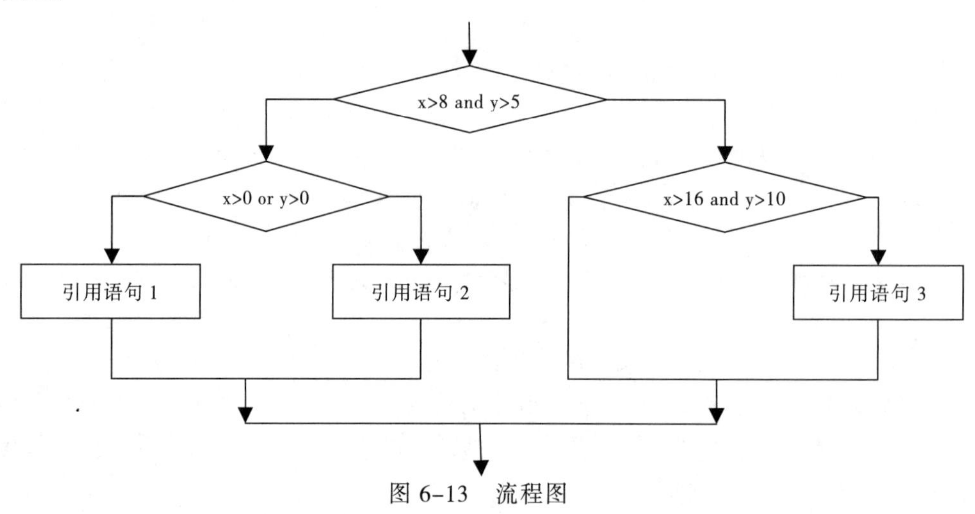

图6-13　流程图

请针对图6-13所示的流程图进行基本路径测试，写出测试用例。

9. 下面有一段C语言写的代码，用于从3个数中挑选一个最大数。请使用白盒子中的逻辑覆盖测试方法设计测试用例进行测试。

```
int max(int a,int b,int c)
{
    int d;
    if(a>b,a>c)d=a;
    if(b>a,b>c)d=b;
    if(c>a,c>b)d=c;
    else d=d;
```

```
    return(d);
}
```

10. 针对上面的题目，继续完成，请使用白盒子中的基本路径分析测试方法设计测试用例进行测试。

11. 下面有一段 C 语言写的代码，用于将考试分数转换为成绩等级。规则是：考试分数≥90 分的同学用 A 表示，60～89 分之间的用 B 表示，60 分以下的用 C 表示。请使用白盒子中的逻辑覆盖测试方法设计测试用例进行测试。

```
void change(int score)
{
  char grade;
  grade=score>=90?'A':(score>=60?'B':'C');
  printf("%d belongs to %c",score,grade);
}
```

12. 下面有一段 C 语言写的代码，用于将一组整数进行排序，请使用白盒子中的基本路径分析测试方法设计测试用例进行测试。

```
void BubbleSort(int *arr,int sz){  // arr 为待排序数组，sz 为数组元素个数
    int i=0;
    int j=0;
    assert(arr);
    for(i=0;i<sz-1;i++){
        for(j=0;j<sz-i-1;j++){
            if(arr[j]>arr[j+1]){
                int tmp = arr[j];
                arr[j] = arr[j+1];
                arr[j+1] = tmp;
            }
        }
    }
}
```

13. 现在有一个项目需求如下：从键盘中输入一个不超过 40 个字符的字符串，再输入一个位数，删除对应位数的字符，然后输出删除指定字符后的字符串。

请找一组同学扮演软件开发工程师，编写代码，并提交程序；另外再找一组同学扮演软件测试工程师，编写测试用例，执行测试用例，并提交缺陷。

14. 现在有一个项目需求如下：企业发放的奖金根据利润提成。利润(I)低于或等于 10 万元时，奖金可提 10%；利润高于 10 万元，低于 20 万元时，低于 10 万元的部分按 10%提成，高于 10 万元的部分，可提成 7.5%；20 万元到 40 万元之间时，高于 20 万元的部分，可提成 5%；40 万元到 60 万元之间时高于 40 万元的部分，可提成 3%；60 万元到 100 万元之间时，高于 60 万元的部分，可提成 1.5%，高于 100 万元时，超过 100 万元的部分按 1%提成。现在需要编写程序，从键盘输入当月利润 I，通过程序显示应发放奖金总数。

请找一组同学扮演软件开发工程师，编写代码，并提交程序；另外再找一组同学扮演软件测试工程师，编写测试用例，执行测试用例，并提交缺陷。

性能测试

重点：

- 理解性能测试的概念。
- 掌握性能测试实施的过程。
- 理解使用 LoadRunner 进行负载测试的 5 个阶段。
- 掌握自动化测试工具的使用。

难点：

- 对性能测试进行规划、设计。
- 使用 VuGen 创建脚本。
- 使用 Analysis 分析结果。

【扫一扫：微课视频】
（推荐链接）

7.1 性能测试概述

【扫一扫：微课视频】
（推荐链接）

性能测试是指为了评估软件系统的性能状况和预测软件系统性能趋势而进行的测试和分析，是通过自动化的测试工具模拟多种正常、峰值以及异常负载条件来对系统的各项性能指标进行测试。

性能测试的目的是为了检查系统的反应、运行速度等性能指标，它的前提是要求在一定负载下检查软件的平均响应时间或者吞吐量是否符合指定的标准。

例如，测试并发在线人数为 1 000 的情况下，检测软件某个典型操作的平均响应时间是否符合小于 5 秒的指标值。

例如，在另外一种情况下，某收费系统软件在一定的时间周期内（t）必须处理 N 笔交易，可以设定性能测试的目标是检测软件典型交易的吞吐量是否符合大于 20 笔交易/秒的指标值等。

随着软件产业发展的成熟，现在的软件开发也越来越注重软件质量、要求越来越规范，一般情况下，甲乙双方合作时，都会在所签订的合同上明确提出性能要求，例如：①某个事务的响应时间最大不超过 15 秒；②能够同时容纳 1 000 人在线并发操作；③TPS（每秒事务数）要达到 20 以上，一个月内的业务量能够完成 5 千万业务额以上；④系统能够满足今后 10 年内正常的数据容量要求，比如说，在达到 1 千万个用户、1 千亿条短信、1 亿个通话记录时，系统依然能够正常、流畅操作。

7.2 实施性能测试的过程

实施性能测试的过程，就是逐渐增加负载，直到系统的瓶颈或者不能接收的性能点，通过综合分析交易执行指标和资源监控指标来确定系统并发性能的过程。

实施性能测试的过程是一个负载测试和压力测试的过程，负载测试和压力测试都属于性能测试，两者可以结合进行。

负载测试（Load Testing）是确定在各种工作负载下系统的性能，目标是测试当负载逐渐增加时，系统组成部分的相应输出项，例如通过量、响应时间、CPU 负载、内存使用等来决定系统的性能。负载测试是一个分析软件应用程序和支撑架构、模拟真实环境的使用，从而来确定能够接收的性能过程。

压力测试（Stress Testing）是通过确定一个系统的瓶颈或者不能接收的性能点，来获得系统能提供的最大服务级别的测试。

在这里，重点是实施性能测试必须要以真实的业务为依据，选择有代表性的、关键的业务操作设计测试案例，以评价系统的当前性能。在实施性能测试之前必须要进行相应的测试计划设计，例如，在测试“某电子商务系统”的性能时，可以选取商品购买模块进行负载测试，并设计测试计划如表 7-1 所示。

表 7-1　对商品购买模块进行负载测试的测试计划

测试用例	测试“电子商务系统”的商品购买模块在多用户并发访问时的性能指标					
前提条件	系统已部署到实际运行环境，硬件设备详细见需求规格说明书					
测试步骤	1. 已注册用户登录进入系统； 2. 进入商品页面； 3. 单击商品信息后的购买链接，添加到购物车； 4. 单击购物车链接进入购物车展示页面，修改购物车里信息或者删除购物车里商品； 5. 单击【结算中心】按钮，进入结算页面； 6. 填写用户信息，单击【提交】，生成订单； 7. 跳转到购物成功页面； 8. 单击查看订单，查看订单详细产品信息					
备　注	商品购买模块性能测试是指检测多用户并发的情况下商品购买模块在不同负载条件下的性能指标，以便得出该模块可以承受的最大压力（根据被测系统的硬件配置条件，预估最大可承受在 1 000 个 Vuser）					
用例编号	运行时间（秒）	Vuser 数（个）	要求响应时间（秒）	平均响应时间（秒）	RPS（每秒事务数）	通过的总事务数（个）
1		1	<5			
2		5	<5			
3		50	<5			
4		100	<5			
5		200	<5			
6		500	<15			
7		1 000	<15			

性能测试是在客户端执行的黑盒测试，通过手工来模拟多用户并发访问，这是不可能完成的任务，一般都需要使用自动化测试工具来进行测试。性能测试工具有很多，著名的性能测试工具有 LoadRunner、QALoad、Benchmark Factory 和 Webstress 等。

7.3 性能分析名词解释

1. 并发

并发是指多个同时发生的操作。狭义上的并发是指：所有用户在同一时间点进行同样的操作，一般指同一类型的业务场景，比如 1 000 个用户同时登录系统；广义上的并发是指：多个用户与系统发生了交互，这些业务场景可以是相同的也可以是不同的，交叉请求和处理较多。

【扫一扫：微课视频】

（推荐链接）

2. 事务平均响应时间

事务平均响应时间（Average Transaciton Response Time）显示的是测试场景运行期间的每一秒内事务执行所用的平均时间，通过它可以分析测试场景运行期间应用系统的性能走向。

例如：随着测试时间的变化，系统处理事务的速度开始逐渐变慢，这说明应用系统随着投产时间的变化，整体性能将会有下降的趋势。

3. 每秒通过事务数

每秒通过事务数（Transactions per Second，TPS）显示在场景运行的每一秒钟，每个事务通过、失败以及停止的数量，是考查系统性能的一个重要参数。通过它可以确定系统在任何给定时刻的时间事务负载。分析 TPS 主要是看曲线的性能走向。

将它与平均事务响应时间进行对比，可以分析事务数目对执行时间的影响。例如：当压力加大时，点击率/TPS 曲线如果变化缓慢或者有平坦的趋势，很有可能是服务器开始出现瓶颈。

4. 每秒点击次数

每秒点击次数（Hits per Second），即运行场景过程中虚拟用户每秒向 Web 服务器提交的 HTTP 请求数。

通过它可以评估虚拟用户产生的负载量，如将其和“平均事务响应时间”图比较，可以查看点击次数对事务性能产生的影响。通过对查看“每秒点击次数”，可以判断系统是否稳定。系统点击率下降通常表明服务器的响应速度在变慢，需进一步分析，发现系统瓶颈所在。

5. 首字节响应时间和末字节响应时间

首字节响应时间（Time to First Byte，TTFB），度量首字节的响应时间，指向服务器发送请求与接收到响应的第一个字节之间的时间。

末字节响应时间（Time to Last Byte，TTLB），度量末字节的响应时间，指向服务器发送请求与接收到响应的最后一个字节之间的时间。

6. 吞吐率

吞吐率（Throughput）显示的是场景运行过程中服务器的每秒的吞吐量。其度量单位是字节，表示虚拟用在任何给定的每一秒从服务器获得的数据量。

可以依据服务器的吞吐量来评估虚拟用户产生的负载量，看出服务器在流量方面的处理能力以及是否存在瓶颈。

7. 资源利用率

资源利用率指的是对不同系统资源的使用程度，例如，服务器的 CPU 利用率、磁盘利用率等。

资源利用率是分析系统性能指标而改善性能的主要依据，因此它是 Web 性能测试工作的重点。资源利用率主要针对 Web 服务器、操作系统、数据库服务器、网络等，是测试和分析瓶颈的主要参数。在性能测试中，要根据需求采集具体的资源利用率参数来进行分析。

7.4 LoadRunner 简介

LoadRunner 是一种用于预测系统行为和性能的负载测试工具。通过以模拟上千万用户实施并发负载及实时性能监测的方式来确认和查找问题，LoadRunner 能够对整个企业架构进行测试。企业使用 LoadRunner 能最大限度地缩短测试时间，优化性能和加速应用系统的发布周期。LoadRunner 可适用于各种体系架构的自动负载测试，能预测系统行为并评估系统性能。

在当前的“互联网+”“大数据”的大环境下，企业的网络应用环境都必须支持大量用户，网络体系架构中含各类应用环境且由不同供应商提供软件和硬件产品。难以预知的用户负载和愈来愈复杂的应用环境使公司时时担心会发生用户响应速度过慢、系统崩溃等问题。这些都不可避免地导致公司收益的损失。HP 的 LoadRunner 能让企业保护自己的收入来源，无须购置额外硬件而最大限度地利用现有的 IT 资源，并确保终端用户在应用系统的各个环节中对其测试应用的质量、可靠性和可扩展性都有良好的评价。

LoadRunner 的测试对象是整个企业的系统，通过模拟实际用户的操作行为和实行实时性能监测，来帮助企业客户更快地查找和发现问题。LoadRunner 能支持广范的协议和技术。

LoadRunner 的主要功能包括以下几个方面：①可以批量创建虚拟用户，模拟真实负载；②性能测试自动化；③性能监控；④直观的结果分析。

7.4.1 批量创建虚拟用户模拟真实负载

使用 LoadRunner 的 Virtual User Generator，可以很简便地创立起系统负载。该引擎能够生成虚拟用户，以虚拟用户的方式模拟真实用户的业务操作行为。它先记录下业务流程（例如机票预订），然后将其转化为测试脚本。利用虚拟用户，可以在一台或多台联合的机器上同时批量创建出成千上万个虚拟用户访问。所以 LoadRunner 能极大地减少负载测试所需的硬件和人力资源，如图 7-1 所示。

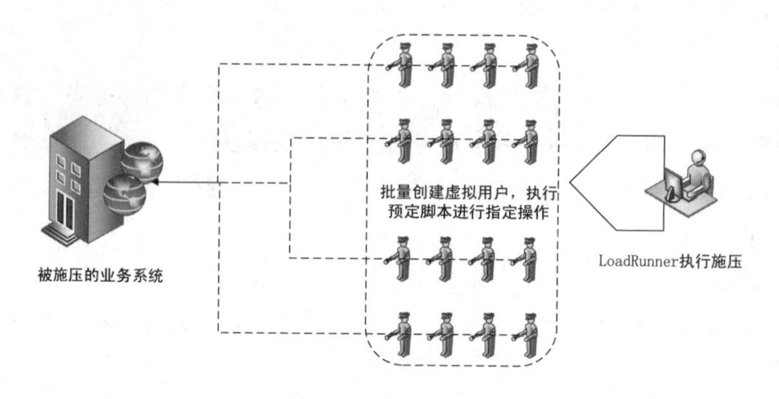

图 7-1　LoadRunner 批量创建虚拟用户，模拟真实负载

同时，用 Virtual User Generator 建立测试脚本后，可以对其进行参数化操作，这一操作能利用几套不同的实际发生数据来测试应用程序，从而反映出本系统的负载能力。以一个订单输入过程为例，参数化操作可将记录中的固定数据，如订单号和客户名称，由可变值来代替。在这些变量内随意输入可能的订单号和客户名，来匹配多个实际用户的操作行为。

7.4.2　性能测试自动化

虚拟用户建立起后，可以设定负载方案、业务流程组合和虚拟用户数量。用 LoadRunner 的 Controller，可以很快组织起多用户的测试方案。Controller 提供了一个互动的环境，在其中既能建立起持续且循环的负载，又能管理和驱动负载测试方案。

【扫一扫：微课视频】
（推荐链接）

而且，可以利用它的日程计划服务来定义用户在什么时候访问系统以产生负载。这样，就能将测试过程自动化。同样，还可以用 Controller 来限定负载方案，在这个方案中所有的用户同时执行一个动作，例如，登录到一个库存应用程序来模拟峰值负载的情况。另外，还能监测系统架构中各个组件的性能，包括服务器、数据库、网络设备等，来帮助客户决定系统的配置。

自动化性能测试的核心是向预部署系统施加工作负载，同时评估系统性能和最终用户体验。一次组织合理的性能测试可以让用户清楚以下几点：

- 应用程序对目标用户的响应是否足够迅速。
- 应用程序是否能够游刃有余地处理预期用户负载。
- 应用程序是否能够处理业务所需的事务数。
- 在预期和非预期用户负载下应用程序是否稳定。
- 是否能够确保用户在使用此应用程序时感到满意。

7.4.3　性能监控

LoadRunner 内含集成的实时监测器，在负载测试过程的任何时候，都可以观察到应用系统的运行性能。这些性能监测器实时显示交易性能数据（如响应时间）和其他系统组件包括 Application Server、Web Server、网络设备和数据库等的实时性能。这样，就可以在测试过程中从客户和服务器的双方面评估这些系统组件的运行性能，从而更快地发现问题。

利用 LoadRunner 的 ContentCheck TM，可以判断负载下的应用程序功能正常与否。ContentCheck 在虚拟用户运行施压时，检测应用程序的网络数据包内容，从中确定是否有错误内容传送出去。它的实时浏览器帮助测试员从终端用户角度观察程序性能状况。

7.4.4　直观的结果分析

测试完毕后，LoadRunner 收集汇总所有的测试数据，并提供高级的分析和报告工具，以便迅速查找到性能问题并追溯缘由。使用 LoadRunner 的 Web 交易细节监测器，可以了解到将所有的图像、框架和文本下载到每一网页上所需的时间。例如，这个交易细节分析机制能够分析是否因为一个大尺寸的图形文件或是第三方的数据组件造成应用系统运行速度减慢。

另外，Web 交易细节监测器分解用于客户端、网络和服务器上端到端的反应时间，便于确认问题，定位查找真正出错的组件。例如，可以将网络延时进行分解，以判断 DNS 解析时间，连接服务器或 SSL 认证所花费的时间。通过使用 LoadRunner 的分析工具，能很快地查找到出错的位置和原因并作出相应的调整。

7.5　使用 LoadRunner 进行负载测试的流程

假设，要想知道某一个 Web 应用程序的性能表现情况，比如，HP Web Tours——航空订票网站的性能表现情况，以确定该应用程序在多个（或者是批量）用户同时执行某事务时的反应情况。那么，使用自动化测试工具 LoadRunner 就可以很快速地建立测试、反馈、分析测试结果了。例如，可以使用 LoadRunner 创建 1 000 个 Vuser（代表 1 000 个用户），这些 Vuser 可同时在该应用程序中进行登录、预订机票等操作。

一般情况下，使用 LoadRunner 进行负载测试一般包括 5 个阶段：规划、创建脚本、定义场景、运行场景和分析结果。

① 规划。定义性能测试要求，例如并发用户数量、典型业务流程和要求的响应时间。

② 创建脚本。使用 Virtual User Generator 在自动化脚本中录制最终用户活动。

③ 定义场景。使用 LoadRunner Controller 设置负载测试环境。

④ 运行场景。使用 LoadRunner Controller 驱动、管理并监控负载测试。

⑤ 分析结果。使用 LoadRunner Analysis 创建图和报告并评估性能。

7.5.1　案例介绍——航空订票网站

使用 HP LoadRunner 可以创建模拟场景，并定义性能测试会话期间发生在场景中的事件。在场景中，LoadRunner 会用虚拟用户（或称 Vuser）代替物理计算机上的真实用户。这些 Vuser 以一种可重复、可预测的方式模拟典型用户的操作，对系统施加负载。

LoadRunner 在安装时已经配置了一个 Web 事例网站 WebTours（航空订票网站）供初学者进行测试使用。在这里，为了讲述 LoadRunner 的使用，我们就以 WebTours（航空订票网站）作为被测对象，使用 LoadRunner 录制脚本、创建场景并实施施压。

（1）启动事例网站的 Web 服务。单击【开始】→【所有程序】→【HP LoadRunner】→【Samples】→【Web】，选择【Start Web Server】启动事例网站 Web 服务，如图 7-2 所示。

事例网站 Web 服务成功启动后，会在任务栏显示绿色图标，如图 7-3 所示。

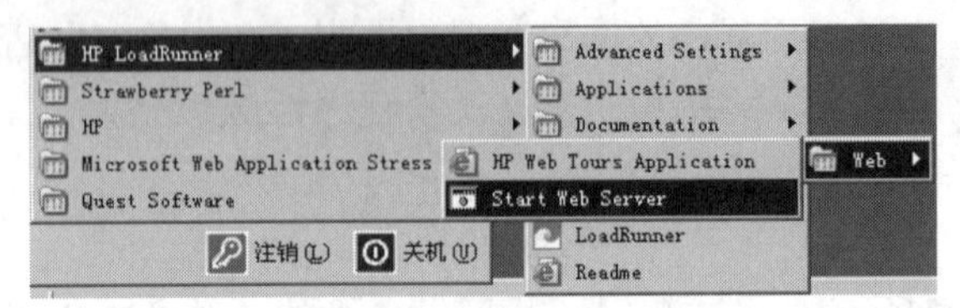

图 7-2　选择【Start Web Server】

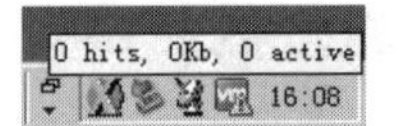

图 7-3　显示绿色图标

右击该图标，可以打开 Web 服务的属性窗口，如图 7-4 所示。

通过该 Web 服务的属性窗口，我们可以知道 Web 网站当前的连接数、最大连接数和请求数等详细信息。

（2）打开事例网站。单击【开始】→【所有程序】→【HP LoadRunner】→【Samples】→【Web】，选择【HP Web Tours Application】打开网站，如图 7-5 所示。

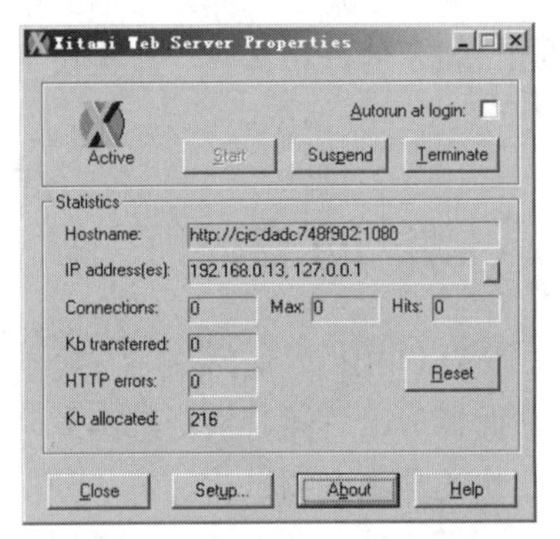

图 7-4　Web 服务的属性对话框

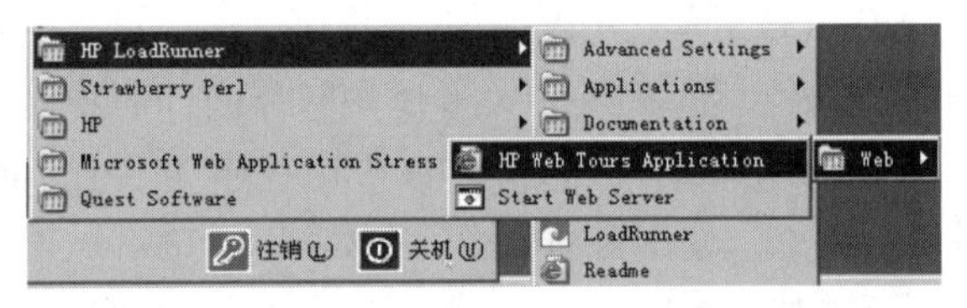

图 7-5　选择【HP Web Tours Application】

网站打开后将默认进入到用户登录页面，如图 7-6 所示。

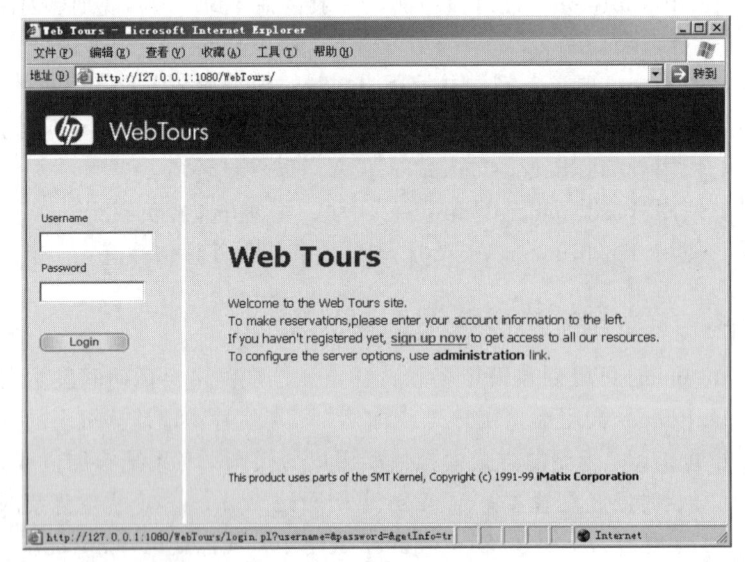

图 7-6　用户登录页面

（3）注册登录所需的用户账户，单击网站上的【sign up now】按钮，将会打开注册页面。输入需要注册的用户信息（例如，用户名 user001、密码 001 等），如图 7-7 所示。

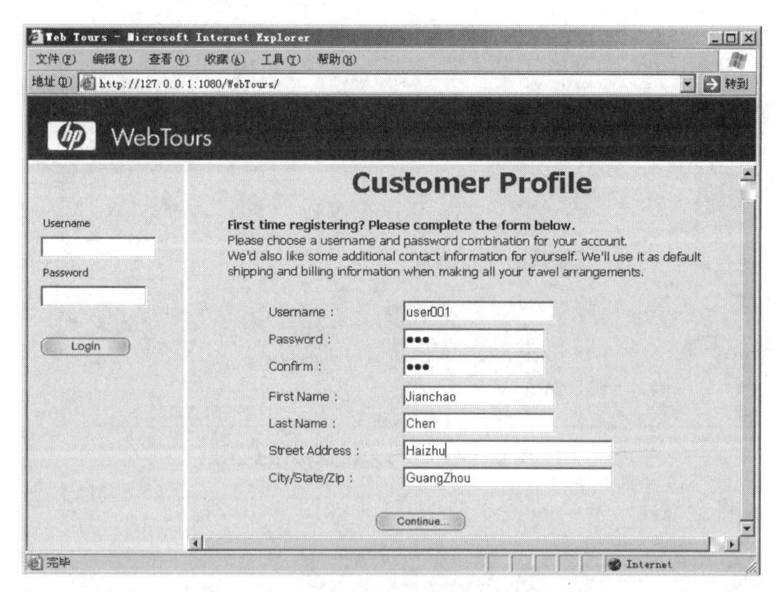

图 7-7　输入需要注册的用户信息

单击【Continue】按钮，显示欢迎信息，表示用户注册已成功，如图 7-8 所示。

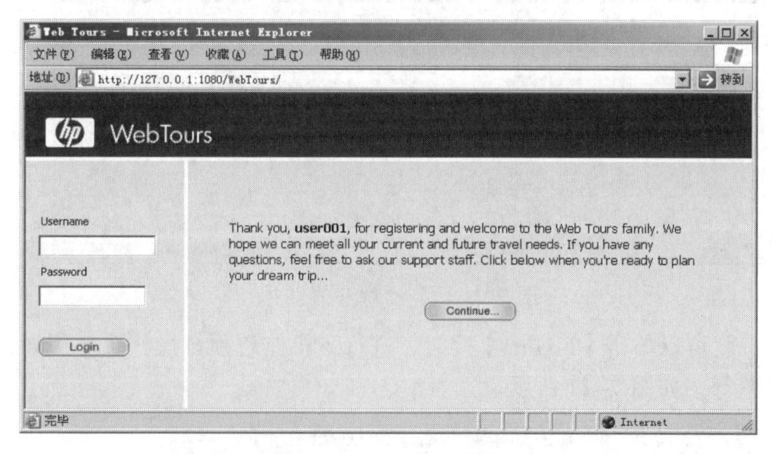

图 7-8　显示欢迎信息

如此类推，注册 5 个登录用户，分别为 user001、user002、user003、user004、user005，密码分别为 001、002、003、004、005，用于后续讲解 Loadrunner 的使用时使用。

（4）注册完成后使用刚才注册的账号登录系统。打开用户登录页面，输入用户名 user001 和密码 001，单击【Login】按钮，如图 7-9 所示。

温馨提示：为了方便后续的操作，在浏览器提示“是否保存用户名和密码”时，单击【否】按钮，不要保存用户名和密码，同时，勾选“不再提示保存用户名和密码”选项。

当忘记注册的账号信息时，可单击进入如下界面【C:\Program Files (x86)\HP\LoadRunner\WebTours\cgi-bin\users】（此为 Loadrunner 默认安装路径，若安装时选择其他路径，则参考以上路径以此打开即可），打开文件夹中将看到几个文件，此为曾经注册过网站的用户名；文件名即为登录账号，右击要查看账号密码的文件，选择【用记事本打开】即可。

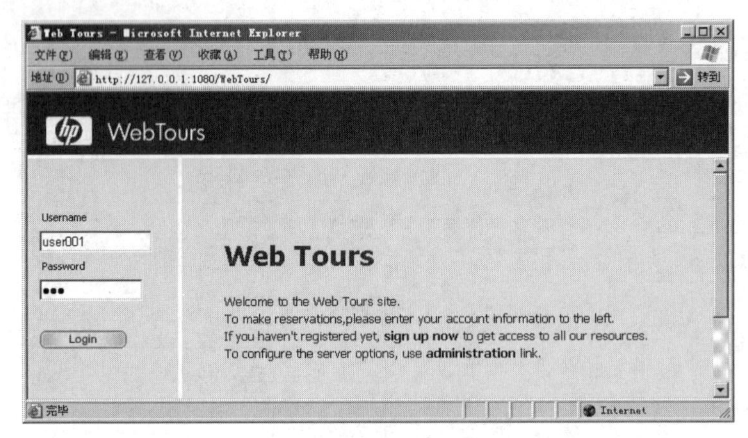

图 7-9　单击【Login】按钮

登录成功后，将会显示“Welcome 欢迎信息”，如图 7-10 所示。

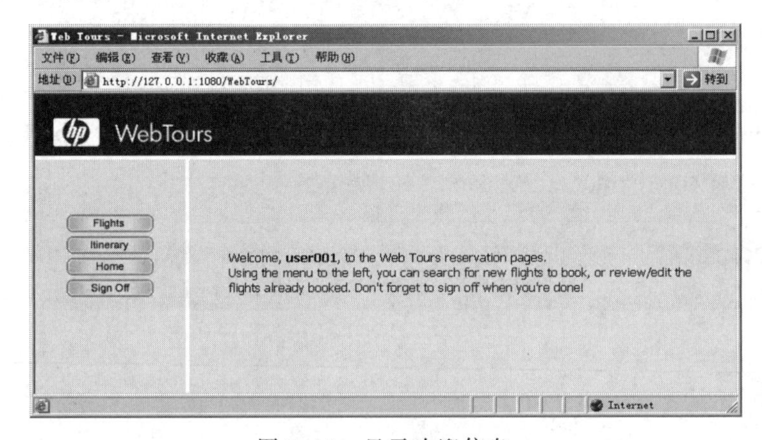

图 7-10　显示欢迎信息

登录成功后，就可以单击【Flights】按钮，进行飞机航班预订操作了。例如，搜索航班、预订机票并下订单等，如图 7-11 所示。

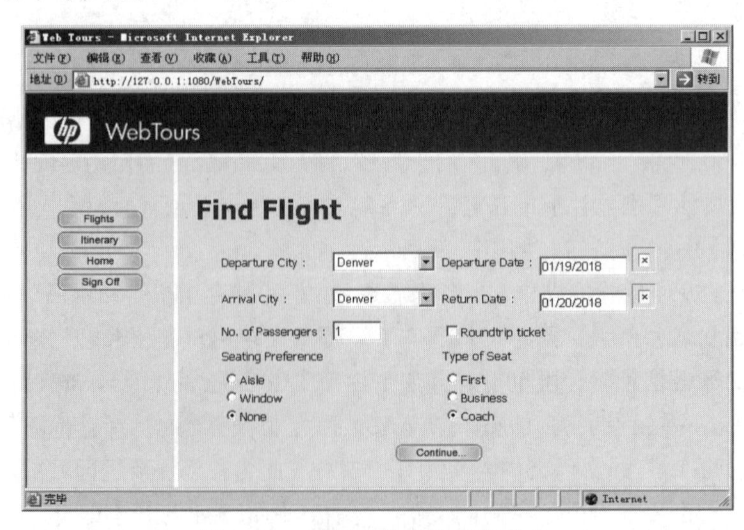

图 7-11　进行飞机航班预订操作

7.5.2 规划负载测试

在任何类型的测试中，测试计划都是必要的步骤。 测试计划是进行成功的负载测试的关键。任何类型的测试的第一步都是制定比较详细的测试计划，一个比较好的测试计划能够保证 LoadRunner 能够完成负载测试的目标。

制定负载测试计划一般情况下需要三个步骤：

第一步，分析应用程序。应该对系统的软硬件以及配置情况非常熟悉，这样才能保证使用 LoadRunner 创建的测试环境真实地反映实际运行的环境。

第二步，确定测试目标。确定要进行施压的业务场景、施压的持续时间等。

第三步，计划怎样执行 LoadRunner。确定要使用 LoadRunner 度量哪些性能参数，根据测量结果计算哪些参数，从而可以确定 Vusers（虚拟用户）的活动，最终可以确定哪些是系统的瓶颈等。

在这里，我们以安装 HP LoadRunner 时自带的 Web 事例网站——WebTours（航空订票网站）作为被测对象，使用 LoadRunner 录制脚本、创建场景并实施施压，讲述使用 LoadRunner 进行负载测试的各个阶段和流程。因为主要目的是讲述 LoadRunner 的操作使用，所以，在这里我们简化需求，把测试的目标选定为：测试“航空订票网站”的登录模块在批量用户操作下的性能表现情况。制定测试计划，如表 7-2 所示。

表 7-2 对用户登录模块进行负载测试的测试计划

测试用例	用户登录模块的性能测试					
测试步骤	前置条件：登录时用到的用户账号已经成功注册。 1. 打开网站的初始登录页面 2. 显示登录页面信息：用户名、密码和登录按钮 3. 输入用户名和密码单击【登录】按钮 4. 验证登录信息，检验登录是否成功					
备 注	用户登录性能测试是指检测用户登录模块在不同负载条件下的性能指标，以便得出该模块可以承受的最大压力。（根据被测系统的硬件配置条件，预估最大可承受在 1000 个 Vuser 左右）					
用例编号	运行时间（s）	Vuser 数（个）	要求响应时间（s）	平均响应时间（s）	RPS（每秒事务数）	通过的总事务数（个）
1		1	<5			
2		5	<5			
3		50	<5			
4		100	<5			
5		200	<5			
6		500	<15			
7		1000	<15			

7.5.3 创建 Vuser 脚本

创建负载测试的第一步是使用 VuGen 录制典型最终用户业务流程。VuGen 以“录制–回放”的方式工作。当在应用程序中执行业务流程步骤时，VuGen 会将操作录制到自动化脚本中，并将其作为负载测试的基础。录制用户活动的过程，可以根据以下几个步骤来完成。

【扫一扫：微课视频】
（推荐链接）

（1）首先应该进行演练操作，手动操作一遍要录制的业务流程，以便检查业务流程的实现是否已经完成、是否存在出错的地方。

打开浏览器，输入地址“http://127.0.0.1:1080/WebTours/”，进入用户初始登录页面，如图 7-12 所示。

图 7-12　进入用户初始登录页面

输入 Username：user001 和 Password：001，单击【Login】按钮。身份验证成功，进入欢迎页面，如图 7-13 所示。

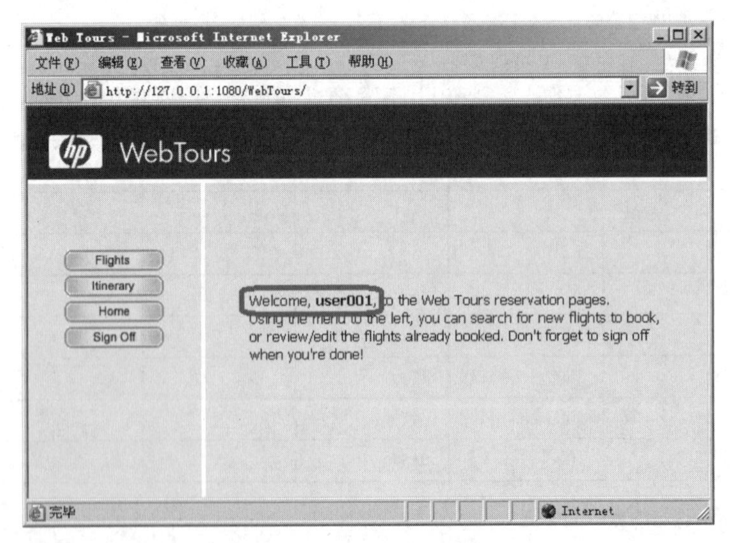

图 7-13　进入欢迎页面

单击【Sign Off】按钮，成功注销登录，回到初始登录页面，如图 7-14 所示。

如果上述功能实现都没有任何问题，那么就可以进入下一步，开始录制脚本了。

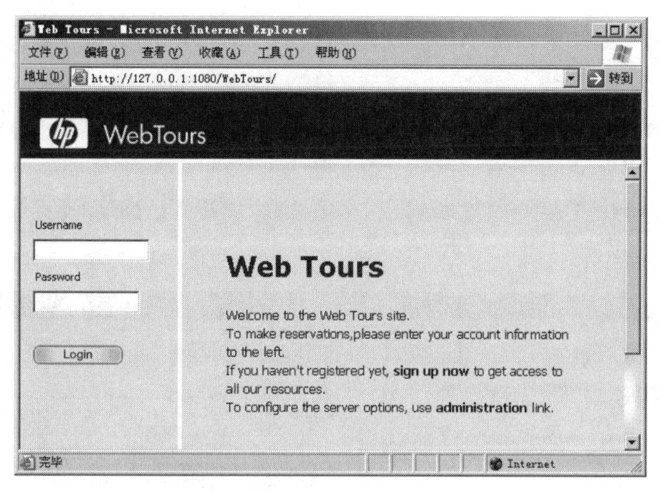

图 7-14　回到初始登录页面

（2）打开 VuGen 并创建一个空白脚本。首先，单击【开始】→【所有程序】→【HP LoadRunner】→【LoadRunner】，启动 LoadRunner，如图 7-15 所示。

图 7-15　选择【LoadRunner】

打开 HP LoadRunner 11.00 的启动窗口，显示如图 7-16 所示。

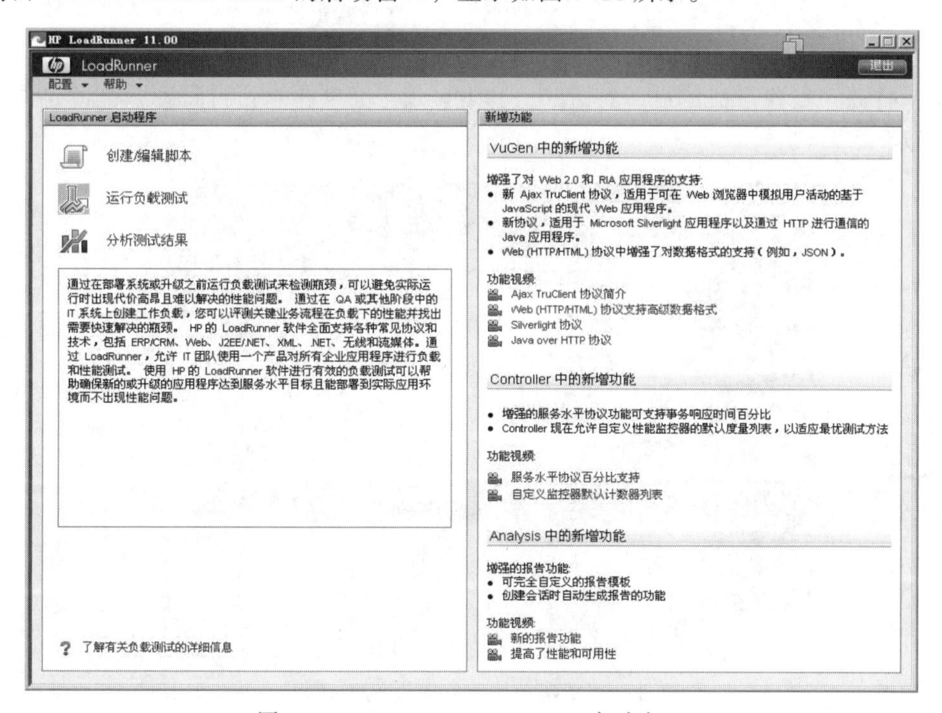

图 7-16　HP LoadRunner 11.00 启动窗口

LoadRunner 包含三个模块：虚拟用户生成器（创建/编辑脚本）、场景控制器（运行负载测试）和结果分析器（分析测试结果）。

（3）打开 VuGen 虚拟用户生成器。在 LoadRunner Launcher 窗格中，单击【创建/编辑脚本】，打开 VuGen 虚拟用户生成器起始页，如图 7-17 所示。

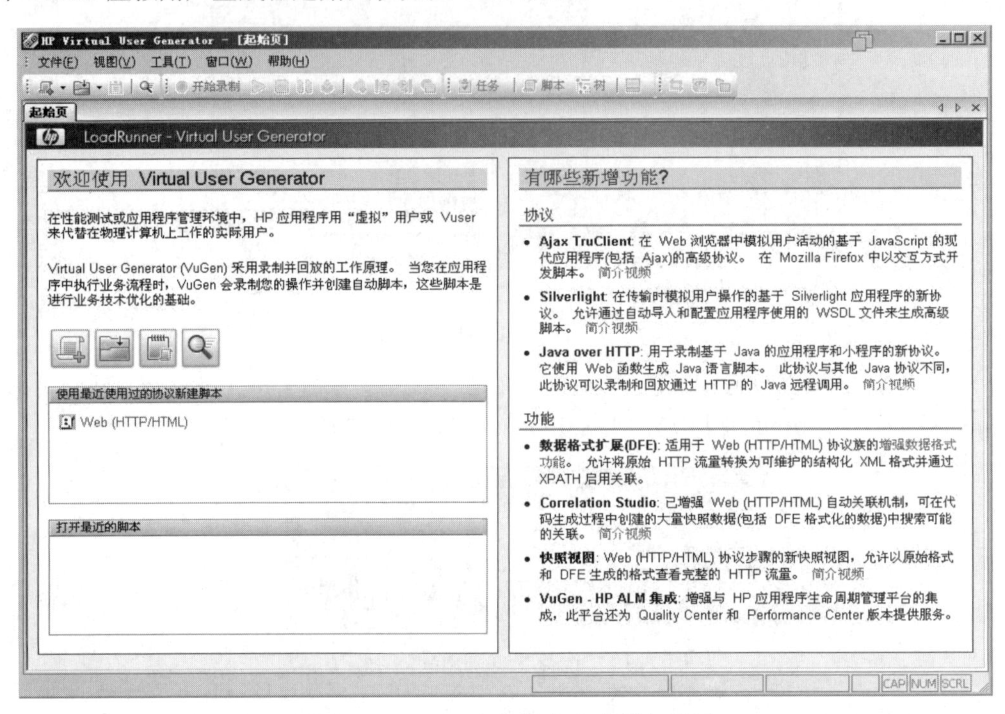

图 7-17　VuGen 虚拟用户生成器起始页

（4）创建一个空白的 Web 脚本。在 VuGen 虚拟用户生成器起始页，单击“新建脚本”快捷按钮，打开“新建虚拟用户”对话框，其中显示了“新建单协议脚本”选择列表，如图 7-18 所示。

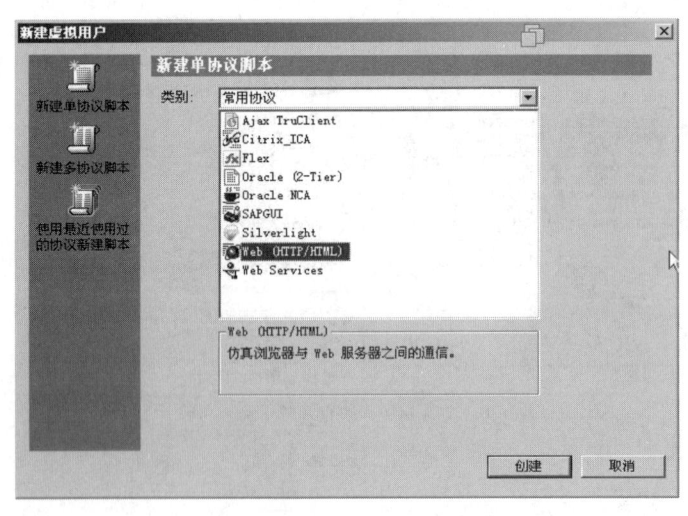

图 7-18　“新建单协议脚本”选择列表

“协议”是客户端用来与系统后端进行通信的语言。HP Web Tours（航空订票网站）是一个基于 Web 的应用程序，访问该 Web 应用程序时使用的是 HTTP 协议（这个也可以从网页访问地址“http://127.0.0.1:1080/WebTours/”中看出）。

因此，我们要创建一个 Web 虚拟用户脚本。“类别”选择“所有协议”，VuGen 将列出适用于单协议脚本的所有可用协议。在列表框中选择“Web (HTTP/HTML)”，并单击【创建】按钮。

空白脚本以 VuGen 的向导模式打开，同时在左侧显示任务窗格，如图 7-19 所示。

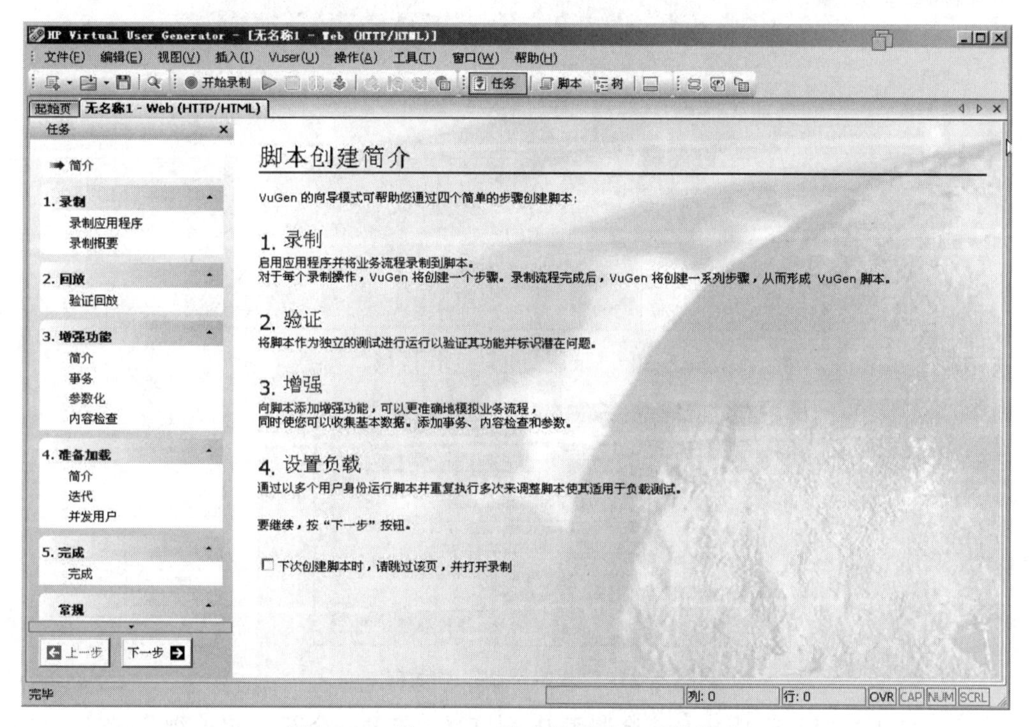

图 7-19　以 VuGen 的向导模式打开空脚本

提示：如果未显示“任务”窗格，请单击工具栏上的 任务 “任务”按钮。

VuGen 的任务向导将指导逐步完成创建脚本并使其适应测试环境的过程，任务窗格列出了脚本创建过程中的各个步骤或任务。在执行各个步骤的过程中，VuGen 都会在窗口的主要区域显示详细说明和指示信息。

（5）录制业务流程以创建脚本。刚才我们已经创建了一个空的 Web 脚本，现在，要按照之前制定的测试计划，录制真实用户所执行的操作，VuGen 会直接将用户录制的操作转换为脚本代码，并插入到这一个空的 Web 脚本中。

在“任务”窗格中的“录制”栏，单击“录制应用程序”，打开“录制简介”工作区域，如图 7-20 所示。

单击工作区域的【开始录制】按钮（或者单击快捷栏的 “开始录制”按钮），打开“开始录制”对话框。在“URL 地址”框中，输入：http://127.0.0.1:1080/WebTours/。在“录制到操作”框中，选择“Action”，勾选“录制应用程序启动”复选框，其他的输入框使用默认选项，如图 7-21 所示。

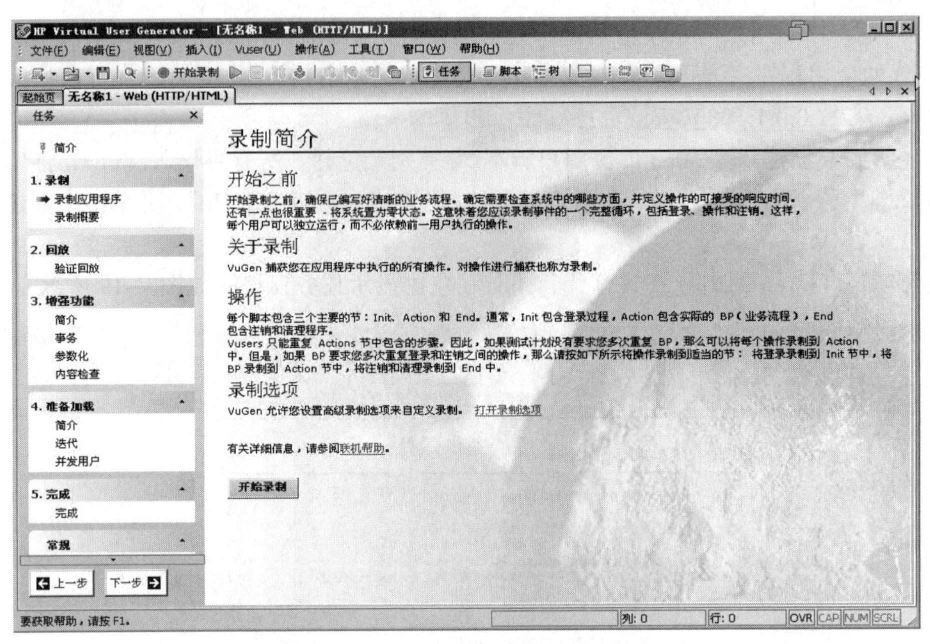

图 7-20 “录制简介”工作区域

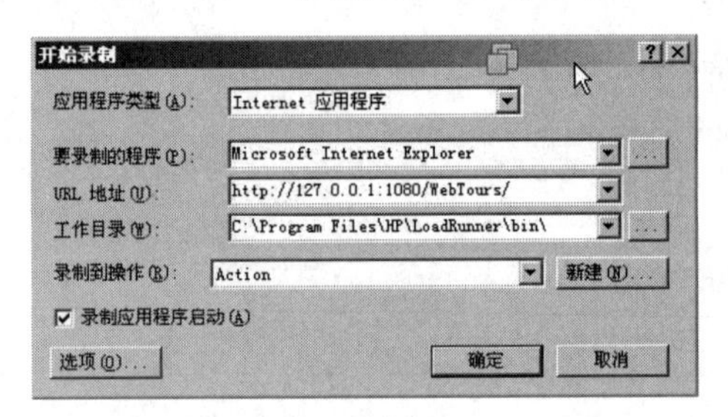

图 7-21 “开始录制”对话框

单击【确定】按钮，这时 VuGen 会调用 IE 浏览器，打开一个新的 Web 浏览窗口，并显示 HP Web Tours 网站的用户初始登录页面。同时，VuGen 会打开浮动的“正在录制”工具栏，并一直记录真实用户当前的操作，如图 7-22 所示。

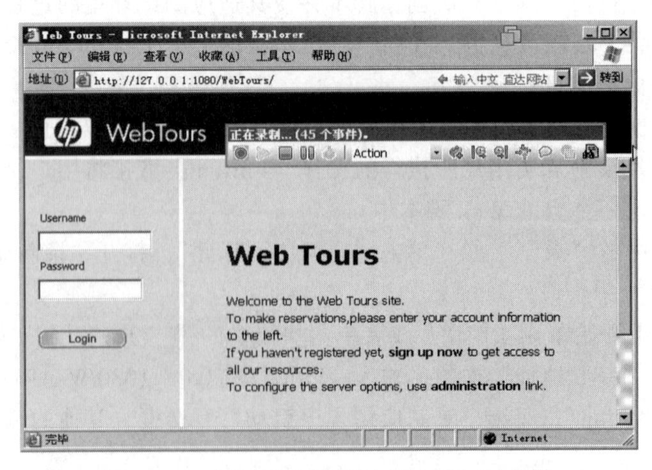

图 7-22 打开浮动的“正在录制”工具栏

这时，我们只需要按照之前的演练操作，输入 Username：user001 和 Password：001，如图 7-23 所示。

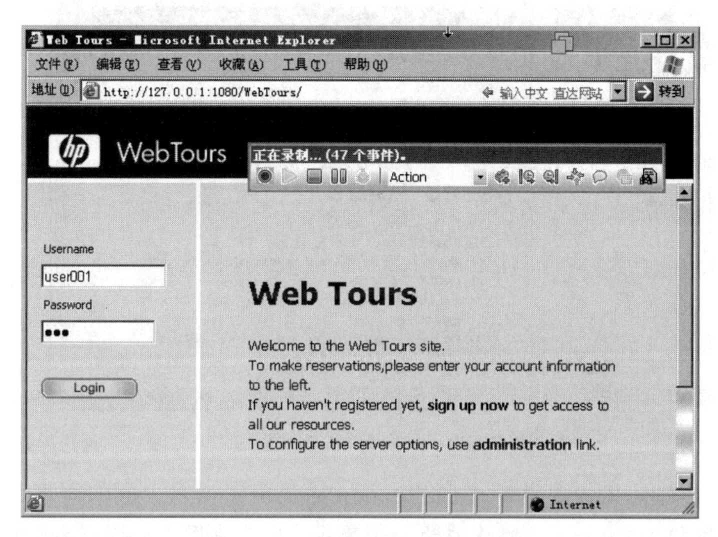

图 7-23　输入用户名和密码

然后，单击【Login】按钮，进行身份验证，并成功进入欢迎页面，如图 7-24 所示。

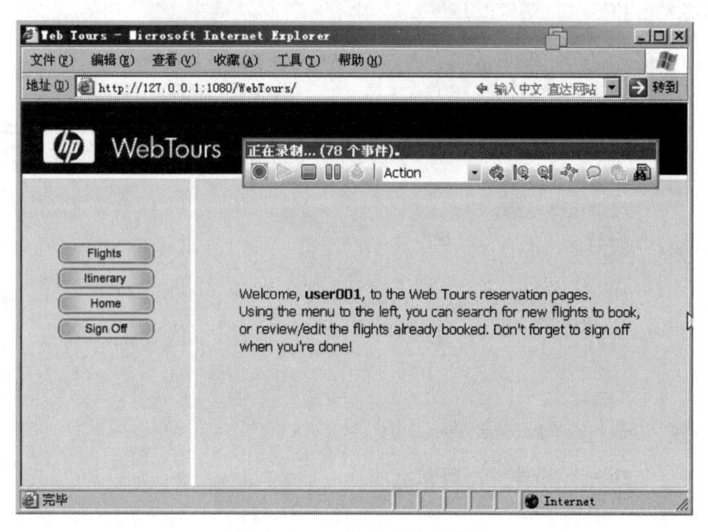

图 7-24　进入欢迎页面

最后，单击【Sign Off】按钮，注销登录，回到初始登录页面，如图 7-25 所示。

按照制定的测试计划，一次完整的业务流程做完后，就可以在浮动工具栏上单击 “停止”按钮，停止录制。

这时，VuGen 会自动将刚才录制的操作转换为 Vuser 的脚本，并插入到“Action”中。然后，VuGen 向导自动继续执行任务窗格中的下一个步骤“录制摘要”，并显示录制摘要信息(包括协议信息和会话期间创建的一系列操作)。VuGen 为录制期间执行的每个步骤生成一个快照，即录制期间各窗口的图片。这些录制的快照以缩略图的形式显示在右窗格中，如图 7-26 所示。

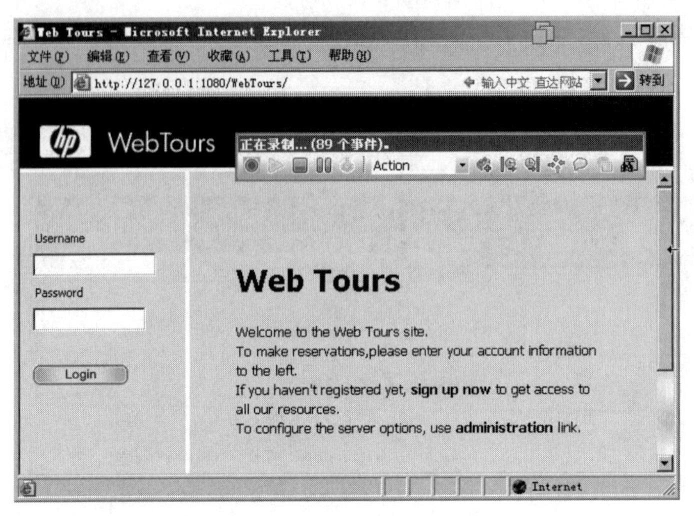

图 7-25 回到初始登录页面

提示：因为，我们的目标是讲解 LoadRunner 的使用，所以，我们简化了需求，只录制用户登录的操作，并把“用户登录”操作作为一个事务，然后使用 LoadRunner 批量创建 Vuser，回放“用户登录”事务的脚本，模拟航空订票网站受到批量用户进行登录的情况。

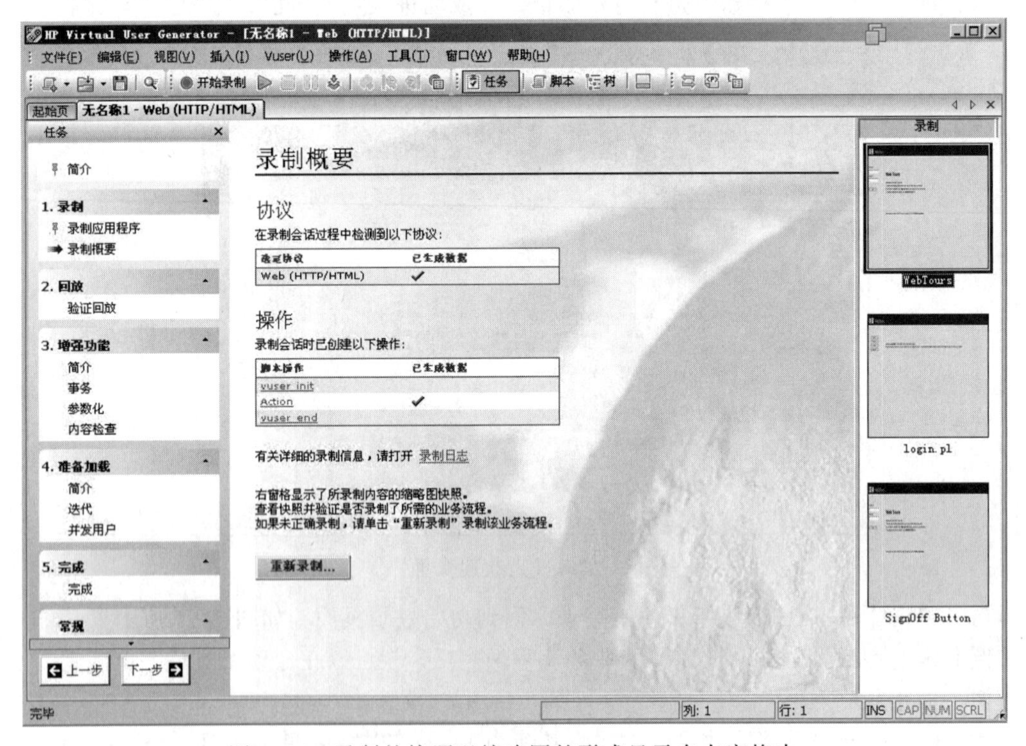

图 7-26 录制的快照以缩略图的形式显示在右窗格中

单击快捷栏的 “保存”按钮（或者从菜单中选择【文件】→【保存】），打开“保存脚本”对话框，在“文件名”框中输入要保存的文件名，例如 lr_login，并单击保存，如图 7-27 所示。

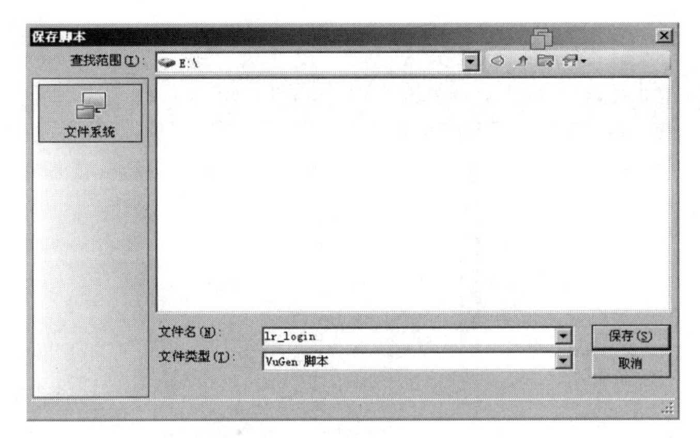

图 7-27　“保存脚本”对话框

VuGen 将该脚本以文件的方式保存到指定目录，并在标题栏中显示脚本名称，如图 7-28 所示。

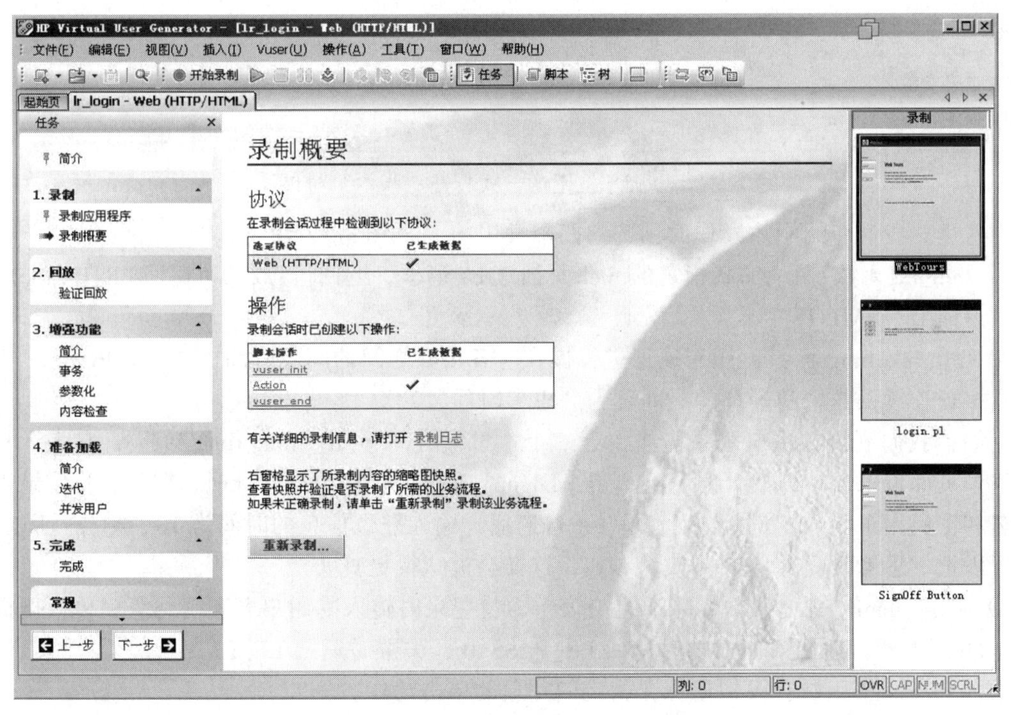

图 7-28　在标题栏中显示脚本名称

（6）现在，VuGen 已经将刚才真实的用户操作转换为脚本代码了，我们可以在“脚本”窗口中查看已录制的脚本。

单击快捷栏的【查看脚本】按钮，以脚本视图的方式打开“脚本”窗口，如图 7-29 所示。

LoadRunner 的脚本是类 C 语言，熟悉 C 语言编程的测试工程师，可以直接编写或修改其中的代码。甚至，还可以加入 C 语言编写的控制语句等代码，让整个脚本的执行变得更灵活、更贴合实际需要。

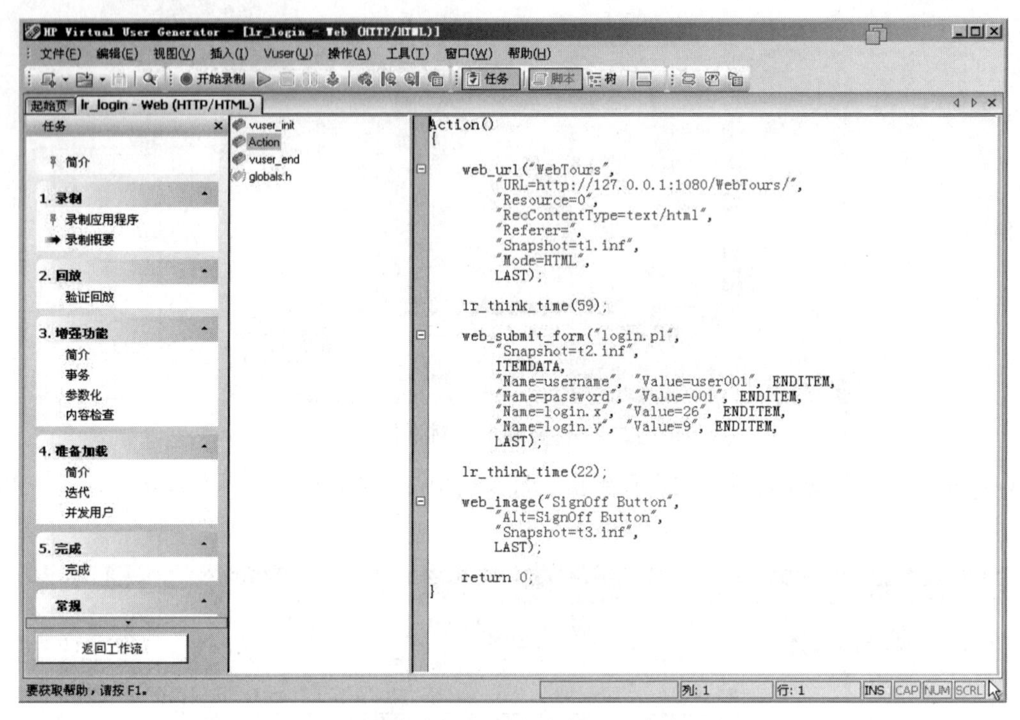

图 7-29　以脚本视图的方式打开“脚本”窗口

在这里，我们介绍刚才操作时用到的四个常用的 LoadRunner API 函数：

① web_url 函数：用于加载指定的 Web 页面（GET 请求）。返回值：成功时返回 LR_PASS(0)，失败时返回 LR_FAIL(1)。

② lr_think_time 函数：用于模拟进行操作时各步骤之间的间隔时间，在 LoadRunner 中用户在执行连续操作之间等待的时间称为“思考时间”。

例如：我们刚才的用户登录操作中有一个“思考时间”“lr_think_time(59) ”，它表示从用户登录页面请求成功开始计时，到单击【Login】按钮提交表单结束计时，期间，我们录入用户名和密码用了 59 s 的时间。而实际上，普遍用户输入登录信息的时间为 10 s 左右，所以，我们可以把“思考时间”从 59 s 改为 10 s，这样会模拟得更真实。

③ web_submit_form 函数：用于提交表单，将登录时输入的用户名和密码等表单数据提交给 Web 服务器。返回值：成功时返回 LR_PASS (0)，失败时返回 LR_FAIL (1)。

④ web_image 函数：模拟鼠标在指定图片上的单击动作。

进一步提示：我们可以在“脚本视图”或“树视图”中查看 LoadRunner 的脚本。“脚本视图”是一种基于文本的视图，将 Vuser 的操作以函数的形式列出。“树视图”是一种基于图标的视图，将 Vuser 的操作以步骤的形式列出。例如，单击快捷栏的 树 “查看树”按钮，以树视图的方式打开“树”窗口，如图 7-30 所示。

（7）回放脚本。完成录制操作后，可以通过回放脚本的方式验证其是否准确模拟了录制的操作。

单击【返回工作流】按钮，回到“任务”向导窗口。然后，在向导栏中单击【下一步】按钮，打开验证回放区域，如图 7-31 所示。

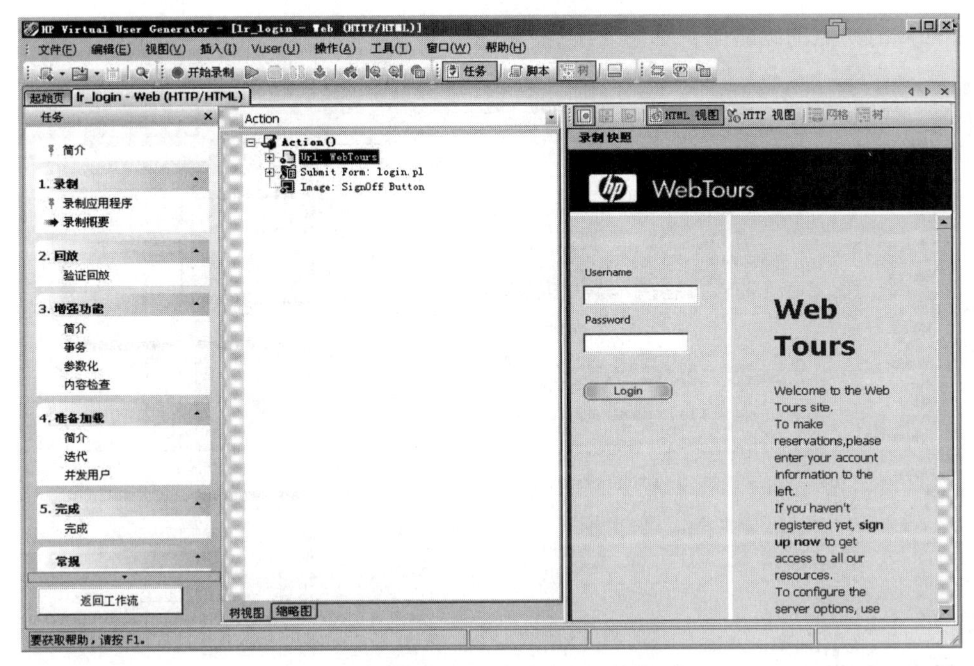

图 7-30　以树视图的方式打开“树”窗口

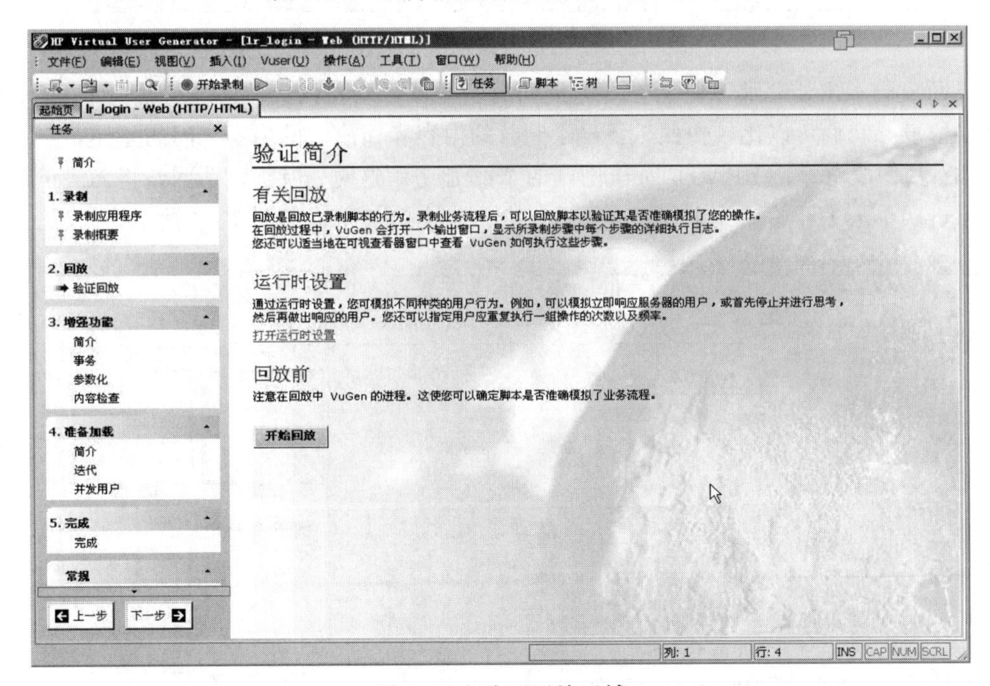

图 7-31　验证回放区域

单击底部的【开始回放】按钮，VuGen 开始运行脚本，稍等一会，当脚本停止运行后，VuGen 弹出是否扫描关联对话框，如图 7-32 所示。

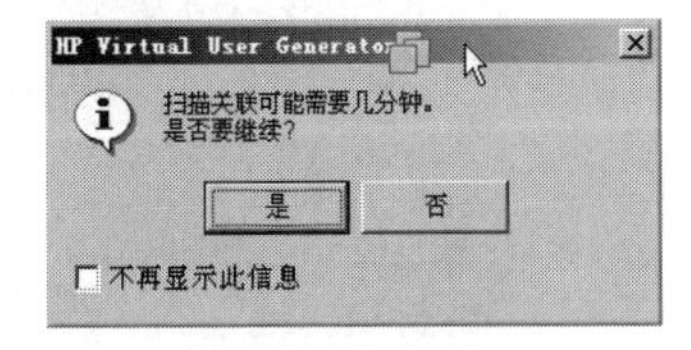

图 7-32　是否扫描关联对话框

单击【否】按钮，然后就可以在“验证回放”区域中看到关于这次回放的概要信息：回放状态“未检测到错误”，并分别显示录制时和回放时快照的缩略图，如图 7–33 所示。

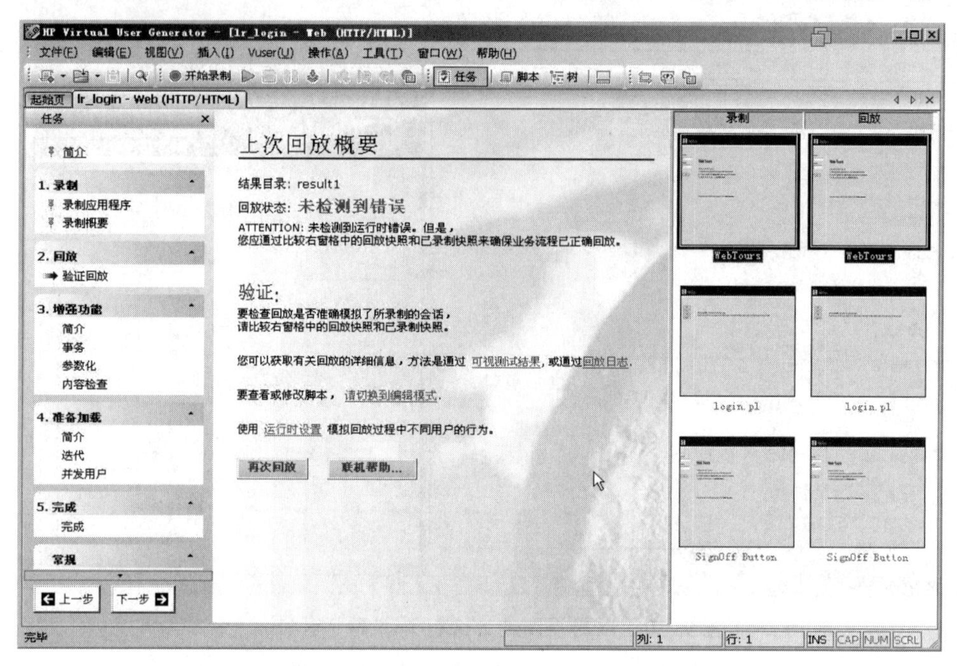

图 7–33 “上次回放概要”页面

如果回放脚本出错，那么就会在“验证回放”区域显示：回放状态“失败”，并显示具体的错误信息，我们可以比较快照，找出录制时的内容和回放时的内容之间的差异。

例如：我们故意停止 HP WebTours 网站的 Web 服务，这时，航空订票网站将无法正常访问，如果再次单击【开始回放】按钮，那么就会产生出错信息，如图 7–34 所示。

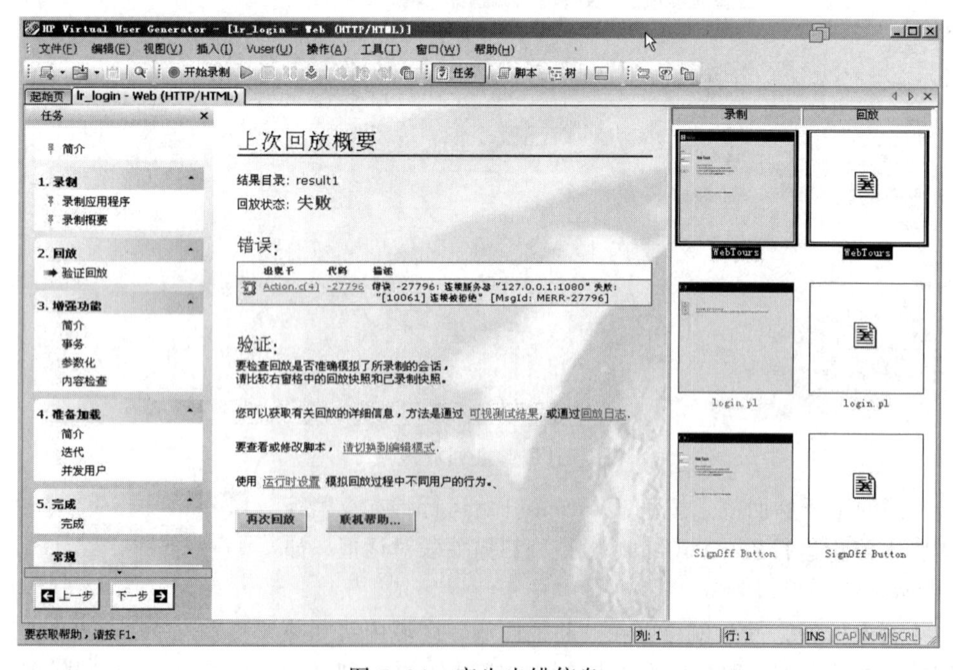

图 7–34 产生出错信息

7.5.4　增强功能：添加事务

【扫一扫：微课视频】
（推荐链接）

一般情况下，当录制完一个基本的用户脚本后，在正式使用前我们还需要完善测试脚本，增强脚本的灵活性，使脚本更加真实地反映实际情况。

首先，为了检测 Web 应用程序的性能指标，我们需要定义“事务”。事务（Transaction），是一个或多个操作的集合，将它们打包在一起进行性能指标评价。

例如：我们在脚本中有一个机票预订的操作，为了检测执行机票预订操作时 Web 应用程序的性能指标，我们需要把这一个或多个动作定义为一个事务，这样在运行测试脚本时，当 LoadRunner 运行到该事务的开始点时，LoadRunner 就会开始计时，直到运行到该事务的结束点，计时结束。这个事务运行期间的各项性能指标在结果分析中会有相应记录。

继续前面的操作，在“任务”向导窗口中单击【下一步】按钮，打开增强脚本简介区域，如图 7-35 所示。

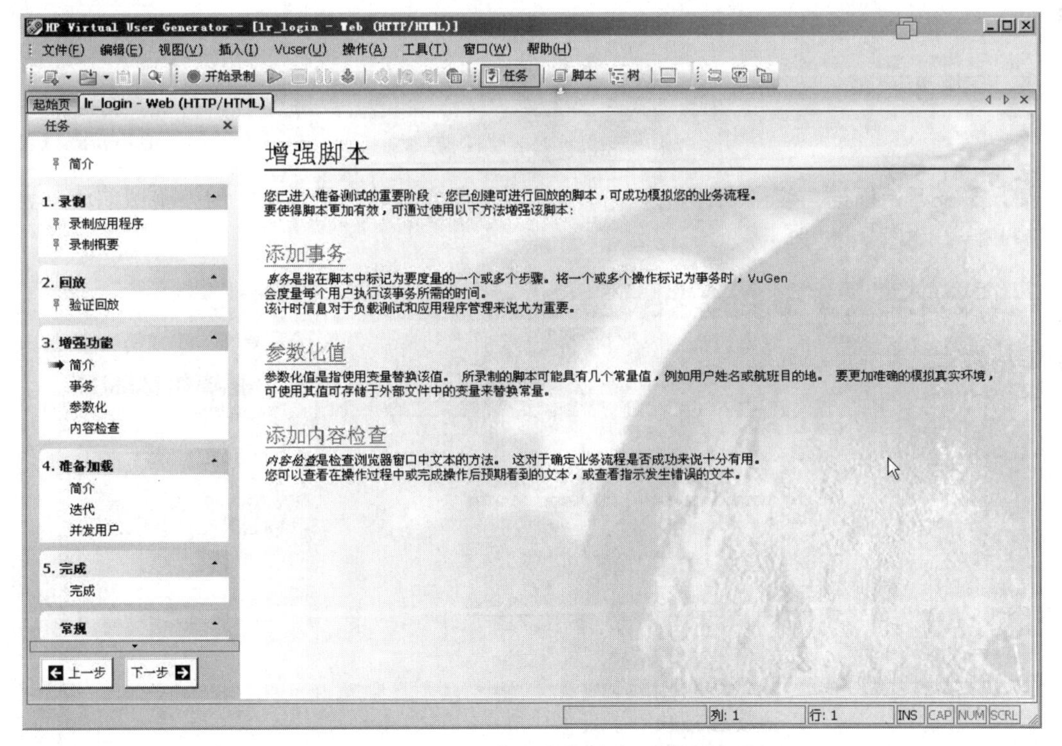

图 7-35　增强脚本简介区域

在简介中我们看到，可以通过“添加事务”“参数化值”和“添加内容检查”三种方式来增强脚本的实现效果。

在“任务”向导窗口中单击【下一步】按钮，打开“事务”区域，如图 7-36 所示。

单击【新建事务】按钮，这时会出现一个可以拖动的左括号和右括号图标，将它们分别放到脚本中的指定位置。左括号是表示要插入事务的起始点，右括号是表示事务的结束点。

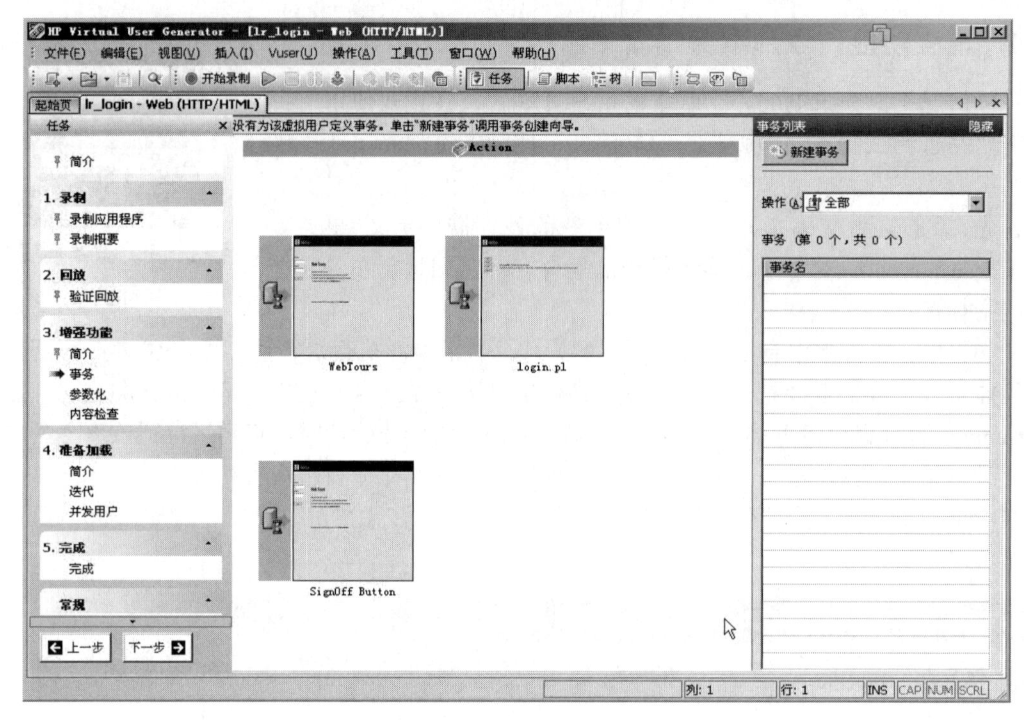

图 7-36 “事务”区域

插入事务开始标记，使用鼠标将左括号拖动到“用户初始登录页面”的缩略图前面，表示事务开始，如图 7-37 所示。

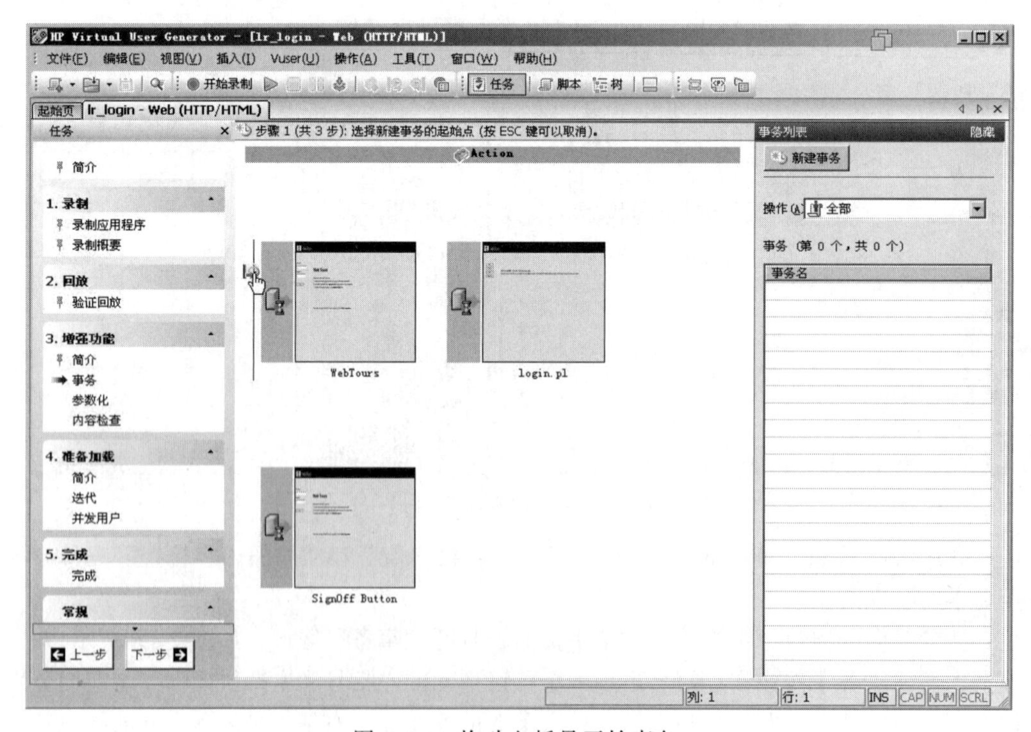

图 7-37 拖动左括号开始事务

然后使用鼠标将右括号拖动到“欢迎信息”的缩略图后面，表示事务结束，如图 7-38 所示。

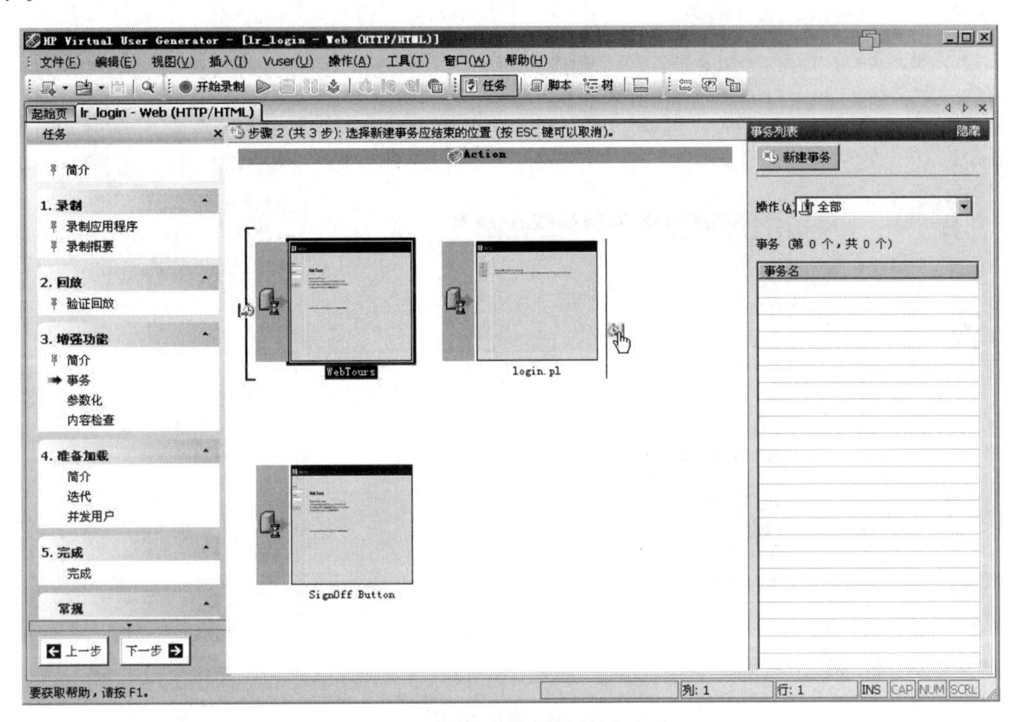

图 7-38　拖动右括号结束事务

然后向导会提示输入事务名称，输入“用户登录”，如图 7-39 所示。

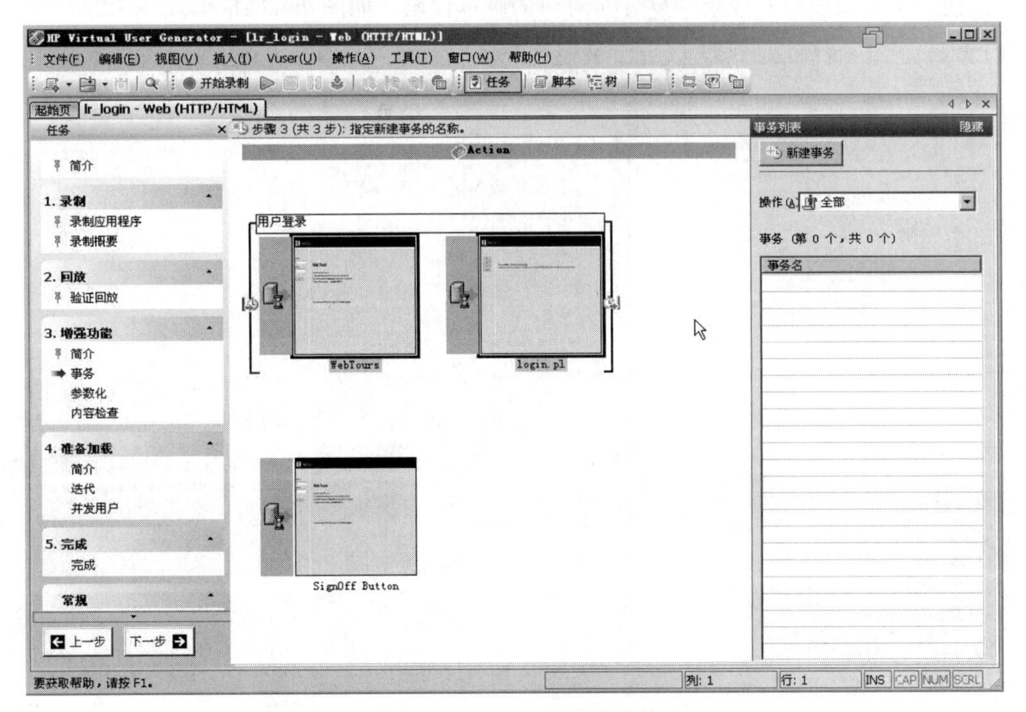

图 7-39　输入事务名称

最后按键盘回车键，“新建事务”向导就完成了，在“事务”列表框中增加了一个事务“用户登录”，如图 7-40 所示。

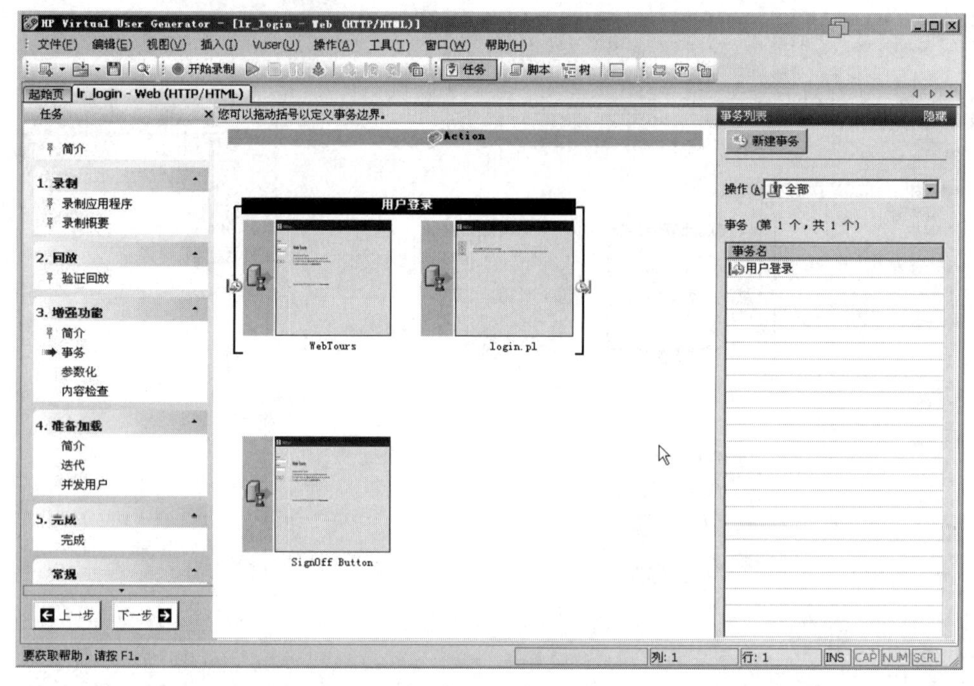

图 7-40　增加“用户登录”事务

如果这时我们单击快捷栏的“查看脚本”按钮，以脚本视图的方式打开“脚本”窗口，可以看到插入了添加“用户登录”事务所对应的脚本代码，如图 7-41 所示。

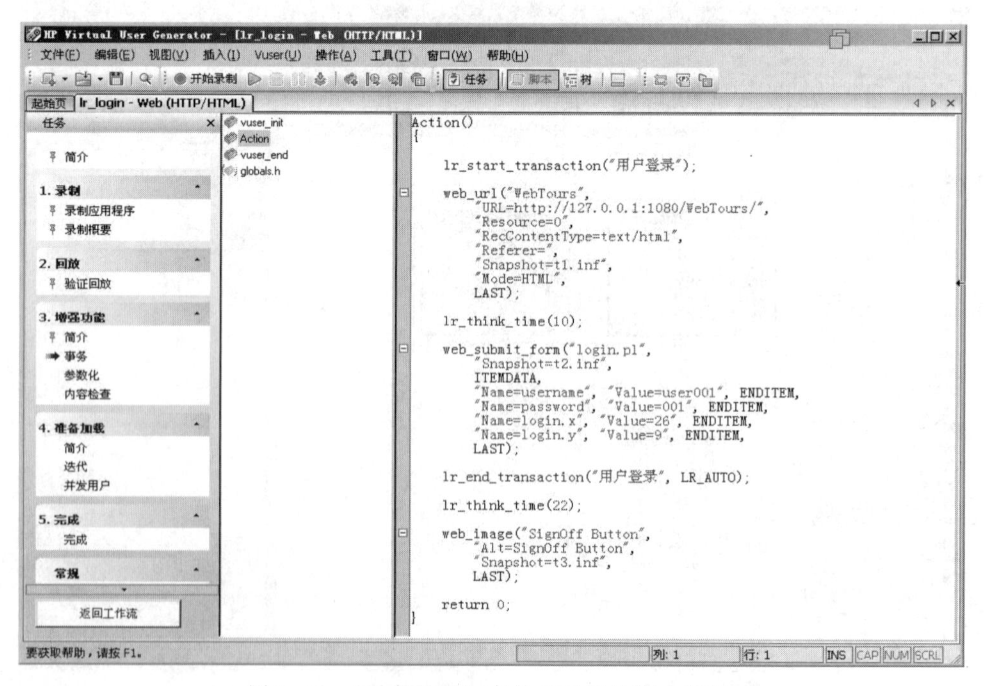

图 7-41　“用户登录”事务所对应的脚本代码

进一步提示：*lr_start_transaction 为事务开始函数，lr_end_transaction 为事务结束函数。*

7.5.5　增强功能：参数化输入

参数化函数输入，可以在不改变函数和操作的前提下，使得多个虚拟用户运行脚本时，使用不同的参数值。

如果用户在录制脚本过程中，填写提交了一些数据给 Web 服务器，例如，用户登录时输入的用户名和密码，这些操作数据都被记录到了脚本中。当多个虚拟用户运行脚本时，就会提交相同的数据，这样不符合实际的运行情况，而且有可能引起冲突。为了更加真实地模拟实际环境，需要模拟各种各样的输入。

参数化包含两项任务：① 在脚本中用参数取代常量值；② 设置参数的属性以及数据源。

提示：*参数化只可以用于一个函数中的参量，不能用参数表示非函数参数的字符串。*

继续前面的操作，在“任务”向导窗口中单击【下一步】按钮，打开“参数化”区域，如图 7-42 所示。

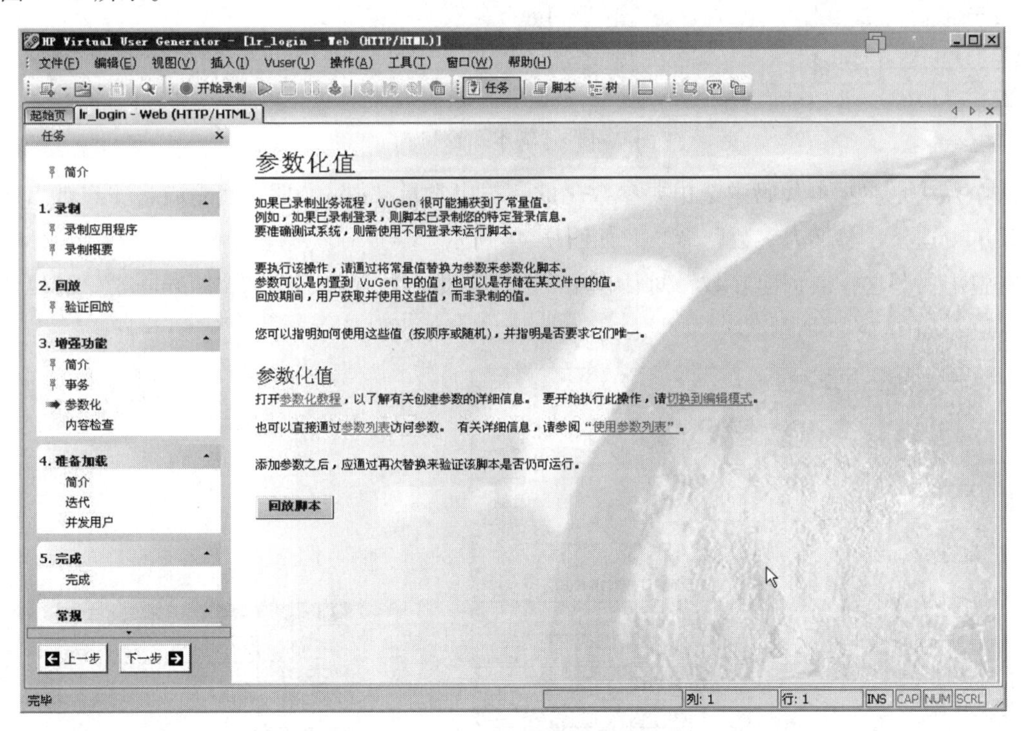

图 7-42　“参数化”区域

单击“切换到编辑模式”链接（或者单击快捷栏的“查看脚本”按钮），进入“脚本”窗口，如图 7-43 所示。

在这里我们可以看到，提交的表单数据是固定的常量："Name=username", "Value=user001" 和"Name=password", "Value=001"。如果是一个用户操作，这是没问题的。但是，当多个虚拟用户运行脚本时，就会提交相同的数据，造成一个用户同时多次登录。所以，我们应该要参数化“username”的“Value”值和“password”的“Value”值。

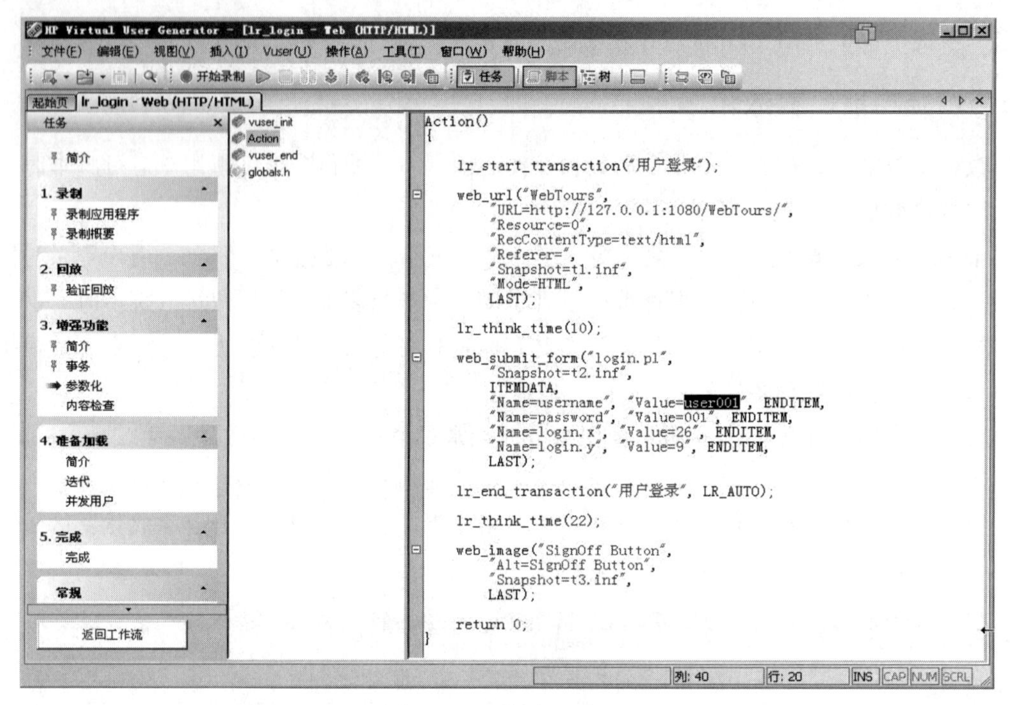

图 7-43 “脚本”窗口

操作方法是在脚本代码中选中要参数化的字符串常量“user001”，然后右击，在弹出的快捷菜单中选择“替换为参数”命令，如图 7-44 所示。

在弹出的“选择或创建参数”对话框中，给“参数名称”命名为“pUsername”，其他选择默认值，如图 7-45 所示。

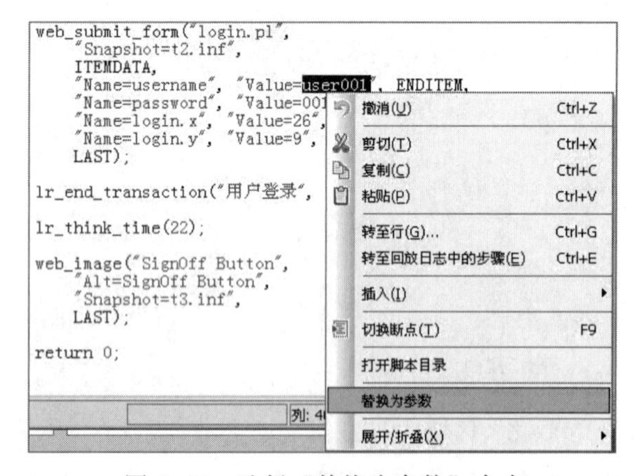

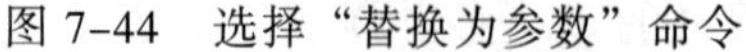

图 7-44 选择“替换为参数”命令

图 7-45 “选择或创建参数”对话框

参数类型“File”：表示参数来源需要在“属性”设置中编辑文件，添加内容。(当然，也可以从现成的数据库中抽取数据的)。

单击【属性】按钮，打开“参数属性”对话框，添加虚拟用户登录所要用到的用户名数据，如图 7-46 所示。

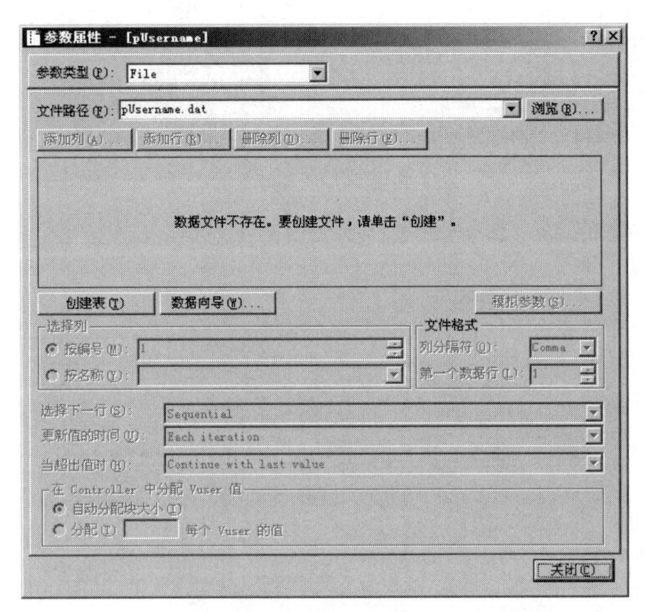

图 7-46　“参数属性”对话框

单击【创建表】按钮，VuGen 会提示是否创建名为“pUsername.dat”的新数据文件，如图 7-47 所示。

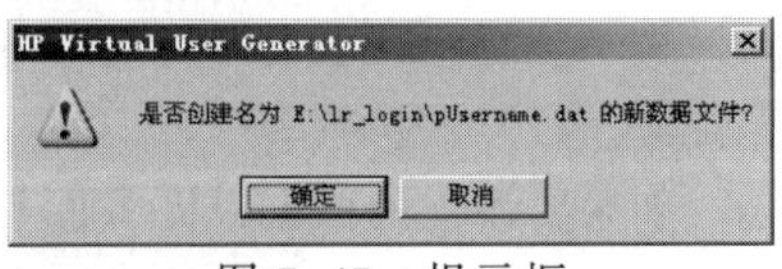

图 7-47　提示框

单击【确定】按钮，创建文件，如图 7-48 所示。

图 7-48　创建文件

VuGen 默认将刚才的常量“user001”作为了该参数表的第一行数据，在这里，我们的任务是讲解 LoadRunner 的使用，所有，暂定只创建 5 个虚拟用户。我们单击【添加行】按钮，分别添加剩下的四个登录用户名“user002”“user003”“user004”“user005”，如图 7-49 所示。

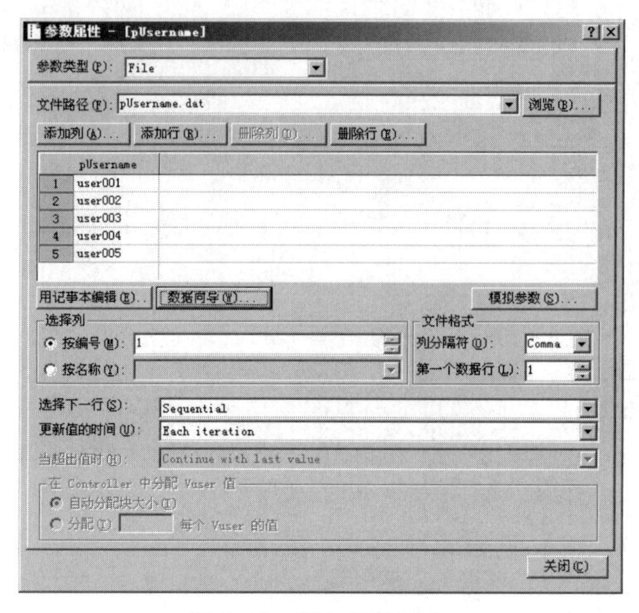

图 7-49　添加其他用户

进一步提示：单击【用记事本编辑】按钮，通过记事本直接编辑要添加的数据，操作会更快捷。

如果要添加的数据量庞大而且要添加的数据已经保存在了某个数据库中，那么，单击【数据向导】按钮，根据向导提示，可以直接从数据库中导入要添加的数据。

因为我们计划要虚拟 5 个 Vuser，要求每一个 Vuser 使用各自不同的用户名（避免单一用户同时多点登录），在后续的“迭代”中不停地进行登录操作，所以，我们需要修改“选择下一行”参数为：Unique，“更新值的时间”参数为：Once，如图 7-50 所示。

图 7-50　修改参数

进一步提示：脚本设置完参数化后，每一个 Vuser 在每一次“迭代”运行中每一遍的参数取值都可以由不同的方式来指定的，那么，这个取值是怎么样决定的呢？它按照“选择下一行”参数和“更新值的时间”参数的组合来决定。

“选择下一行”参数的取值说明：

① 顺序（Sequential）：按照参数化的数据顺序，一个一个地来取。

② 随机（Random）：每次随机地从参数化的数据中抽取一个数据。

③ 唯一（Unique）：为每个虚拟用户分配一条唯一的数据。

“更新值的时间”参数的取值说明：

① 每次迭代（Each iteration）：每次迭代时取新的值，假如有 50 个 Vuser，那么，50 个 Vuser 的第一次迭代都取第一条数据，完了 50 个用户都取第二条数据，后面依此类推。

② 每次出现（Each occurrence）：每次参数取值时都取新的值，这里强调前后两次取值不能相同。

③ 只取一次（Once）：参数化中的数据，一条数据只能被抽取一次。（如果数据依次用完了，但脚本还要继续运行，那么 LoadRunner 将会报错。）

参数的取值按照“选择下一行”参数和“更新值的时间”参数的组合来决定，如表 7-3 所示，给出了详细的描述。

表 7-3 “选择下一行”参数和“更新值的时间”参数的组合情况

选择下一行	更新值的时间	实际运行结果
Sequential	Each iteration	在某次迭代中所有用户取值相同。所有用户第一次迭代取第一行值，第二次迭代取第二行值
	Each occurrence	在某次迭代中或者脚本中使用参数的地方，所有用户取值相同。脚本中出现要使用参数的话，参数值就更新一次，迭代一次值再更新一次
	Once	在所有的迭代中所有用户取值相同。所有的用户所有的迭代中，只用一个值（即参数中的第一行值）
Random	Each iteration	不同的用户，在不同的迭代次数中，随机取值
	Each occurrence	不同的用户，脚本中出现要使用参数的话，随机取值一次，迭代一次再随机取值一次
	Once	不同的用户，不管迭代多少次，只随机取值一次
Unique	Each iteration	若选择手工自配参数，那 LR 按照每用户几个参数先分配参数，然后进行迭代。 若选择自动分配参数： Controller 中 edit schedule 中 run until comletion:按照迭代次数先分配第一个 Vuser（例如，设置的迭代次数为 3，那分配给第一个 Vuser 3 个参数值），然后接下来的 3 个参数值分配给第二个 Vuser，依此类推… Controller 中 edit schedule 中 run for:若选择自动分配，LR 将按照 Vuser 数均分参数，剩余的参数不使用
	Each occurrence	只能手工分配用户，给每个 Vuser 分配好 X 个参数后，在脚本中有参数的地方，就使用已经分配好的 X 个参数
	Once	按照 Vuser 数分配，给每个 Vuser 只分配一个参数而已。以后的迭代这个 Vuser 就一直使用这一个参数

最后，单击【关闭】按钮，关闭“参数属性”对话框，回到“选择或创建参数”对话框，如图 7-51 所示。

图 7-51 “选择或创建参数”对话框

单击【确定】按钮，“username”参数化输入的设置就完成了，如图 7-52 所示。

```
web_submit_form("login.pl",
    "Snapshot=t2.inf",
    ITEMDATA,
    "Name=username", "Value={pUsername}", ENDITEM,
    "Name=password", "Value=001", ENDITEM,
    "Name=login.x", "Value=26", ENDITEM,
    "Name=login.y", "Value=9", ENDITEM,
    LAST);
```

图 7-52 username 参数化的输入

在这里，我们还要继续完成“password”的参数化输入，因为，提交的表单数据“username”和“password”是一一配对的，用户名“user001”配对的密码是“001”，用户名“user002”配对的密码是“002”，依此类推。

所以，我们要参数化“password”的输入，在脚本代码中选中要参数化的字符串常量“001”，然后右击，在弹出的快捷菜单中选择“替换为参数”命令，如图 7-53 所示。

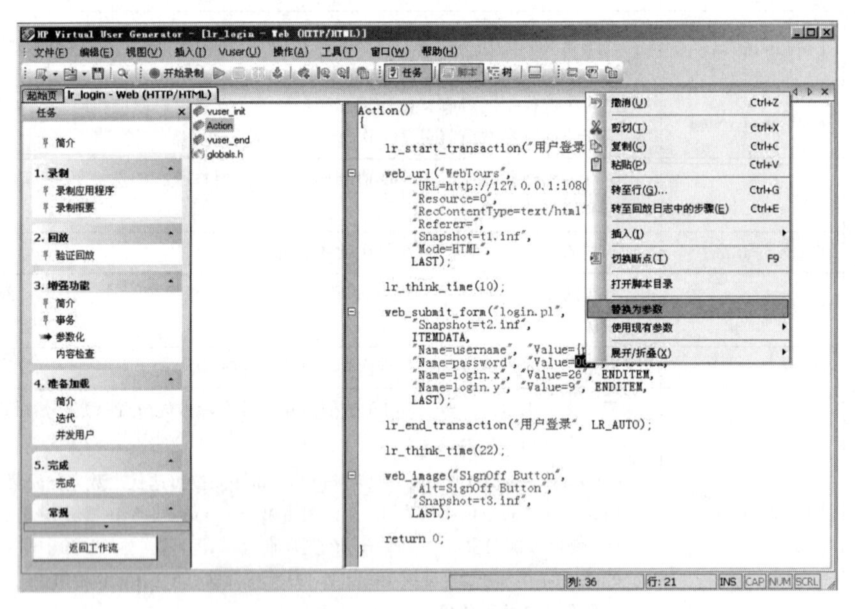

图 7-53 选择“替换为参数”命令

后续的操作和参数化“username”输入的操作类似。但是，必须要注意，在配置参数属性时，“选择下一行”属性，我们必须选择“Same line as pUsername”，如图 7-54 所示。

进一步提示：“Same line as pUsername”的意思是，在取值时，如果参数“pUsername”取第一行“user001”，那么参数“pPassword”参数也取第一行“001”；如果参数“pUsername”取第二行“user002”，那么参数“pPassword”参数也取第二行“002”，依此类推。这样就可以达成用户名和密码的配对了。

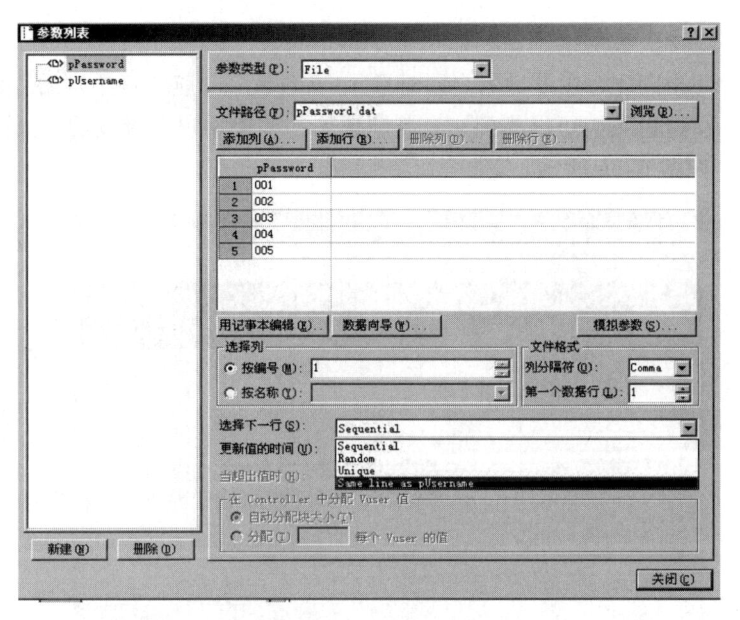

图 7-54　选择“Same line as pUsername”

最后，参数化的效果如图 7-55 所示。

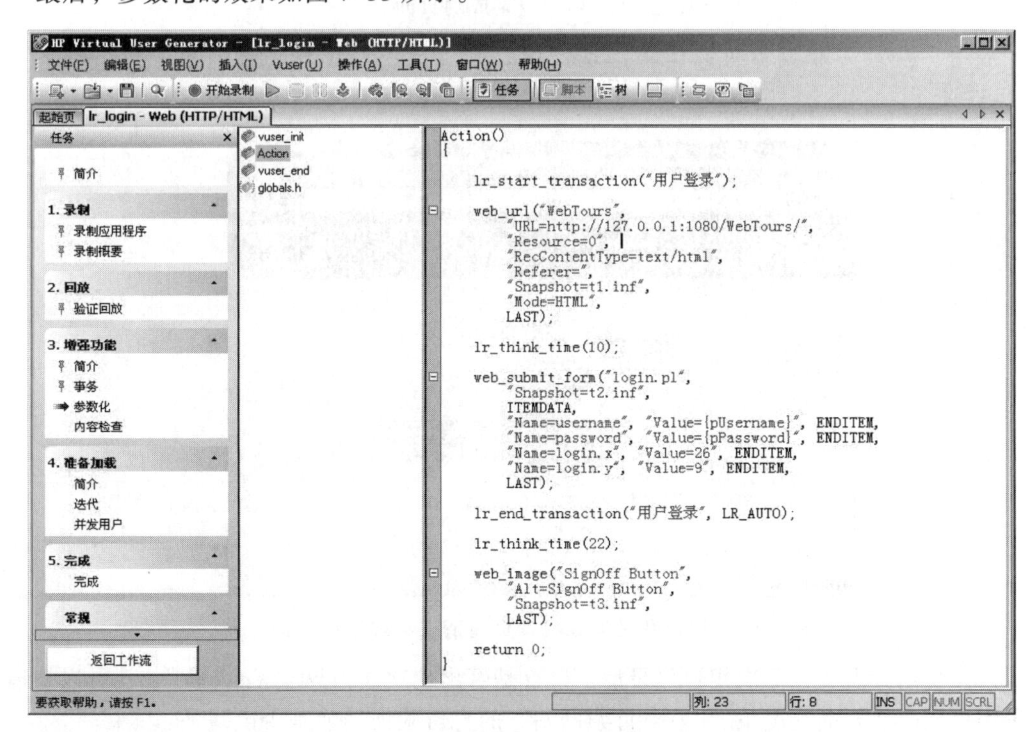

图 7-55　参数化的效果

7.5.6　增强功能：内容检查

在进行压力测试时，为了检查 Web 服务器返回的网页是否正确，VuGen 允许插入 Text/Image 检查点，这些检查点用于验证网页上是否存在指定的 Text 或者 Image，测试在比较大的压力测试环境中，被测的网站功能是否保持正确。

那么我们思考一个问题，在批量用户同时登录的情况下，“航空订票网站”的身份验证功能是否会出错呢？在这里我们可以找到一个判断依据：如果用户登录成功，页面会显示欢迎信息“Welcome”，如图 7-56 所示。

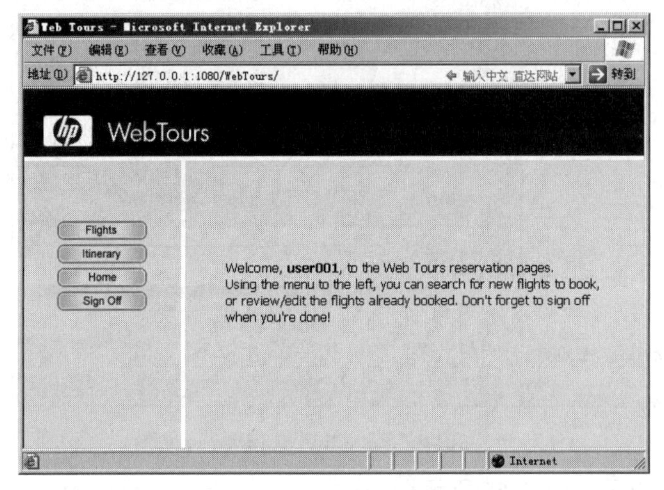

图 7-56　用户登录成功页面

如果用户登录失败或者页面请求出现错误，则页面不会出现欢迎信息“Welcome”，如图 7-57 所示。

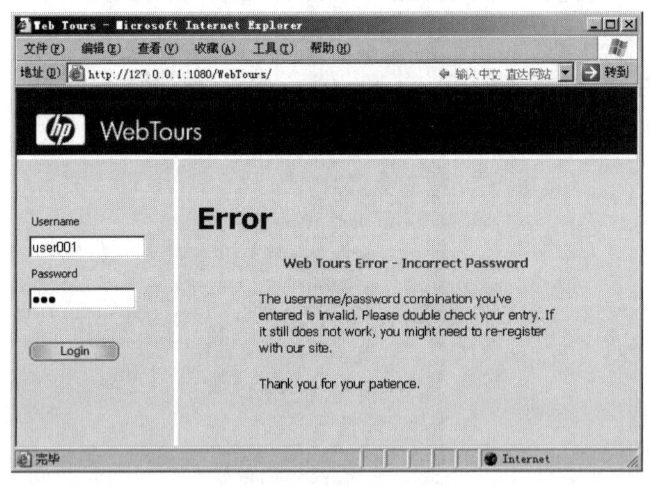

图 7-57　用户登录失败或者页面请求出现错误页面

所以，我们只需要在每次用户登录后，检查是否出现欢迎信息“Welcome”，就可以知道在批量用户同时登录的情况下，“航空订票网站”的身份验证功能是否出错了。

因此，继续前面的操作，在“任务”向导窗口中单击【下一步】按钮，打开“内容检查”区域，如图 7-58 所示。

单击用户登录后的缩略图（第二张），在“HTML 视图”区域，选择文本“Welcome”，然后右击，在弹出的快捷菜单中选择“添加文本检查”命令，如图 7-59 所示。

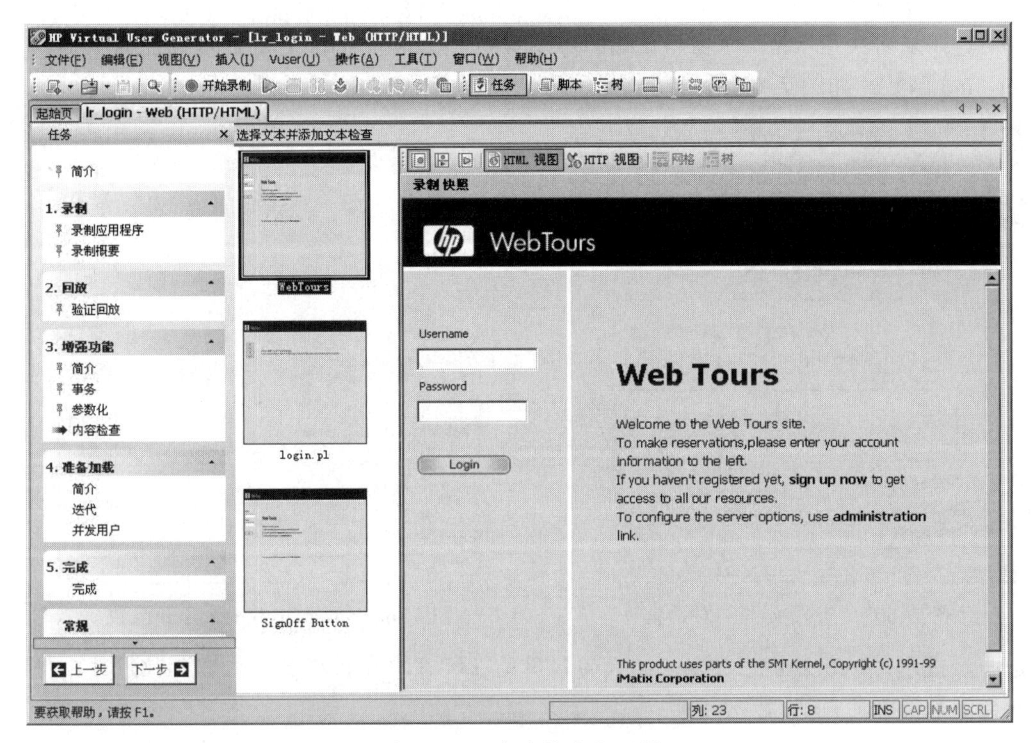

图 7-58　“内容检查”区域

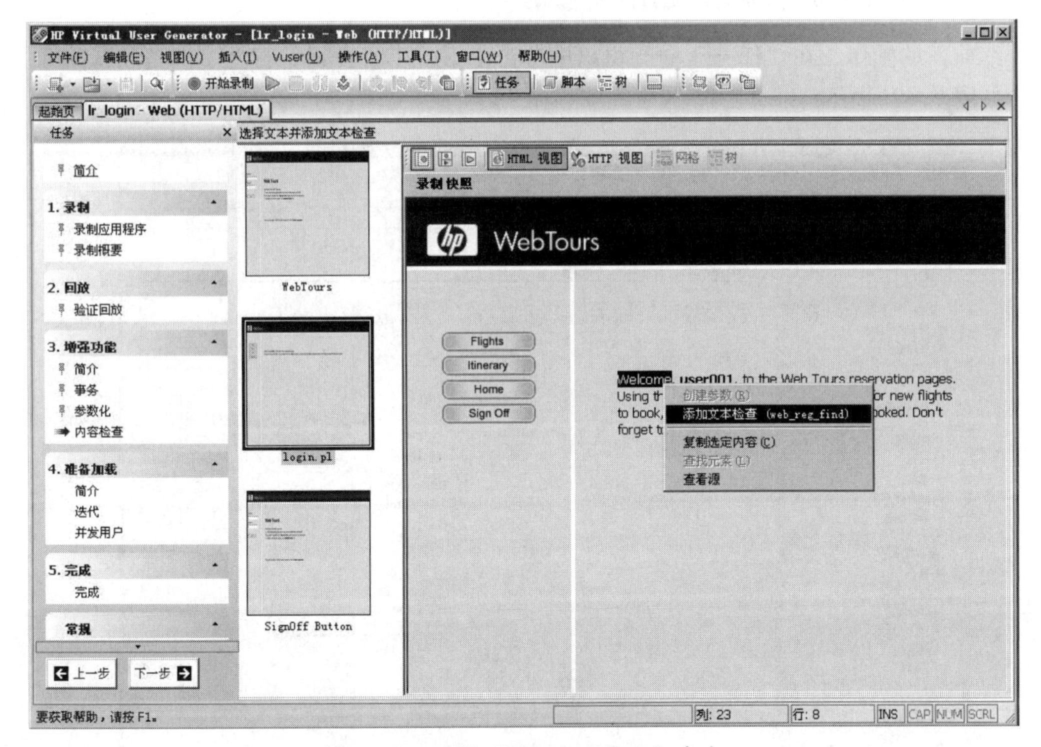

图 7-59　选择“添加文本检查”命令

在弹出的“查找文本”对话框中，全部选择默认选项即可，如图 7-60 所示。最后单击【确定】按钮，完成内容检查点的添加。

这时，如果切换到“脚本”窗口，我们可以看到，在 web_submit_form 函数前插入了一个 web_reg_find 函数，如图 7-61 所示。

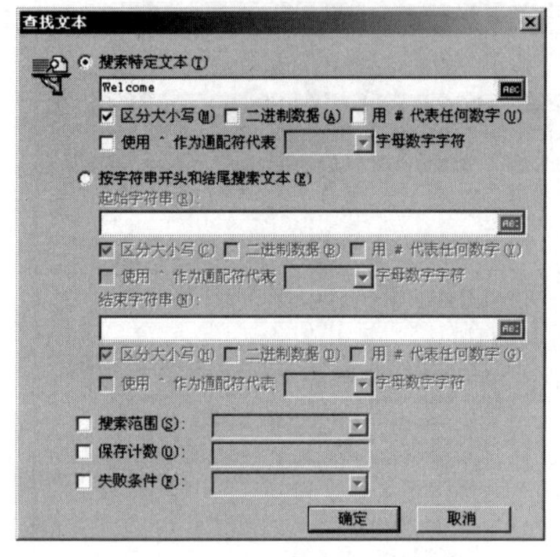

图 7-60 “查找文本”对话框

```
web_reg_find("Text=Welcome",
    LAST);
web_submit_form("login.pl",
    "Snapshot=t2.inf",
    ITEMDATA,
    "Name=username", "Value={pUsername}", ENDITEM,
    "Name=password", "Value={pPassword}", ENDITEM,
    "Name=login.x", "Value=26", ENDITEM,
    "Name=login.y", "Value=9", ENDITEM,
    LAST);
```

图 7-61 插入 web_reg_find 函数

进一步提示： web_submit_form 函数的作用是在缓存中查找相应的内容，使用时应将该函数放到请求页面的前面。

7.5.7 准备加载：迭代和并发用户

继续前面的操作，在“任务”向导窗口中单击【下一步】按钮，打开“准备加载简介”区域，如图 7-62 所示。

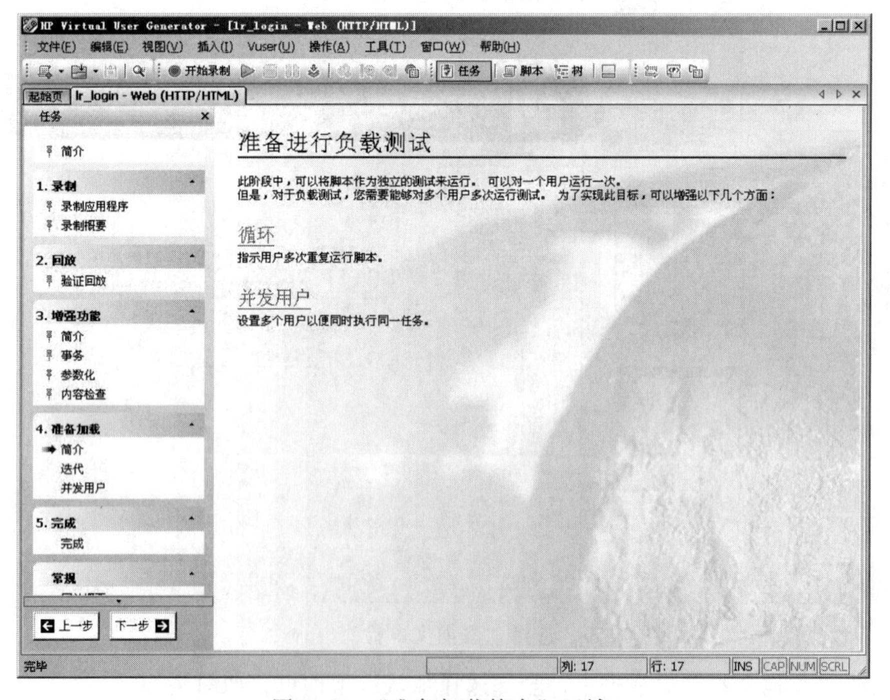

图 7-62 “准备加载简介”区域

在“任务”向导窗口中继续单击【下一步】按钮，打开“迭代”区域，如图 7-63 所示。

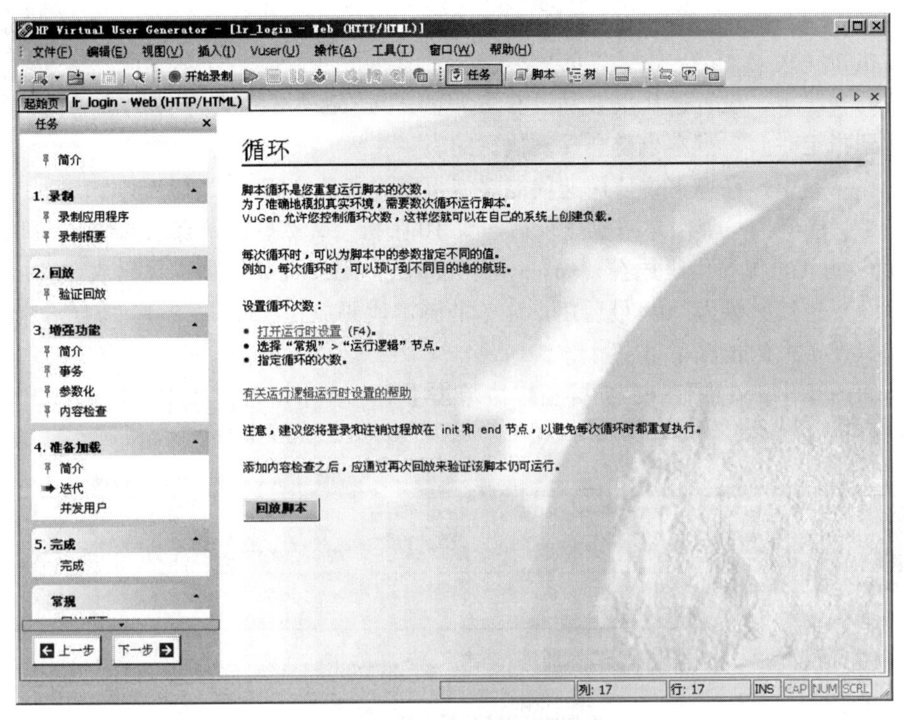

图 7-63 “迭代”区域

单击“打开运行时设置”链接，打开“运行时设置”对话框，在“运行逻辑”区域可以设置脚本“Action”部分迭代的次数，如图 7-64 所示。

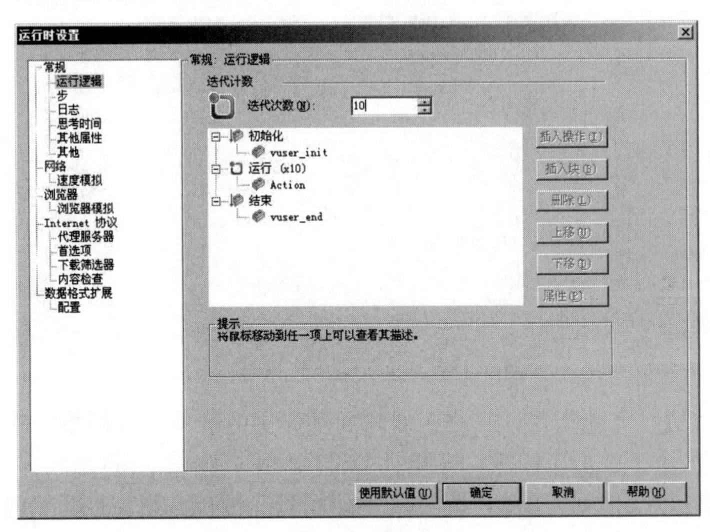

图 7-64 “运行时设置”对话框

迭代，是脚本“Action”部分要重复运行的次数。迭代就是不停地反复调用同一脚本，反复执行。

Vugen 在回放脚本时，最开始执行脚本“vuser_init”部分，它只会被执行一次。然后，执行脚本“Action”部分，它会被按照指定的迭代次数来循环执行，例如，迭代次数设置为10，那么，脚本“Action”部分就会循环运行10次。最后才会执行脚本“vuser_end”部分，它也只会被执行一次。

在一般的情况下，设置迭代次数是没有多大意义的，因为，在场景控制器运行场景时，如果没有达到指定时间，脚本也是会反复执行的。

但是，在某些模拟环境下，使用迭代能够使得脚本代码变得更灵活和简洁。例如，在航空订票网站中，想模拟一个用户一次登录后购买10张机票，然后注销登录的情况。那么，我们可以把用户登录的脚本代码放在“vuser_init”部分，购买机票的脚本代码放在“Action”部分，然后设置迭代次数为10，最后用户注销的脚本代码放在“vuser_end”部分。这样，就可以灵活模拟现实中的情况了。

继续前面的操作，在“任务”向导窗口中单击【下一步】按钮，打开“并发用户”区域，如图7-65所示。

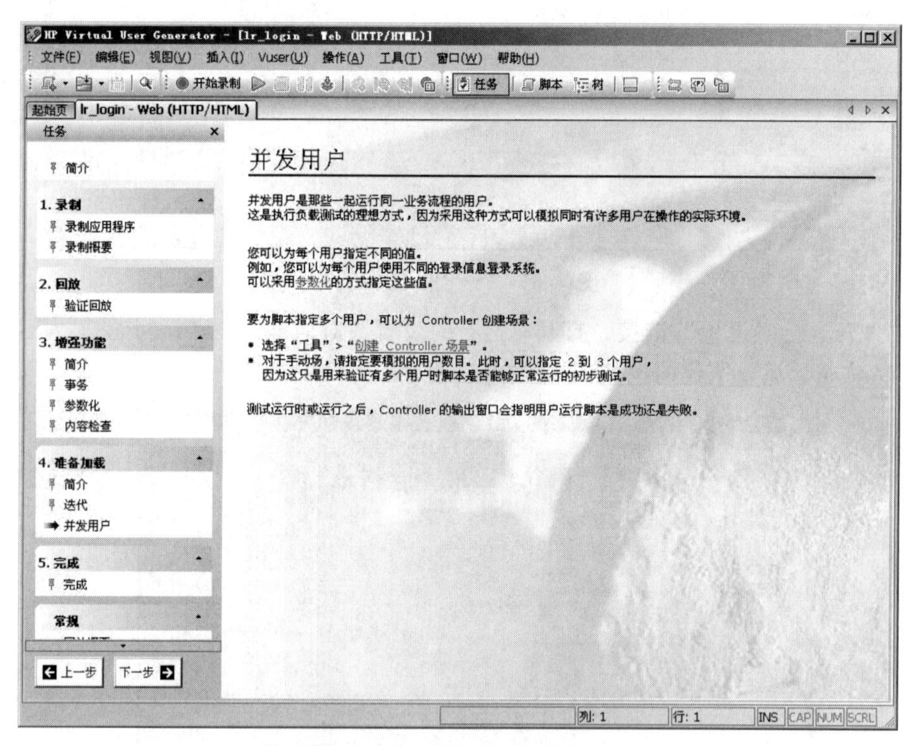

图7-65 “并发用户”区域

“并发用户”数暂时无须指定，它是在创建场景、实施负载的时候指定的。在“任务”向导窗口中继续单击【下一步】按钮，打开“完成”区域，如图7-66所示。

到此，脚本的创建操作就完成了。单击“创建场景”链接，则会打开“创建场景”对话框，设置启动场景控制器（运行负载测试）后要使用的Vuser数，如图7-67所示。

因为我们这一轮负载是计划模拟5个Vuser进行施压，所以，我们配置“Vuser数”为5即可。

当然了，在前面的测试计划中，我们预估最大可能会要使用1 000个Vuser，所以，我们也可以配置“Vuser数”为1 000（但在定义场景时只启动其中5个Vuser），如图7-68所示。

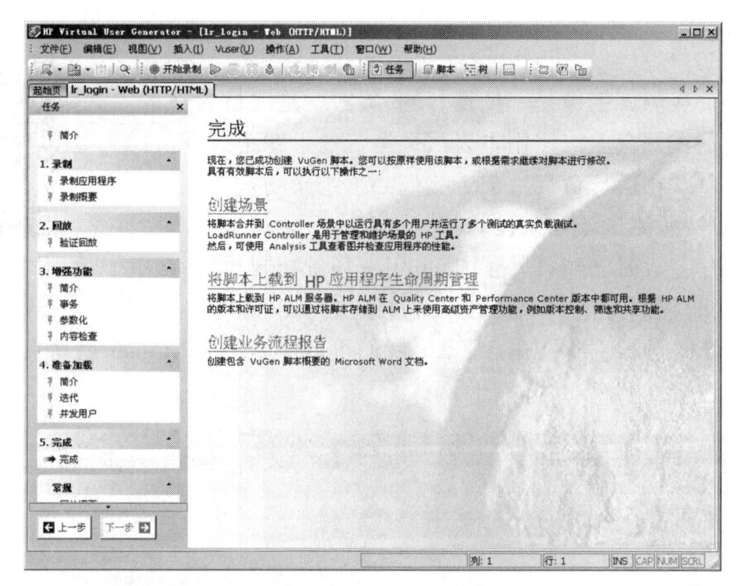

图 7-66　“完成”区域

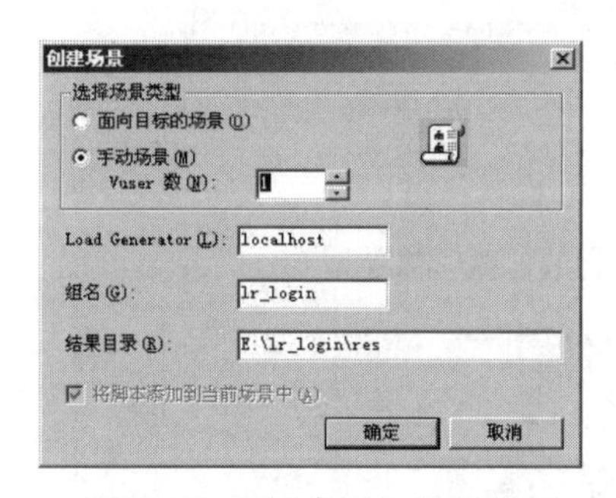

图 7-67　“创建场景”对话框

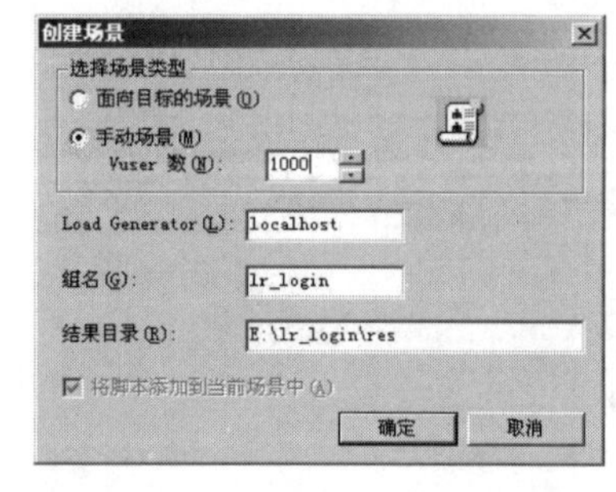

图 7-68　配置 Vuser 数为 1 000

单击【确定】按钮，启动 Controller 场景控制器，准备运行负载，如图 7-69 所示。

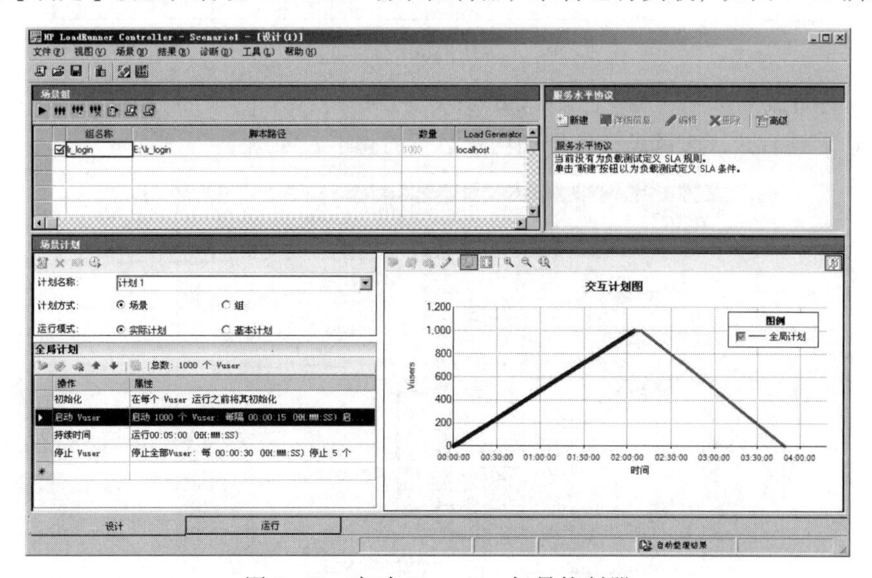

图 7-69　启动 Controller 场景控制器

7.5.8 定义场景

LoadRunner的负载测试就像是一场舞台剧，脚本就是演员的剧本，场景就是舞台，演员在舞台上按照剧本表演，运行场景就是演员正式上舞台表演了。所以，在运行负载之前，我们必须定义场景（设计舞台），场景的定义要按照测试计划来设计。

【扫一扫：微课视频】
（推荐链接）

如果在脚本创建完成时已经打开了 Controller 场景控制器，那么下面启动 Controller 场景控制器这一步就可以跳过了。

但是，如果场景控制器还没打开，那么，我们可以回到 LoadRunner 启动页面，如图 7-70 所示。

图 7-70　LoadRunner 启动页面

单击“运行负载测试”链接，打开 Controller 场景控制器。在打开场景控制器之前，会弹出“新建场景”对话框，选择场景类型和场景运行的脚本，如图 7-71 所示。

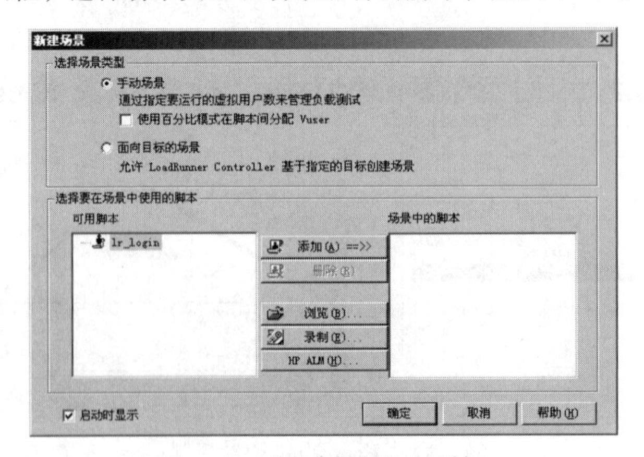

图 7-71　“新建场景”对话框

默认是“手动场景”，它可以为每个脚本分配固定数量的虚拟用户。根据我们之前设计的测试计划，这种方式更灵活，所以场景类型选择默认的“手动场景”。

“场景中的脚本”选择之前创建的脚本“lr_login”，从“可用脚本”列表框中选择“lr_login”，然后单击【添加】按钮，将其移入到“场景中的脚本”列表框中，最后单击【确定】按钮，打开 Controller 场景控制器，如图 7-72 所示。

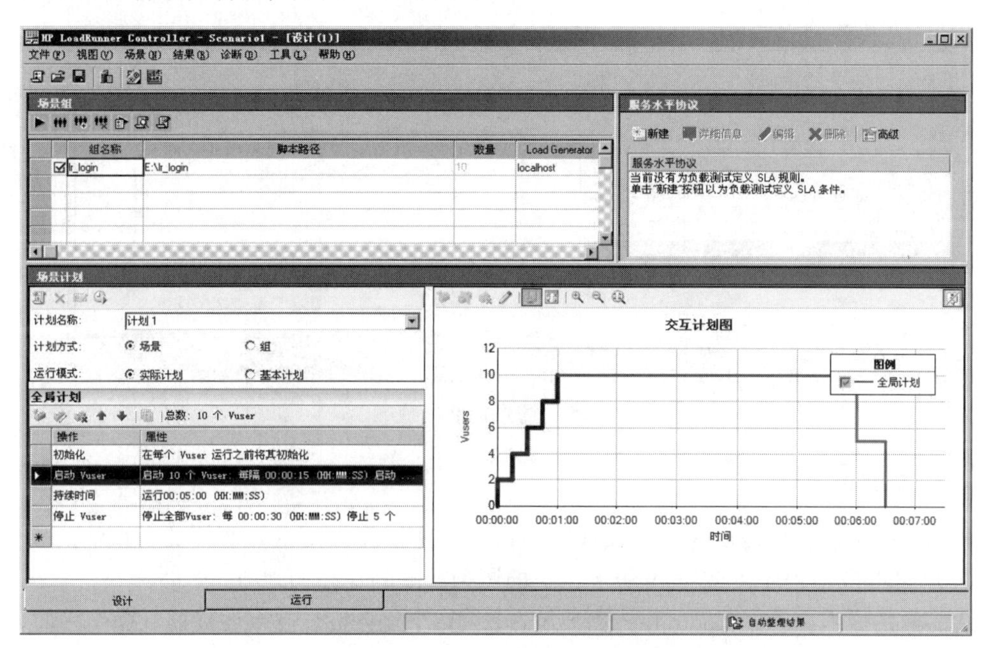

图 7-72　Controller 场景控制器

默认情况下，Controller 会帮忙我们配置 10 个 Vuser，当然，我们可以按照测试计划的设计，在“全局计划”区域中修改。

例如，在前面创建脚本时，我们是设计 5 个 Vuser 运行负载的，所以，我们单击“全局计划”区域中的“启动 Vuser”栏，将启动数修改为 5 个，如图 7-73 所示。

单击【确定】按钮，回到“全局计划”区域，单击“持续时间”栏，将持续时间修改为 15 分钟，如图 7-74 所示。

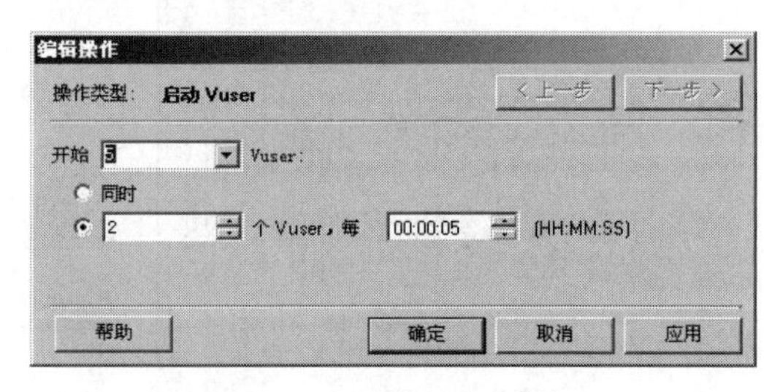

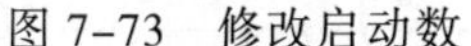
图 7-73　修改启动数

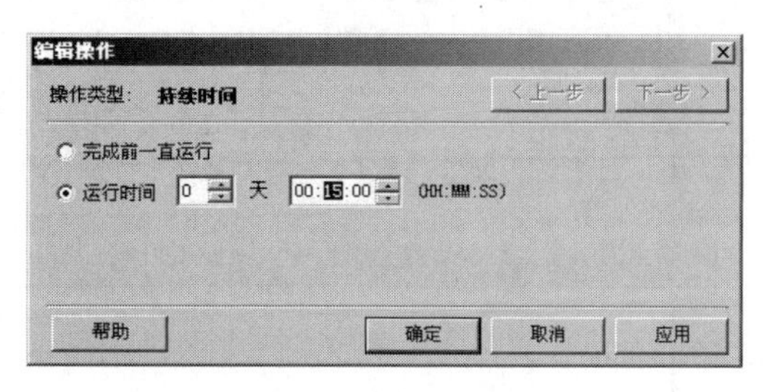

图 7-74　修改运行时间

到此，场景定义就完成了，如图 7-75 所示。

进一步提示：一般的情况下，“持续时间”应在 30 分钟以上会更合理，因为短时间施压，可能无法暴露 Web 服务器的瓶颈，无法暴露 Web 应用程序中资源的释放和回收处理是否有问题。

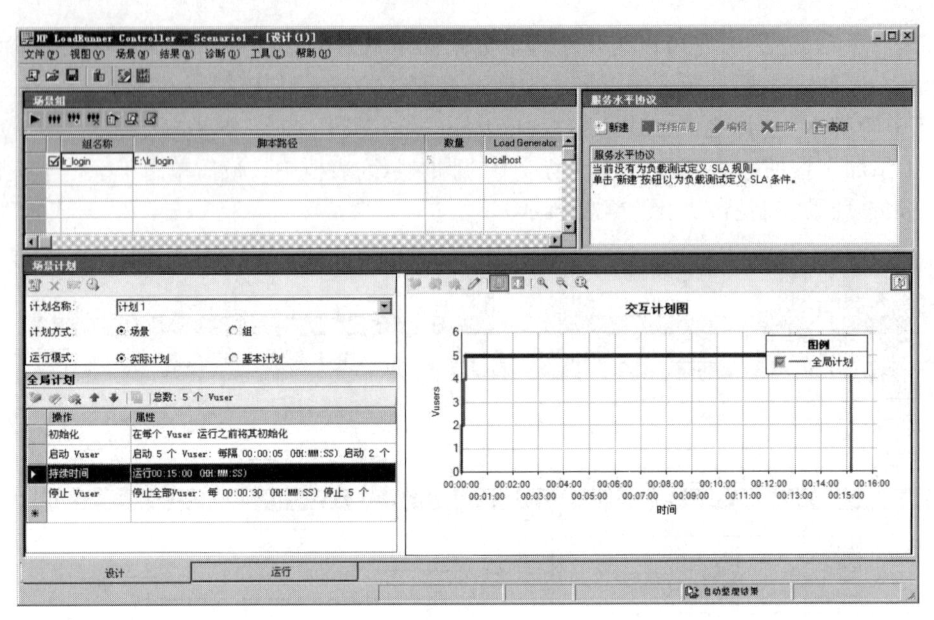

图 7-75　场景定义完成

7.5.9　运行场景

场景定义完毕后，就需要运行并监视该场景，通过分析 Web 应用程序的各项性能指标，可以定位出 Web 应用程序（或 Web 服务器）的瓶颈或缺陷存在的地方。

继续前面的操作，单击 Controller 最下方的【运行】分页栏，进入运行场景操作界面，如图 7-76 所示。

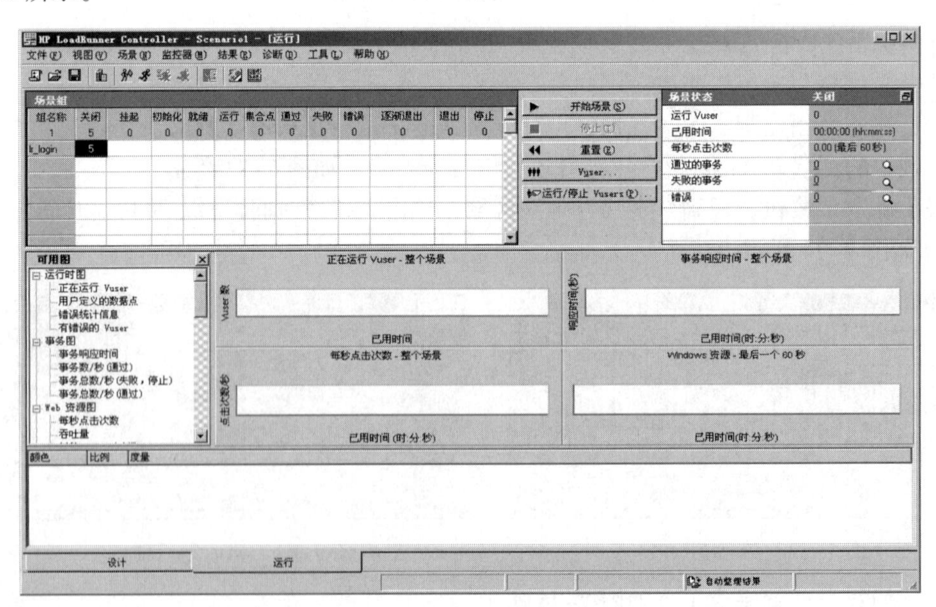

图 7-76　运行场景操作界面

单击【开始场景】按钮，开始运行场景。我们可以在“场景组”窗格中，看到 Vuser 逐渐开始运行并在系统中生成负载，如图 7-77 所示。

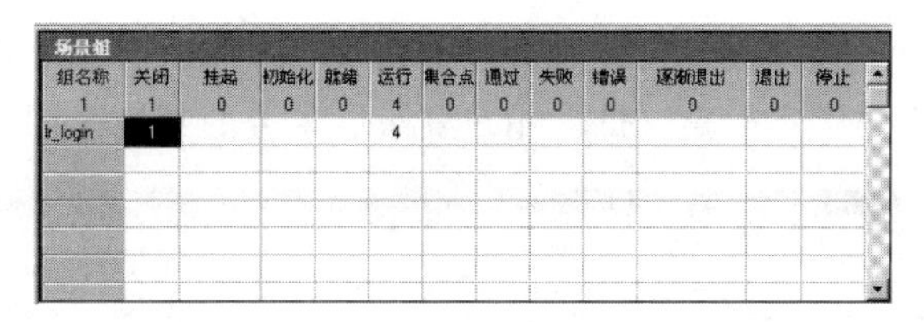

图 7-77 Vuser 逐渐开始运行并在系统中生成负载

同时，我们也可以通过“联机图像”看到服务器对 Vuser 操作的响应情况，如图 7-78 所示。

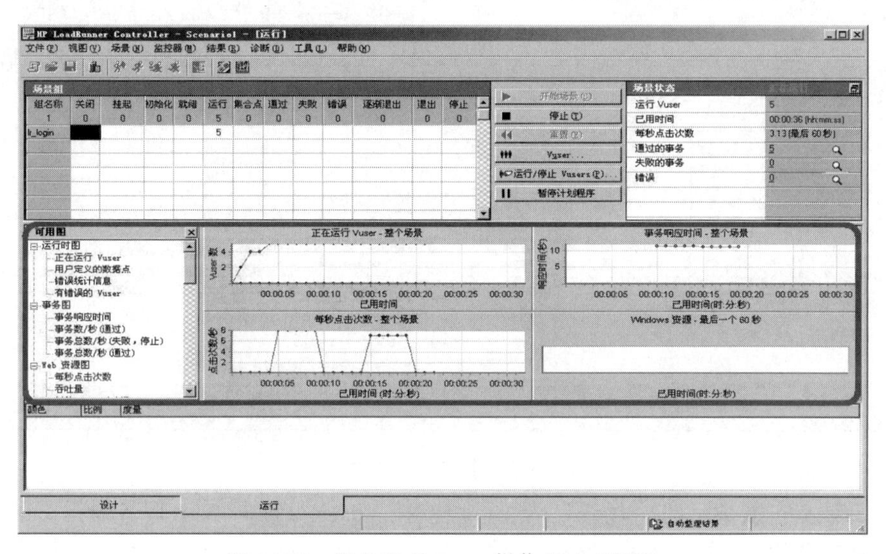

图 7-78 服务器对 Vuser 操作的响应情况

在 Controller 生成负载时，使用 Controller 提供的一整套资源监控器可以评测负载测试期间被测系统的每一项性能指标。通过联机图像，这些都可以以图形的方式很直观地观测到。

通过“正在运行 Vuser—整个场景”图，可以监控在各个时间点上正在运行的 Vuser 数，如图 7-79 所示。

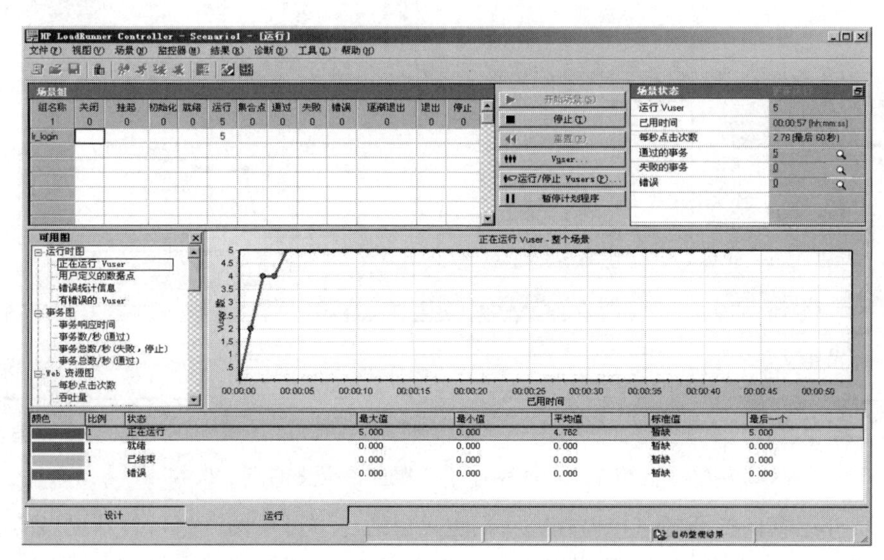

图 7-79 “正在运行 Vuser—整个场景”图

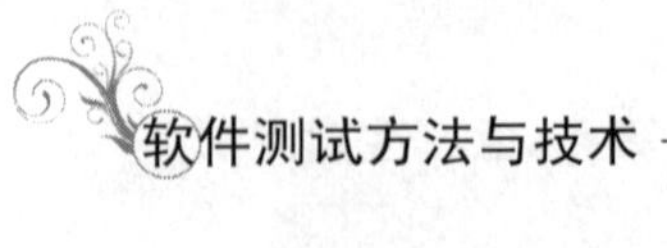

通过“事务响应时间—整个场景”图，可以监控 Vuser 完成脚本中定义的每个事务所用的时间，例如，我们在创建脚本时定义的“用户登录”事务的响应时间，如图 7-80 所示。

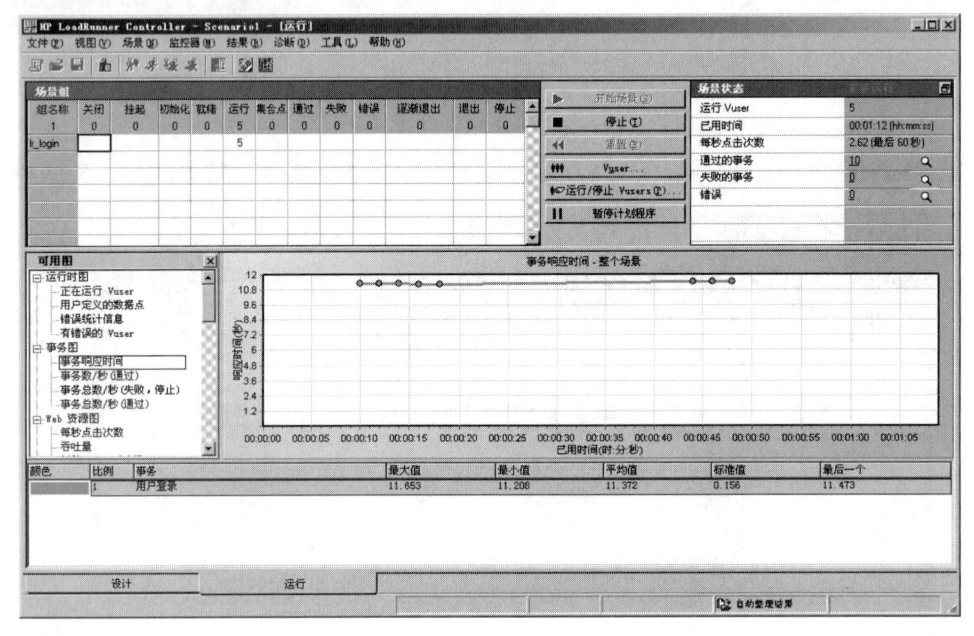

图 7-80 事务响应时间

通过“每秒点击次数—整个场景”图，可以监控 Vuser 每秒向 Web 服务器提交的点击次数（即 HTTP 请求数），如图 7-81 所示。

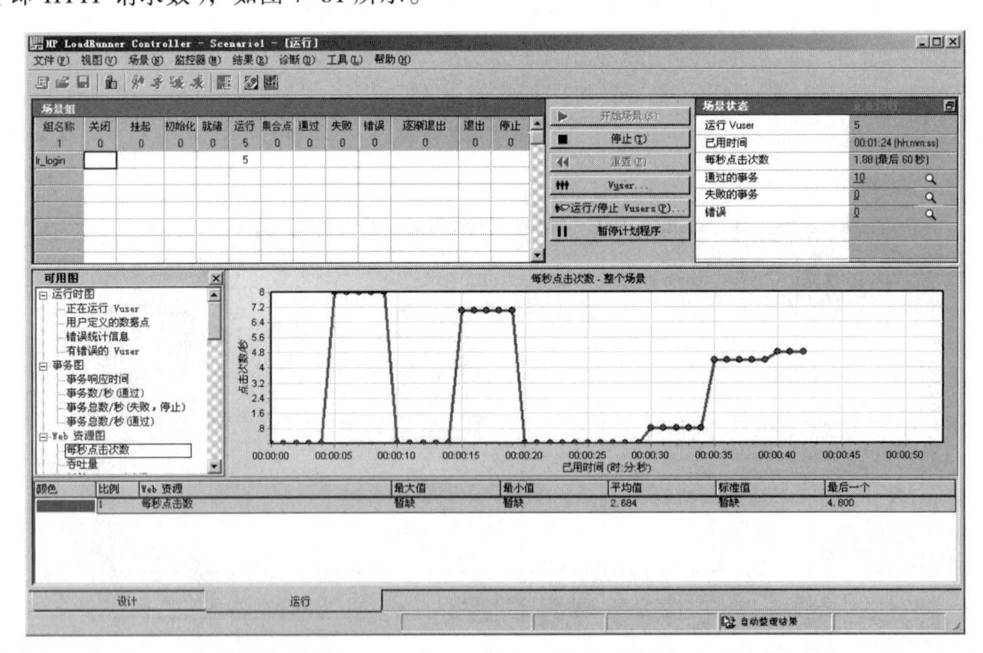

图 7-81 监控 Vuser 每秒向 Web 服务器提交的点击次数

除了前面介绍默认打开的三个监控，我们也可以通过“可用图”窗口打开更多的监控，例如，监控 Web 服务器的 CPU、磁盘或内存的利用率等，如图 7-82 所示。

通过右上角的“场景状态”图，可以监控当前 Controller 的运行状况，包括：当前运行数、当前已用时间、每秒点击次数、通过的事务数、失败的事务数和错误，如图 7-83 所示。

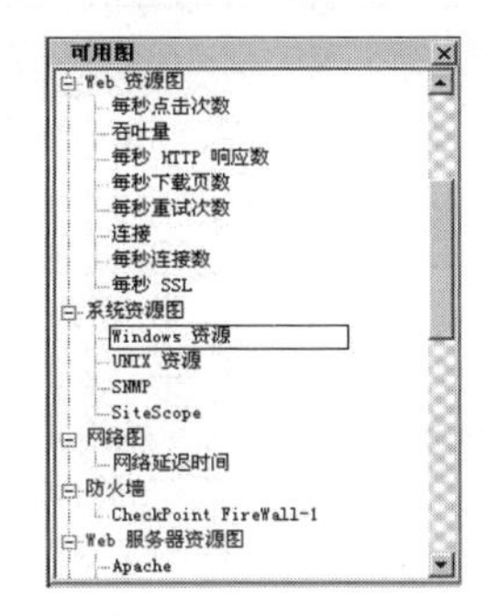

场景状态	
运行 Vuser	5
已用时间	00:01:24 (hh:mm:ss)
每秒点击次数	1.88 (最后 60 秒)
通过的事务	10
失败的事务	0
错误	0

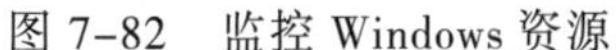

图 7-82　监控 Windows 资源　　　　图 7-83　监控当前 Controller 的运行状况

进一步提示：如果 Web 应用程序一切运行正常，“失败的事务”数和“错误”数应该是 0 或很接近 0 的数。但是，如果我们创建的脚本有错误、Web 应用程序有缺陷、Web 服务器已到达了性能瓶颈，那么，“失败的事务”数和“错误”数就会变得很大。在这种情况下，测试工程师要结合监控图（如果有需要，也应该积极找开发工程师配合），找出问题的原因。

等待场景运行结束后，Controller 会提供详细的监控图和分析，例如，“用户登录”事务的响应时间的分析，会给出走势图、最大值、最小值、平均值和标准值（偏差）等，如图 7-84 所示。

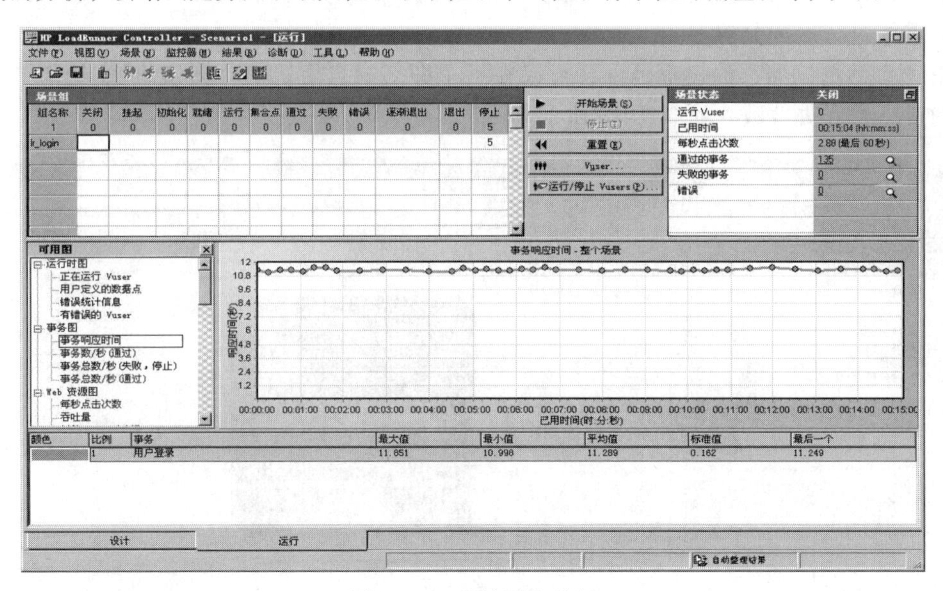

图 7-84　监控图和分析

7.5.10　分析结果

【扫一扫：微课视频】
（推荐链接）

在 Controller 的快捷栏中单击“分析结果”按钮，打开 Analysis 结果分析器。Analysis 会自动根据刚才运行的场景的结果生成一个总结报告，如图 7-85 所示。

其中，“事务摘要”显示方案中所有事务的最小、最大和平均执行时间，可以直接判断响应时间是否符合用户的要求。

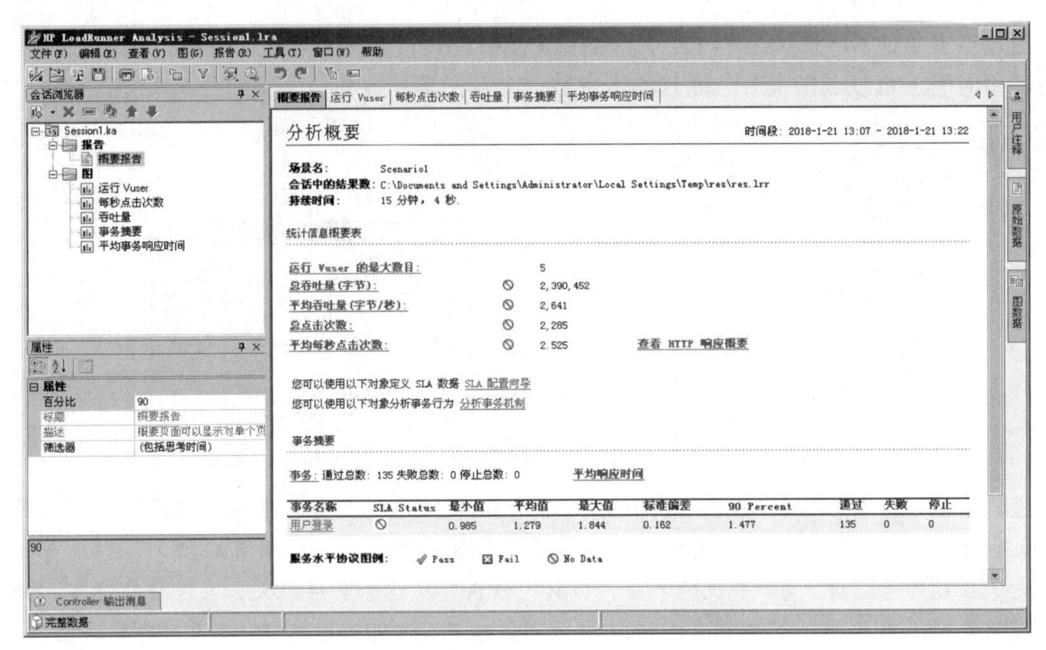

图 7-85　Analysis 结果分析器

重点是关注事务的平均响应时间和最大执行时间，如果其范围不在用户可以接受的时间范围内，需要进行原因分析。

单击“会话浏览器”的树形目录，可以在各个图表中自由切换。例如，“事务摘要”显示事务的成功数和失败数，如图 7-86 所示。

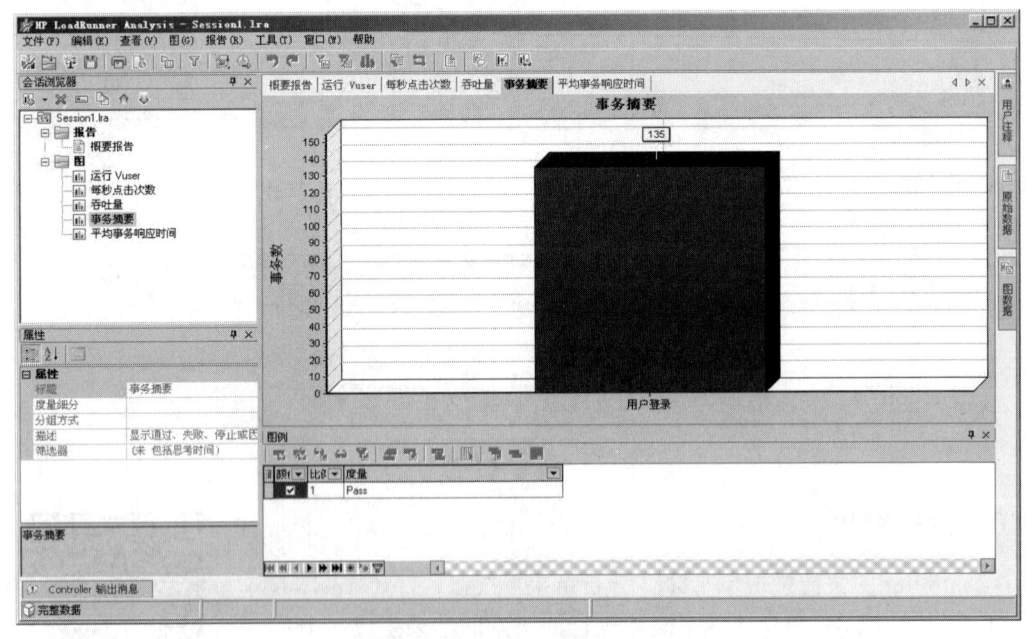

图 7-86　事务摘要

“平均事务响应时间”显示的是测试场景运行期间的每一秒内事务执行所用的平均时间，通过它可以分析测试场景运行期间应用系统的性能走向，如图 7-87 所示。

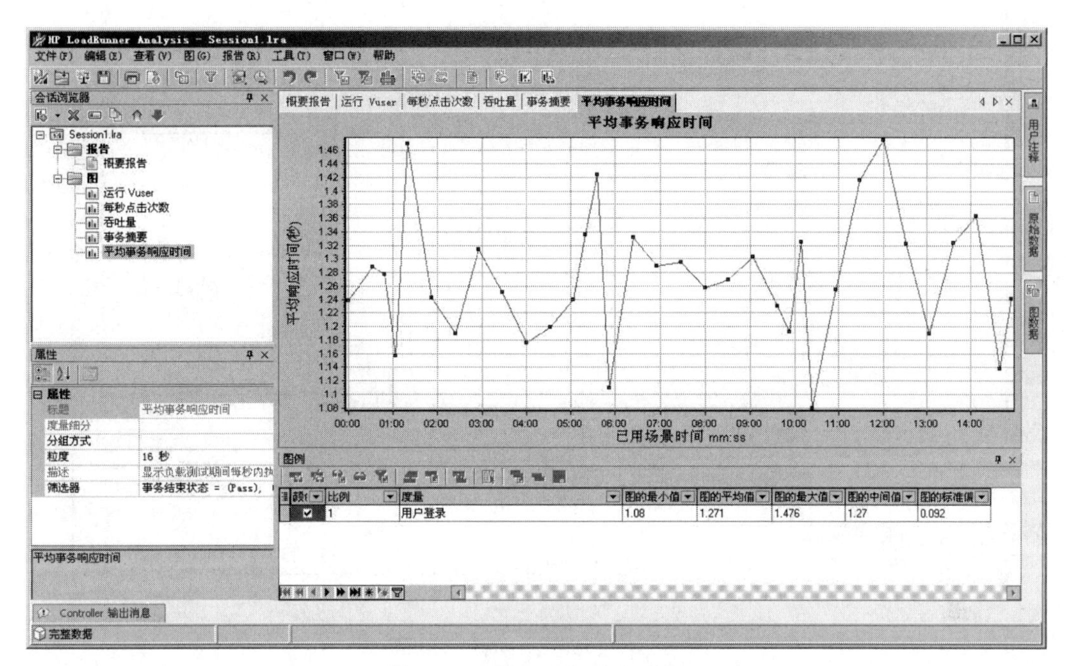

图 7-87　平均事务响应时间

“每秒点击次数”表示运行场景过程中虚拟用户每秒向 Web 服务器提交的 HTTP 请求数。通过它可以评估虚拟用户产生的负载量，可以判断系统是否稳定，如图 7-88 所示。

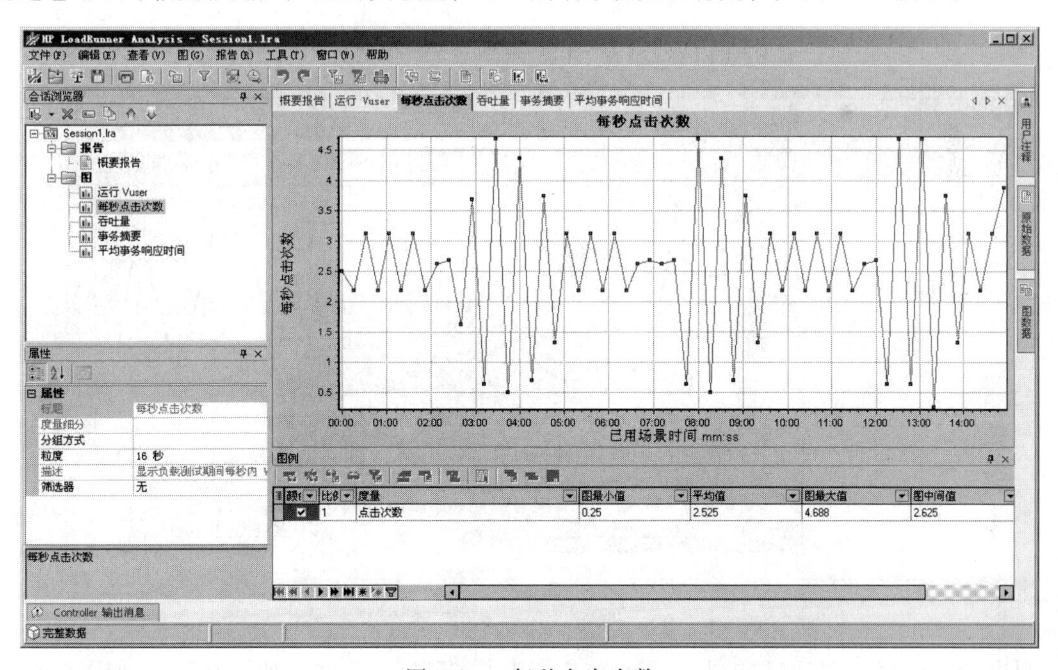

图 7-88　每秒点击次数

“吞吐量”表示虚拟用在任何给定的每一秒从服务器获得的数据量。可以依据服务器的吞吐量来评估虚拟用户产生的负载量，以及看出服务器在流量方面的处理能力以及是否存在瓶颈，如图 7-89 所示。

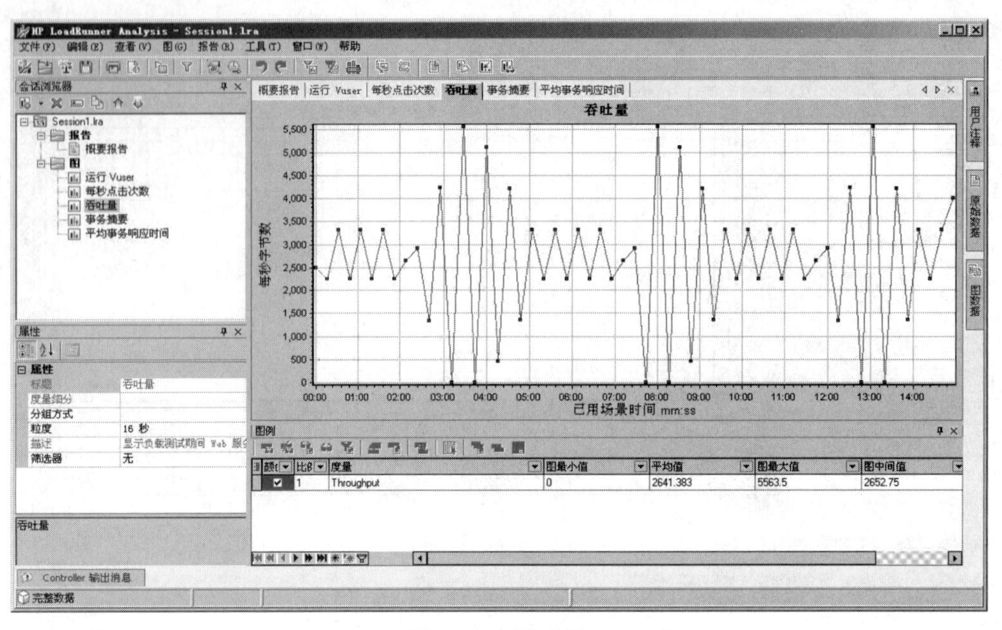

图 7-89　吞吐量

进一步提示：我们可以将多个资源监控的结果组合成一个图在一起来比较，也可以使用自动关联工具，将所有包含可能对响应时间有影响的数据的图合并起来，准确地指出问题的原因。

在图表的曲线上右击，在弹出的快捷菜单中选择“自动关联”命令，如图 7-90 所示。

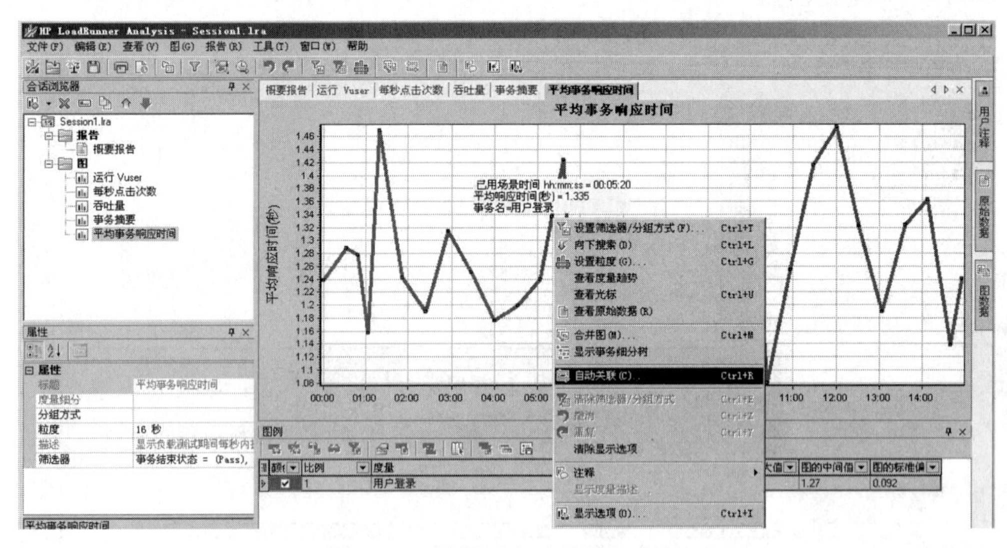

图 7-90　选择“自动关联”命令

弹出“自动关联”对话框，它将若干个监控图表叠加到同一个时间轴的图表上，如图 7-91 所示。

使用 Analysis 给出的这些图和报告，我们可以轻松地找出 Web 应用程序的各项性能指标，同时确定是否需要对其进行改进以提高其性能。

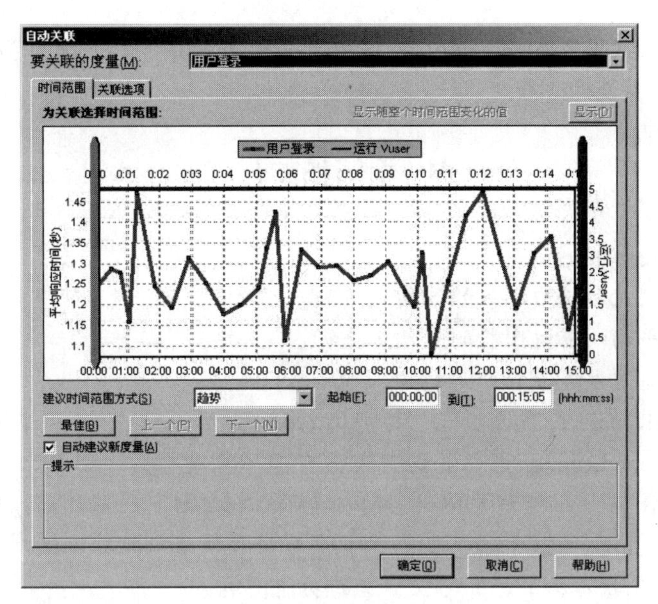

图 7-91　“自动关联”对话框

小　　结

1. 性能测试是指为了评估软件系统的性能状况和预测软件系统性能趋势而进行的测试和分析，是通过自动化的测试工具模拟多种正常、峰值以及异常负载条件来对系统的各项性能指标进行测试。

2. 负载测试（Load Testing）是确定在各种工作负载下系统的性能，目标是测试当负载逐渐增加时，系统组成部分的相应输出项，例如通过量、响应时间、CPU 负载、内存使用等来决定系统的性能。

3. 压力测试（Stress Testing）是通过确定一个系统的瓶颈或者不能接受的性能点，来获得系统能提供的最大服务级别的测试。

4. 并发是指多个同时发生的操作。狭义上的并发是指：所有用户在同一时间点进行同样的操作，一般指同一类型的业务场景，比如 1 000 个用户同时登录系统；广义上的并发是指：多个用户与系统发生了交互，这些业务场景可以是相同的也可以是不同的，交叉请求和处理较多。

5. “事务平均响应时间”显示的是测试场景运行期间的每一秒内事务执行所用的平均时间，通过它可以分析测试场景运行期间应用系统的性能走向。

6. “每秒通过事务数/TPS”显示在场景运行的每一秒钟，每个事务通过、失败以及停止的数量。

7. LoadRunner 的主要功能包括以下几个方面：①可以批量创建虚拟用户，模拟真实负载；②性能测试自动化；③性能监控；④直观的结果分析。

8. 制定负载测试计划一般情况下需要三个步骤：第一步，分析应用程序；第二步，确定测试目标；第三步，计划怎样执行 LoadRunner。

9. 一般情况下，使用 LoadRunner 进行负载测试一般包括 5 个阶段：规划、创建脚本、定义场景、运行场景和分析结果。

思考与练习

1. 请简述什么是性能测试。
2. 请简述负载测试和压力测试的区别。
3. 请简述事务平均响应时间指的是什么。
4. 请简述每秒通过事务数指的是什么。
5. 请简述 LoadRunner 的主要功能包括哪几方面。
6. 请简述使用 LoadRunner 进行负载测试的 5 个阶段是什么。
7. 尝试对 WebTours（航空订票网站）的机票预订模块进行性能测试，制定测试计划。
8. 尝试对 WebTours（航空订票网站）的机票预订模块进行性能测试，通过 LoadRunner 的虚拟用户生成器录制操作脚本，并增强脚本的功能实现。
9. 尝试对 WebTours（航空订票网站）的机票预订模块进行性能测试，通过 LoadRunner 的场景控制器定义场景，并运行场景。
10. 尝试对 WebTours（航空订票网站）的机票预订模块进行性能测试，通过 LoadRunner 的结果分析器分析运行场景所产生的结果，并写出测试报告。

第8章 软件测试相关文档编写

重点：

- 掌握测试计划的编写规范。
- 掌握各种评审报告的编写规范。
- 掌握测试报告的编写规范。

难点：

- 在测试计划中测试策略的设计。
- 在测试计划中测试进度的安排。
- 在测试报告中测试数据的汇总、统计与分析。
- 根据测试数据的汇总、统计与分析，提炼测试总结。

【扫一扫：微课视频】
（推荐链接）

软件测试文档就是为了将软件测试当作一个项目一样实施计划和管理而引入的，它为测试项目的组织、规划和管理提供了一个规范化的架构。

为了统一测试文档的书写标准，IEEE/ANSI 制定了 829-1983 标准，还有其他的一些规范也用于指导软件测试文档的编写，如我国制定的《计算机软件测试文件百年之规范（GB/T 9386—2008）》等，甚至，在不同的软件公司也有公司自定义的文档写作要求。

一般来说，需要测试工程师/测试主管编写的软件测试文档主要包括以下部分：

- 测试计划。
- 测试方案/测试策略。
- 评审报告。
- 测试用例报告。
- 测试记录。
- 缺陷报告。
- 测试报告。

【扫一扫：微课视频】
（推荐链接）

因为在前面我们已经讲述了如何使用应用生命周期管理平台（Application Lifecycle Management，ALM）来管理测试需求、测试用例、测试执行和缺陷等测试资源，并且通过 ALM 能够很方便地生成各种管理资源的报告，所以在这里我们主要讲述测试计划（含测试方案/测试策略）、评审报告和测试报告的编写，尽量给大家一个文档编写指引。

8.1 测试计划

“测试计划”——“Testing Plan”，描述了要进行的测试活动的范围、方法、资源和进度的文档，是对整个信息系统应用软件组装测试和确认测试。

它确定测试项、被测特性、测试任务、谁执行任务、各种可能的风险。测试计划可以有效预防计划的风险，保障计划的顺利实施。

制定测试计划，要达到的目标如下：

（1）为测试各项活动制定一个现实可行的、综合的计划，包括每项测试活动的对象、范围、方法、进度和预期结果。

（2）为项目实施建立一个组织模型，并定义测试项目中每个角色的责任和工作内容。

【扫一扫：微课视频】
（推荐链接）

（3）开发有效的测试模型，能正确地验证正在开发的软件系统。

（4）确定测试所需要的时间和资源，以保证其可获得性、有效性。

（5）确立每个测试阶段测试完成以及测试成功的标准、要实现的目标。

（6）识别出测试活动中各种风险，并消除可能存在的风险，降低由不可能消除的风险所带来的损失。

测试计划的作用通常分内部作用和外部作用，内部作用有以下 3 种：

（1）作为测试计划的结果，让相关人员和开发人员来评审。

（2）存储计划执行的细节，让测试人员进行同行评审。

（3）存储计划进度表、测试环境等更多的信息，以便进行项目管理。

测试计划的外部作用是：通过向顾客交代有关测试过程、人员的技能、资源、使用的工具等信息，为顾客提供信心。

俗话说：凡事预则立，不预则废！在测试项目之初就要制定相应的测试计划。

在这里首先要了解以下几个问题：

为什么要编写测试计划？

（1）领导能够根据测试计划做宏观调控，进行相应资源配置等。

（2）测试人员能够了解整个项目测试情况，以及项目测试的不同阶段所要进行的工作等。

（3）便于其他人员了解测试人员的工作内容，进行有关配合工作。

什么时间开始编写测试计划？

一般情况下，在测试需求分析前编写总体测试计划书，在测试需求分析后编写详细测试计划书。

由谁来编写测试计划？

一般情况下，测试计划的编写需要一定的测试技能和项目管理经验，所以，测试计划的编写应该由测试主管或具有丰富经验的项目测试负责人

测试计划编写的 6 要素（5W1H）：

（1）why——为什么要进行这些测试。

（2）what——测试哪些方面，不同阶段的工作内容。

（3）when——测试不同阶段的起止时间。

（4）where——相应文档，缺陷的存放位置，测试环境等。

（5）who——项目有关人员组成，安排哪些测试人员进行测试。

（6）how——如何去做，使用哪些测试工具以及测试方法进行测试。

测试策略“Test Strategy”，是主要设计怎么测试、测试什么内容和采用什么样的方法的文档，一般来说，测试策略会作为测试计划文档中的一部分出现，回答“what”和“how”问

题——“测什么”和“如何去做”，它是测试计划很重要的一部分。

对于每种要实施的测试，我们都应提供详细的测试说明，并解释其实施的原因，制定测试策略时要考虑的主要事项有：将要使用的技术以及判断测试何时完成的标准。

下面提供一份测试计划模板——“经典测试计划模板”，可供大家参考。（来源于：百度文库和 51Testing 软件测试网）

××××项目测试计划

××××年××月××日××××公司

目录

1．简介

1.1 目的

＜项目名称＞的这一“测试计划”文档有助于实现以下目标：

[确定现有项目的信息和应测试的软件构件。
列出推荐的测试需求（高级需求）。
推荐可采用的测试策略，并对这些策略加以说明。
确定所需的资源，并对测试的工作量进行估计。
列出测试项目的可交付元素]

1.2 背景

[对测试对象（构件、应用程序、系统等）及其目标进行简要说明。需要包括的信息有：主要的功能和性能、测试对象的构架以及项目的简史。]

1.3 范围

[描述测试的各个阶段（例如，单元测试、集成测试或系统测试），并说明本计划所针对的测试类型（如功能测试或性能测试）。

简要地列出测试对象中将接受测试或将不接受测试的那些性能和功能。

如果在编写此文档的过程中做出的某些假设可能会影响测试设计、开发或实施，则列出所有这些假设。

列出可能会影响测试设计、开发或实施的所有风险或意外事件。

列出可能会影响测试设计、开发或实施的所有约束。]

2．测试参考文档和测试提交文档

2.1　测试参考文档

下表列出了制定测试计划时所使用的文档，并标明了各文档的可用性：

[注：可适当地删除或添加文档项。]

文档（版本/日期）	已创建或可用	已被接收或已经过复审	作者或来源	备注
可行性分析报告	是□　否□	是□　否□		
软件需求定义	是□　否□	是□　否□		
软件系统分析（STD,DFD,CFD,DD）	是□　否□	是□　否□		
软件概要设计	是□　否□	是□　否□		
软件详细设计	是□　否□	是□　否□		
软件测试需求	是□　否□	是□　否□		
硬件可行性分析报告	是□　否□	是□　否□		
硬件需求定义	是□　否□	是□　否□		
硬件概要设计	是□　否□	是□　否□		
硬件原理图设计	是□　否□	是□　否□		
硬件结构设计(包含 PCB）	是□　否□	是□　否□		
FPGA 设计	是□　否□	是□　否□		
硬件测试需求	是□　否□	是□　否□		
PCB 设计	是□　否□	是□　否□		
USB 驱动设计	是□　否□	是□　否□		
Tuner BSP 设计	是□　否□	是□　否□		
MCU 设计	是□　否□	是□　否□		
模块开发手册	是□　否□	是□　否□		
测试时间表及人员安排	是□　否□	是□　否□		
测试计划	是□　否□	是□　否□		
测试方案	是□　否□	是□　否□		
测试报告	是□　否□	是□　否□		
测试分析报告	是□　否□	是□　否□		
用户操作手册	是□　否□	是□　否□		
安装指南	是□　否□	是□　否□		

2.2　测试提交文档

[下面应当列出在测试阶段结束后，所有可提交的文档。]

3．测试进度

测试活动	计划开始日期	实际开始日期	结束日期
制定测试计划			
设计测试			
集成测试			
系统测试			
性能测试			
安装测试			
用户验收测试			
对测试进行评估			
产品发布			

4．测试资源

4.1 人力资源

下表列出了在此项目的人员配备方面所作的各种假定。

[注：可适当地删除或添加角色项。]

角　　色	所推荐的最少资源（所分配的专职角色数量）	具体职责或注释

4.2 测试环境

下表列出了测试的系统环境。

软件环境（相关软件、操作系统等）
硬件环境（网络、设备等）

4.3 测试工具

此项目将列出测试使用的工具：

用途	工具	生产厂商/自产	版本

5．系统风险、优先级

[简要描述测试阶段的风险和处理的优先级]

6．测试策略

[测试策略提供了对测试对象进行测试的推荐方法。

对于每种测试，都应提供测试说明，并解释其实施的原因。

制定测试策略时所考虑的主要事项有：将要使用的技术以及判断测试何时完成的标准。

下面列出了在进行每项测试时需考虑的事项，除此之外，测试还只应在安全的环境中使用已知的、有控制的数据库来执行。]

注意：不实施某种测试，则应该用一句话加以说明，并陈述这样的理由。例如，“将不实施该测试。该测试本项目不适用”。

6.1 数据和数据库完整性测试

[要<项目名称>中，数据库和数据库进程应作为一个子系统来进行测试。在测试这些子系统时，不应将测试对象的用户界面用作数据的接口。对于数据库管理系统（DBMS），还需要进行深入的研究，以确定可以支持以下测试的工具和技术。]

测试目标：	[确保数据库访问方法和进程正常运行，数据不会遭到损坏]
测试范围：	
技术：	[调用各个数据库访问方法和进程，并在其中填充有效的和无效的数据（或对数据的请求）。 检查数据库，确保数据已按预期的方式填充，并且所有的数据库事件已正常发生；或者检查所返回的数据，确保正当的理由检索到了正确的数据]
开始标准：	
完成标准：	[所有的数据库访问方法和进程都按照设计的方式运行，数据没有遭到损坏。]
测试重点和优先级：	
需考虑的特殊事项：	[测试可能需要 DBMS 开发环境或驱动程序在数据库中直接输入或修改数据。 进程应该以手工方式调用。 应使用小型或最小的数据库（记录的数量有限）来使所有无法接受的事件具有更大的可视度。]

6.2　接口测试

测试目标	确保接口调用的正确性
测试范围：	所有软件、硬件接口，记录输入输出数据
技术：	
开始标准：	
完成标准：	
测试重点和优先级：	
需考虑的特殊事项：	接口的限制条件

6.3　集成测试

[集成测试的主要目的是检测系统是否达到需求，对业务流程及数据流的处理是否符合标准，检测系统对业务流处理是否存在逻辑不严谨及错误，检测需求是否存在不合理的标准及要求。此阶段测试基于功能完成的测试。]

测试目标	检测需求中业务流程、数据流的正确性
测试范围：	需求中明确的业务流程，或组合不同功能模块而形成一个大的功能
技术：	[利用有效的和无效的数据来执行各个用例、用例流或功能，以核实以下内容： 在使用有效数据时得到预期的结果。 在使用无效数据时显示相应的错误消息或警告消息。 各业务规则都得到了正确的应用。]
开始标准：	在完成某个集成测试时必须达到标准
完成标准：	[所计划的测试已全部执行。 所发现的缺陷已全部解决。]
测试重点和优先级：	测试重点指在测试过程中需着重测试的地方，优先级可以根据需求及严重来定
需考虑的特殊事项：	[确定或说明那些将对功能测试的实施和执行造成影响的事项或因素(内部的或外部的)]

6.4　功能测试

[对测试对象的功能测试应侧重于所有可直接追踪到用例或业务功能和业务规则的测试需求。这种测试的目标是核实数据的接受、处理和检索是否正确，以及业务规则的实施是否恰当。此类测试基于黑盒技术，该技术通过图形用户界面（GUI）与应用程序进行交互，并对交互的输出或结果进行分析，以此来核实应用程序及其内部进程。以下为各种应用程序列出了推荐使用的测试概要：]

测试目标	[确保测试的功能正常，其中包括导航，数据输入，处理和检索等功能。]
测试范围：	
技术：	[利用有效的和无效的数据来执行各个用例、用例流或功能，以核实以下内容： 在使用有效数据时得到预期的结果。 在使用无效数据时显示相应的错误消息或警告消息。 各业务规则都得到了正确的应用。]

续表

开始标准：	
完成标准：	
测试重点和优先级：	
需考虑的特殊事项：	[确定或说明那些将对功能测试的实施和执行造成影响的事项或因素（内部的或外部的）]

6.5 用户界面测试

[用户界面（UI）测试用于核实用户与软件之间的交互。UI 测试的目标是确保用户界面会通过测试对象的功能来为用户提供相应的访问或浏览功能。另外，UI 测试还可确保 UI 中的对象按照预期的方式运行，并符合公司或行业的标准。]

测试目标	[核实以下内容： 通过测试进行的浏览可正确反映业务的功能和需求，这种浏览包括窗口与窗口之间、字段与字段之间的浏览，以及各种访问方法（Tab 键、鼠标移动、和快捷键）的使用 窗口的对象和特征（例如，菜单、大小、位置、状态和中心）都符合标准。]
测试范围：	
技术：	[为每个窗口创建或修改测试，以核实各个应用程序窗口和对象都可正确地进行浏览，并处于正常的对象状态。]
开始标准：	
完成标准：	[成功地核实出各个窗口都与基准版本保持一致，或符合可接受标准]
测试重点和优先级：	
需考虑的特殊事项：	[并不是所有定制或第三方对象的特征都可访问。]

6.6 性能测试

[性能评测是一种性能测试，它对响应时间、事务处理速率和其他与时间相关的需求进行评测和评估。性能评测的目标是核实性能需求是否都已满足。实施和执行性能评测的目的是将测试对象的性能行为当作条件（例如工作量或硬件配置）的一种函数来进行评测和微调。

注：以下所说的事务是指“逻辑业务事务”。这种事务被定义为将由系统的某个 Actor 通过使用测试对象来执行的特定用例，添加或修改给定的合同。]

测试目标	[核实所指定的事务或业务功能在以下情况下的性能行为： 正常的预期工作量 预期的最繁重工作量]
测试范围：	
技术：	[使用为功能或业务周期测试制定的测试过程。 通过修改数据文件来增加事务数量，或通过修改脚本来增加每项事务的迭代数量。 脚本应该在一台计算机上运行（最好是以单个用户、单个事务为基准），并在多个客户机（虚拟的或实际的客户机，请参见下面的“需要考虑的特殊事项”）上重复。]

续表

开始标准：	
完成标准：	[单个事务或单个用户：在每个事务所预期时间范围内成功地完成测试脚本，没有发生任何故障。] [多个事务或多个用户：在可接受的时间范围内成功地完成测试脚本，没有发生任何故障。]
测试重点和优先级：	
需考虑的特殊事项：	[综合的性能测试还包括在服务器上添加后台工作量。 可采用多种方法来执行此操作，其中包括： 直接将“事务强行分配到”服务器上，这通常以“结构化语言”（SQL）调用的形式来实现。 通过创建“虚拟的”用户负载来模拟许多个（通常为数百个）客户机。此负载可通过“远程终端仿真（Remote Terminal Emulation）工具来实现。此技术还可用于在网络中加载“流量”。 使用多台实际客户机（每台客户机都运行测试脚本）在系统上添加负载。 性能测试应该在专用的计算机上或在专用的机时内执行，以便实现完全的控制和精确的评测。 性能测试所用的数据库应该是实际大小或相同缩放比例的数据库。]

6.7 负载测试

[负载测试是一种性能测试。在这种测试中，将使测试对象承担不同的工作量，以评测和评估测试对象在不同工作量条件下的性能行为，以及持续正常运行的能力。负载测试的目标是确定并确保系统在超出最大预期工作量的情况下仍能正常运行。此外，负载测试还要评估性能特征，例如，响应时间、事务处理速率和其他与时间相关的方面。]

[注：以下所说的事务是指“逻辑业务事务”。各事务被定义为将由系统的某个最终用户通过使用应用程序来执行的特定功能，例如，添加或修改给定的合同。]

测试目标	[核实所指定的事务或商业理由在不同的工作量条件下的性能行为时间。]
测试范围：	
技术：	[使用为功能或业务周期测试制定的测试。 通过修改数据文件来增加事务数量，或通过修改脚本来增加每项事务发生的次数。]
开始标准：	
完成标准：	[多个事务或多个用户：在可接受的时间范围内成功地完成测试，没有发生任何故障。]
测试重点和优先级：	
需考虑的特殊事项：	[负载测试应该在专用的计算机上或在专用的机时内执行，以便实现完全的控制和精确的评测。 负载测试所用的数据库应该是实际大小或相同缩放比例的数据库。]

6.8 强度测试

[强度测试是一种性能测试，实施和执行此类测试的目的是找出因资源不足或资源争用而导致的错误。如果内存或磁盘空间不足，测试对象就可能会表现出一些在正常条件下并不明显的缺陷。而其他缺陷则可能是由于争用共享资源（如数据库锁或网络带宽）而造成的。强度测试还可用于确定测试对象能够处理的最大工作量。]

[注：以下提到的事务都是指逻辑业务事务。]

测试目标	[核实测试对象能够在以下强度条件下正常运行，不会出现任何错误： 服务器上几乎没有或根本没有可用的内存（RAM 和 DASD） 连接或模拟了最大实际（实际允许）数量的客户机 多个用户对相同的数据或账户执行相同的事务 最繁重的事务量或最差的事务组合（请参见上面的“性能测试”）。 注：强度测试的目标可表述为确定和记录那些使系统无法继续正常运行的情况或条件。]
测试范围：	
技术：	[使用为性能评测或负载测试制定的测试。 要对有限的资源进行测试，就应该在一台计算机上运行测试，而且应该减少或限制服务器上的 RAM 和 DASD。 对于其他强度测试，应该使用多台客户机来运行相同的测试或互补的测试，以产生最繁重的事务量或最差的事务组合。]
开始标准：	
完成标准：	[所计划的测试已全部执行，并且在达到或超出指定的系统限制时没有出现任何软件故障，或者导致系统出现故障条件的并不在指定的条件范围之内。]
测试重点和优先级：	
需考虑的特殊事项：	[如果要增加网络工作强度，可能会需要使用网络工具来给网络加载消息或信息包。 应该暂时减少用于系统的 DASD，以限制数据库可用空间的增长。 使多个客户机对相同的记录或数据账户同时进行的访问达到同步。]

6.9 容量测试

[容量测试使测试对象处理大量的数据，以确定是否达到了将使软件发生故障的极限。容量测试还将确定测试对象在给定时间内能够持续处理的最大负载或工作量。例如，如果测试对象正在为生成一份报表而处理一组数据库记录，那么容量测试就会使用一个大型的测试数据库。检验该软件是否正常运行并生成了正确的报表。]

测试目标	[核实测试对象在以下高容量条件下能否正常运行： 连接或模拟了最大（实际或实际允许）数量的客户机，所有客户机在长时间内执行相同的、且情况（性能）最坏的业务功能。 已达到最大的数据库大小（实际的或按比例缩放的），而且同时执行多个查询或报表事务。]
测试范围：	
技术：	[使用为性能评测或负载测试制定的测试。 应该使用多台客户机来运行相同的测试或互补的测试，以便在长时间内产生最繁重的事务量或最差的事务组合（请参见上面的“强度测试”） 创建最大的数据库大小（实际的、按比例缩放的、或填充了代表性数据的数据库），并使用多台客户机在长时间内同时运行查询和报表事务。]
开始标准：	
完成标准：	[所计划的测试已全部执行，而且达到或超出指定的系统限制时没有出现任何软件故障。]
测试重点和优先级：	
需考虑的特殊事项：	[对于上述的高容量条件，哪个时间段是可以接受的时间？]

6.10 安全性和访问控制测试

[安全性和访问控制测试侧重于安全性的两个关键方面：

应用程序级别的安全性，包括对数据或业务功能的访问。

系统级别的安全性，包括对系统的登录或远程访问。

应用程序级别的安全性可确保：在预期的安全性情况下，Actor只能访问特定的功能或用例，或者只能访问有限的数据。例如，可能会允许所有人输入数据，创建新账户，但只有管理员才能删除这些数据或账户。如果具有数据级别的安全性，测试就可确保"用户类型一"能够看到所有客户消息（包括财务数据），而"用户类型二"看见同一客户的统计数据。

系统级别的安全性可确保只有具备系统访问权限的用户才能访问应用程序，而且只能通过相应的网关来访问。]

测试目标	应用程序级别的安全性：[核实 Actor 只能访问其所属用户类型已被授权访问的那些功能或数据。] 系统级别的安全性：[核实只有具备系统和应用程序访问权限的 Actor 才能访问系统和应用程序。]
测试范围：	
技术：	应用程序级别的安全性：[确定并列出各用户类型及其被授权访问的功能或数据。] [为各用户类型创建测试，并通过创建各用户类型所特有的事务来核实其权限。] 修改用户类型并为相同的用户重新运行测试。对于每种用户类型，确保正确地提供或拒绝了这些附加的功能或数据。 系统级别的访问：[请参见以下的"需考虑的特殊事项"。]
开始标准：	
完成标准：	[各种已知的 Actor 类型都可访问相应的功能或数据，而且所有事务都按照预期的方式运行，并在先前的应用程序功能测试中运行了所有的事务。]
测试重点和优先级：	
需考虑的特殊事项：	[必须与相应的网络或系统管理员一直对系统访问权进行检查和讨论。由于此测试可能是网络管理可系统管理的职能，可能会不需要执行此测试。]

6.11 故障转移和恢复测试

[故障转移和恢复测试可确保测试对象能成功完成转移，并能从导致意外数据损失或数据完整性破坏的各种硬件、软件和网络故障中恢复。

故障转移测试可确保：对于必须持续运行的系统，一旦发生故障，备用系统就将不失时机地"顶替"发生故障的系统，以避免丢失任何数据或事务。

恢复测试是一种对抗性的测试过程。在这种测试中，将把应用程序或系统置于极端的条件下（或者是模拟的极端条件下），以产生故障（例如设备输入/输出（I/O）故障或无效的数据库指针和关键字）。然后调用恢复进程并监测和检查应用程序和系统，核实应用程序或系统和数据已得到了正确的恢复。]

测试目标	[确保恢复进程(手工或自动)将数据库、应用程序和系统正确地恢复到预期的已知状态。 测试中将包括以下各种情况: • 客户机断电 • 服务器断电 • 通过网络服务器产生的通信中断 • DASD 和/或 DASD 控制器被中断、断电或与 DASD 和/或 DASD 控制器的通信中断 • 周期未完成(数据过滤进程被中断,数据同步进程被中断) • 数据库指针或关键字无效 • 数据库中的数据元素无效或遭到破坏]
测试范围:	
技术:	[应该使用为功能和业务周期测试创建的测试来创建一系列的事务。一旦达到预期的测试起点,就应该分别执行或模拟以下操作: • 客户机断电:关闭 PC 的电源。 • 服务器断电:模拟或启动服务器的断电过程。 • 通过网络服务器产生的中断:模拟或启动网络的通信中断(实际断开通信线路的连接或关闭网络服务器或路由器的电源)。 • DASD 和 DASD 控制器被中断、断电或与 DASD 和 DASD 控制器的通信中断:模拟与一个或多个 DASD 控制器或设备的通信,或实际取消这种通信。 一旦实现了上述情况(或模拟情况),就应该执行其他事务。而且一旦达到第二个测试点状态,就应调用恢复过程。 在测试不完整的周期时,所使用的技术与上述技术相同,只不过应异常终止或提前终止数据库进程本身。 对以下情况的测试需要达到一个已知的数据库状态。当破坏若干个数据库字段、指针和关键字时,应该以手工方式在数据库中(通过数据库工具)直接进行。其他事务应该通过使用“应用程序功能测试”和“业务周期测试”中的测试来执行,并且应执行完整的周期。]
开始标准:	
完成标准:	[在所有上述情况中,应用程序、数据库和系统应该在恢复过程完成时立即返回到一个已知的预期状态。此状态包括仅限于已知损坏的字段、指针或关键字范围内的数据损坏,以及表明进程或事务因中断而未被完成的报表。]
测试重点和优先级:	
需考虑的特殊事项:	[恢复测试会给其他操作带来许多的麻烦。断开缆线连接的方法(模拟断电或通信中断)可能并不可取或不可行。所以,可能会需要采用其他方法,例如诊断性软件工具。 需要系统(或计算机操作)、数据库和网络组中的资源。 这些测试应该在工作时间之外或在一台独立的计算机上运行。]

6.12 配置测试

[配置测试核实测试对象在不同的软件和硬件配置中的运行情况。在大多数生产环境中,客户机工作站、网络连接和数据库服务器的具体硬件规格会有所不同。客户机工作站可能会安装不同的软件,例如,应用程序、驱动程序等。而且在任何时候,都可能运行许多不同的软件组合,从而占用不同的资源。]

测试目标	[核实测试可在所需的硬件和软件配置中正常运行。]
测试范围：	
技术：	[使用功能测试脚本。 在测试过程中或在测试开始之前，打开各种与非测试对象相关的软件（例如 Microsoft 应用程序：Excel 和 Word），然后将其关闭。 执行所选的事务，以模拟 Actor 与测试对象软件和非测试对象软件之间的交互。 重复上述步骤，尽量减少客户机工作站上的常规可用内存。]
开始标准：	
完成标准：	[对于测试对象软件和非测试对象软件的各种组合，所有事务都成功完成，没有出现任何故障。]
测试重点和优先级：	
需考虑的特殊事项：	[需要、可以使用并可以通过桌面访问哪种非测试对象软件？ 通常使用的是哪些应用程序？ 应用程序正在运行什么数据？例如，在 Excel 中打开的大型电子表格，或是在 Word 中打开的 100 页文档。 作为此测试的一部分，应将整修系统、Netware、网络服务器、数据库等都记录下来。]

6.13 安装测试

[安装测试有两个目的。第一个目的是确保该软件在正常情况和异常情况的不同条件下（例如，进行首次安装、升级、完整的或自定义的安装）都能进行安装。异常情况包括磁盘空间不足、缺少目录创建权限等。第二个目的是核实软件在安装后可立即正常运行。这通常是指运行大量为功能测试制定的测试。]

测试目标	核实在以下情况下，测试对象可正确地安装到各种所需的硬件配置中： • 首次安装。以前从未安装过<项目名称>的新计算机 • 更新。以前安装过相同版本的<项目名称>的计算机 • 更新。以前安装过<Project Name>的较早版本的计算机
测试范围：	
技术：	[手工开发脚本或开发自动脚本，以验证目标计算机的状况　首次安装<项目名称>从未安装过；<项目名称>安装过相同或较早的版本。 启动或执行安装。 使用预先确定的功能测试脚本子集来运行事务。]
开始标准：	
完成标准：	<项目名称>事务成功执行，没有出现任何故障。
测试重点和优先级：	
需考虑的特殊事项：	[应该选择<项目名称>的哪些事务才能准确地测试出<项目名称>应用程序已经成功安装，而且没有遗漏主要的软件构件？]

7. 问题严重度描述

问题严重度	描　　述
高	*例如使系统崩溃*
中	
低	

8. 附录：项目任务

以下是一些与测试有关的任务：

- 制定测试计划：
  - ➢ 确定测试需求。
  - ➢ 评估风险。
  - ➢ 制定测试策略。
  - ➢ 确定测试资源。
  - ➢ 创建时间表。
  - ➢ 生成测试计划。
- 设计测试：
  - ➢ 准备工作量分析文档。
  - ➢ 确定并说明测试用例。
  - ➢ 确定测试过程，并建立测试过程的结构。
- 复审和评估测试覆盖。
- 实施测试：
  - ➢ 记录或通过编程创建测试脚本。
  - ➢ 确定设计与实施模型中的测试专用功能。
  - ➢ 建立外部数据集。
- 执行测试。
- 执行测试过程。
- 评估测试的执行情况。
- 恢复暂停的测试。
- 核实结果。
- 调查意外结果。
- 记录缺陷。
- 对测试进行评估。
- 评估测试用例覆盖。
- 评估代码覆盖。
- 分析缺陷。
- 确定是否达到了测试完成标准与成功标准。

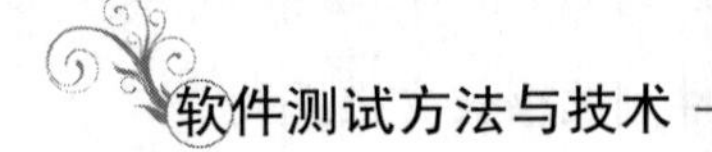

8.2 评 审 报 告

1. 测试计划评审

测试计划编写完成后，一般要对测试计划的正确性、全面性以及可行性等进行评审，评审人员的组成包括软件开发人、营销人员、测试负责人以及其他有关项目负责人。

下面提供一份来源于百度文库网的测试计划评审报告模板，可以供大家参考。

×××××项目

测试计划评审报告

<table>
<tr><td>项目名称</td><td colspan="2"></td><td>项目编号</td><td colspan="2"></td></tr>
<tr><td>部门</td><td colspan="2"></td><td>所处阶段</td><td colspan="2"></td></tr>
<tr><td>评审组织人</td><td colspan="2"></td><td>评审组长</td><td colspan="2"></td></tr>
<tr><td>评审方式</td><td colspan="2">□邮件　□会议</td><td>评审日期</td><td colspan="2"></td></tr>
<tr><td>评审类别</td><td colspan="5">□产品评审　□项目评审　□事件评审</td></tr>
<tr><td>评审人</td><td colspan="5">×××、×××、×××、×××、×××</td></tr>
<tr><td colspan="6">本次评审对象与结论</td></tr>
<tr><td rowspan="4">评审对象</td><td>序号</td><td>工作产品</td><td>版本号</td><td>编写人</td><td>备注</td></tr>
<tr><td>1</td><td>《×××项目测试计划.doc》</td><td>×××</td><td>×××</td><td></td></tr>
<tr><td>2</td><td></td><td></td><td></td><td></td></tr>
<tr><td></td><td></td><td></td><td></td><td></td></tr>
<tr><td>评审内容</td><td colspan="5">● 进度计划是否符合合同约定（尤其是验收测试时间、交付时间）。
● 人力资源分配是否合理。
● 测试内容是否完善。
● 项目里程碑点是否明确。
● 计划是否符合项目实际情况。
● 项目工作量估计是否合理。
● 项目工作目标、验收标准是否明确。
● 项目工作范围（工作边界）是否明确。
● 项目风险是否考虑充分，是否制定了应对措施。
注：各项目可根据项目实际情况增加或删减评审内容。</td></tr>
<tr><td>评审概述</td><td colspan="5">本次×××××项目测试计划评审采用邮件评审的方式；由×××对需评审的内容逐一进行讲解，并由大家一起讨论、提出优化建议……</td></tr>
</table>

评审结论：（请在结论前对您选择的打√）	通过，不必做修改 通过，需做修改 不通过，需修改后再做评审 评审组组长：	
评审确认	确认意见：	确认人：

在正式的场合下，测试工程师不仅需要参与测试计划的评审，还会参与软件项目其他几个阶段的评审。

2. **需求调研评审**

评审对象：
- （初步）需求规格说明书。
- （初步）项目开发计划。

评审内容：
- 用户需求调研的完备性（关键需求点及潜在需求点）。
- 用户需求深度的（准确）界定性。
- 需求实现的周期性。
- 初步的项目开发计划（资源、周期、模式）。

3. **软件需求评审**

评审对象：
- 软件需求规格说明书。
- 数据要求及数据字典。
- 项目开发计划。

评审内容：
- 软件需求规格说明书是否覆盖了用户的所有要求（用户需求调研报告、软件需求规格说明书）。
- 软件需求规格说明书和数据要求说明书的明确性、完整性、一致性、可测试性、可跟踪性（软件需求规格说明书、数据流图、数据字典）。
- 项目开发计划的合理性（参与人员包括用户方公司、技术委员会、项目组等）。
- 文档是否符合有关标准规定（包括公司的 ISO、QMS 等有关规定）。

4. **概要设计评审**

评审对象：概要设计说明书。

评审内容：
- 概要设计说明书是否与软件需求规格说明书的要求一致（概要设计与软件需求规格说明的对比“测试”）。
- 概要设计说明书是否正确、完整、一致。
- 系统的模块划分是否合理（逻辑上、系统后期拓展上、用户应用需求上）。

- 接口定义是否明确。
- 文档是否符合有关标准规定。

5. **详细设计评审**

评审对象：

- 详细设计说明书。
- 数据库设计说明书。

评审内容：

- 详细设计说明书是否与概要设计说明书的要求一致（概要设计与详细设计的对比“测试”）。
- 模块内部逻辑结构是否合理，模块之间接口是否清晰。
- 数据库设计说明书是否完全，是否正确反映详细设计说明书的要求。
- 文档是否符合有关标准规定。

6. **验收评审**（鉴定）

评审对象：交付的软件系统及交付的文档。

评审内容：

- 开发的软件系统是否已达到软件需求规格说明书规定的各项技术指标。
- 使用手册是否完整、正确。
- 文档是否齐全，是否符合有关标准规定。

前面提供给大家参考的“测试计划评审报告”模板，也可以作为需求调研评审、软件需求评审、概要设计评审、详细设计评审和验收评审等的评审报告，只需要修改相应的评审内容即可。

例如，修改需求评审内容：

- 是否包括了所有已知的客户和系统需求。
- 是否每个需求都是以清楚、简洁没有二义性的语言描述。
- 是否每个需求都在项目的范围。
- 是否所有的需求都可以在已知的约束条件内实现。
- 是否所有的性能目标都进行了适当地描述。
- 是否每个软件功能需求都可追踪到一个更高层次的需求（例如，合同附件需求框架）。
- 是否每个需求都有可测试性。

例如，修改设计评审内容：

- 从技术、成本、时间的角度来看，设计是否可行。
- 已知的设计风险是否被标识、分析并作了减轻风险的计划。
- 设计能否在技术和环境的约束下被实现。
- 设计是否可以追溯到需求。
- 全部需求是否都有对应的设计。
- 设计是否考虑性能需求。
- 是否包含内、外部接口设计。
- 数据库设计是否合理。

- 设计是否具备可扩展性。
- 设计是否考虑了可测试性。
- 设计是否考虑容错性。

注：各项目可根据项目实际情况增加或删减评审内容。

8.3　测 试 报 告

【扫一扫：微课视频】（推荐链接）

“测试报告”——“test report”，或称为测试总结报告，就是把测试的过程和结果写成文档，对发现的问题和缺陷进行分析，为纠正软件存在的质量问题提供依据，同时为软件验收和交付打下基础。

测试报告是测试阶段最后的文档产出物，一般由测试主管或资历、经验丰富的测试人员应该编写。

一份详细的测试报告应包含足够的信息，包括：产品质量和测试过程的评价，测试报告基于测试中的数据采集，以及对最终测试结果的分析。

测试报告的编写一般包含以下部分：

- 项目简介：一些需要介绍的内容，项目简称的解释，项目背景等。
- 测试内容：测试内容的大纲。
- 测试环境：测试环境的描述，包括客户端和网络环境。
- 测试资源：测试过程中的测试资源使用。
- 测试的数据：bug 数，解决数，遗留数。模块 bug 分布，bug 走势图，缺陷遗留，需要说明的问题。
- 测试数据分析：对于整个测试过程的一个分析，得出结论。
- 遗留问题：对于软件遗留问题有详细说明。

测试报告包含的信息量很广，如果报告不加提炼、仅仅是简单的内容罗列，那么看的人就会很费劲。如何使测试报告内容清楚、丰满而又有说服力，并且易读易看呢？ 可以参考以下原则：

- 内容简洁：说话抓住重点，不说废话，简单易懂，能用表格的尽量用表格展示。
- 不罗列详细数据，挑拣一些能说明问题的分析数据：比如缺陷走势图，模块的 bug 分布等。加上必要的、简短的分析。图形简单易懂，且比较直观。如果不能说明问题或者一些不重要的图表就不用都一一列在报告中了。
- 遗留问题说明很重要：遗留问题列表，当遗留问题比较多时，要择优选择，因为大家都有这样的感受，10 个问题，大家都会仔细看，100 个问题就没有心情和时间仔细看了，会感觉重点不突出，这就需要测试人员挑出比较重要的问题展示出来，并且说明重要问题的影响。
- 分析结论一定要给出，并且放在明显的位置。让项目经理清楚你的测试结论是什么，让他对项目风险的把控做到心里有数。
- 把其他的详细数据做成附件，可供想得到详细数据的人去查阅核对。

下面提供一份软件测试报告模板“软件测试报告编写指南”，供大家参考。（来源于：CSDN程序员网和百度文库）

软件测试报告编写指南

第1章　引言

1.1　编写目的

本测试报告的具体编写目的，指出预期的读者范围。

实例：本测试报告为×××项目的测试报告，目的在于总结测试阶段的测试情况以及分析测试结果，描述系统是否符合需求（或达到×××功能目标），并对测试质量进行分析，作为测试质量参考文档提供给用户、测试人员、开发人员、项目管理者、其他质量管理人员和需要阅读本报告的高层经理阅读。

注意：通常，用户对测试结论部分感兴趣，开发人员希望从缺陷结果及分析得到产品开发质量的信息，项目管理者对测试执行中成本、资源和时间予与重视，而高层经理希望能够阅读到简单的图表并且能够与其他项目进行同向比较。

1.2　名词解释

列出本计划中使用的专用术语及其定义。
列出本计划中使用的全部缩略语全称及其定义。

缩写词或术语	英文解释	中文解释

1.3　参考及引用的资料

列出本计划各处参考的经过核准的全部文档和主要文献。

第2章　测试概述

2.1　测试对象

对测试项目进行简要的说明。

2.2　项目背景

对项目目的进行简要说明。必要时包括简史，这部分不需要脑力劳动，直接从需求或者招标文件中复制即可。

2.3　测试目的

对测试项目的进行简要的说明，主要描述测试的要点、测试范围和测试目的。

2.4　测试时间

简要说明测试开始时间与发布时间。

2.5　测试人员

列出项目参与人员的职务、姓名、E-mail 和电话。

职　　务	姓　　名	E-Mail	电　　话
开发工程师			
CVS Builder			
开发经理			
测试负责人			
测试人员			

2.6　系统结构

对系统的结构进行简要描述。参考系统白皮书，使用必要的框架图和网络拓扑图能更加直观。

第 3 章　测试方法

测试方法和测试环境的概要介绍，包括测试的一些声明、测试范围、测试目的等，主要是测试情况简介。

3.1　测试用例设计

简要介绍测试用例的设计方法，使得开发或测试经理等人员阅读的时候容易对测试用例的设计有个整体的印象，特别是一些异常的设计方法或关键测试技术，需要在这里进行说明。

3.2　测试环境

3.2.1　硬件环境

描述建立测试环境所需要的设备、用途及软件部署计划。

机型（配置）：此处说明所需设备的机型要求以及内存、CPU、硬盘大小的最低要求。

用途及特殊说明：此设备的用途，如数据库服务器、Web 服务器、后台开发等；如有特殊约束，如开放外部端口、封闭某端口、进行性能测试等，也写在此列。

软件及版本：详细说明每台设备上部署的自开发和第三方软件的名称和版本号，以便系统管理员按照此计划分配测试资源。

预计空间：说明第三方软件和应用程序的预计空间。

环境约束说明：建立此环境时的特殊约束，如需要开发外部访问端口，需要进行性能测试等。

平台 1：SUN					
机型（配置）	IP 地址	操作系统	用途及特殊说明	软件及版本	预计空间
SUN450	10.1.1.1			Oracle 8.1.2	2 GB
平台 2：IBM					
机型	IP 地址	操作系统	用途	第三方软件及版本	预计空间

3.2.2 软件环境

软件需求	用途

3.3 测试工具

此项目将列出测试使用的工具以及用途：

测试工具	用途
自动测试工具	

3.4 测试方法

简要介绍测试中采用的方法和测试技术。主要是黑盒测试，测试方法可以写上测试的重点和采用的测试模式，这样可以一目了然地知道是否遗漏了重要的测试点和关键块。

第 4 章　测试结果及缺陷分析

这是测试报告的核心，主要汇总测试各种数据并进行度量，度量包括对测试过程的度量和能力评估、对软件产品的质量度量和产品评估。

4.1 覆盖分析

4.1.1 需求覆盖分析

需求覆盖率是指经过测试的需求/功能和需求规格说明书中所有需求/功能的比值，通常情况下要达到 100%的目标。

需求/功能（或编号）	测试点描述	是否测试	重要等级	是否通过	备注

根据测试结果，按编号给出每一测试需求的通过与否结论。

需求覆盖率=测试通过需求点/需求总数×100%

4.1.2 测试覆盖分析

测试覆盖是指根据经过测试的测试用例和设计测试用例的比值，通过这个指标获得测试情况的数据。

需求/功能（或编号）	测试用例数	执行数	未执行数	通过数	失败数	备注

测试覆盖率=执行数/用例总数×100%

测试通过率=通过数/执行数×100%

4.2 缺陷统计与分析

对测试过程中产生的缺陷进行统计和分析。

4.2.1 缺陷统计

4.2.1.1 所有 bug 列表

这部分主要列出测试过程中的所有 bug，并对其进行描述。

序号	BUGID	描述	等级	模块	测试人员	开发人员

4.2.1.2 重要解决 bug 列表

这部分主要列出测试过程中产生关键的并且解决了的 bug，对于重要的 bug，需要对其产生的原因和解决方法进行分析说明。

序号	BUGID	描述	等级	模块	测试人员	开发人员	Bug 分析

4.2.1.3 遗留 bug 列表

这部分主要列出已经发现尚未被解决的 bug，并对其进行描述，对于未解决的问题，需要在测试报告中详细分析产生的原因和避免的方法。

序号	BUGID	描述	等级	模块	测试人员	开发人员	bug 分析

4.2.2 缺陷分析

本部分对上述缺陷和其他收集数据进行综合分析。

4.2.2.1 缺陷综合分析

缺陷发现效率=缺陷总数/执行测试用例数

用例质量=缺陷总数/测试用例总数 ×100%

缺陷密度=缺陷总数/功能点总数

缺陷密度可以得出系统各功能或各需求的缺陷分布情况，开发人员可以在此分析基础上得出哪部分功能/需求缺陷最多，从而在今后开发中注意避免并注意在实施时予与关注，测试经验表明，测试缺陷越多的部分，其隐藏的缺陷也越多。

4.2.2.2 测试曲线图

描绘被测系统每工作日/周缺陷数情况，得出缺陷走势和趋向。

4.3 性能数据与分析

这部分简要地列出性能测试结果，并对测试结果进行分析说明，以说明是否符合软件需求。该部分也可以在性能测试报告中进行说明。

4.3.1 性能数据

记录测试输出结果，将测试结果的数据表格，图表如实地反映到测试结果中，用于数据分析。例如：

记录数目（万条）	时间（秒）	平均速度（条/秒）	最高速度（条/秒）	最低速度（条/秒）	IDLE 占用率（平均，%）	MEM 使用率（平均，%）	CPU 使用率（平均，%）

4.3.2 测试结论

记录测试输出结果。用于数据分析。例如：

在分别处理 1 万条神州行和全球通的 MO 短信的情况下，短信处理速度为 400 条/秒。

测试结果对比：IAGW1.1 短信最大处理能力为 330 个条/秒，本次 release 的 IAGW1.1 性能略有提高。

各模块运行稳定。

4.4 软件尺度

这部分主要是软件质量量度的一个尺度总表，主要是对上述分析的一个总结。

项目	结果	描述
测试执行时间跨度		
测试执行总天数		
测试准备时间		
测试总时间		
软件 Build 次数		
测试人力资源		
测试硬件资源		
测试项目总数		
自动测试项目总数		
推迟测试项目总数		
未测试项目总数		
测试案例总数		
自动测试案例总数		
成功测试案例总数		
发现错误总数		
修正错误总数		
已知错误总数		
测试执行时间细分 Accept Test Smoke Test Build First Regress Test First Build Second Regress Test Second Release Check		

第 5 章　测试总结和建议

这部分是测试报告中最关注的内容，主要是对测试过程产生的测试结果进行分析之后，得出测试的结论和建议。这部分为测试经理、项目经理和高层领导最关心的部分，因此需要准确、清晰、扼要地对测试结果进行总结。

5.1　软件质量

说明该软件的开发是否达到了预期的目标，能否交付使用。

5.2　软件风险

说明测试后可能存在的风险，对系统存在问题的说明，描述测试所揭露的软件缺陷和不足，以及可能给软件实施和运行带来的影响。

5.3 测试结论

对测试计划执行情况以及测试结果进行总结，包括：

- 测试计划执行是否充分（可以增加对安全性、可靠性、可维护性和功能性描述）。
- 对测试风险的控制措施和成效。
- 测试目标是否完成。
- 测试是否通过。
- 是否可以进入下一阶段项目目标。

5.4 测试建议

对软件的各项缺陷所提出的改进建议，如：各项修改的方法、工作量和负责人、各项修改的紧迫程度、后续改进工作的建议、对产品修改和设计的建议、对过程管理方面的建议等。

小 结

1. “测试计划”——“Testing plan”，描述了要进行的测试活动的范围、方法、资源和进度的文档，是对整个信息系统应用软件组装测试和确认测试。

2. 一般来说，为了正确性、全面性以及可行性等因素考虑，软件项目在每一个阶段完成时都会进行评审，评审人员的组成包括软件开发人、营销人员、测试负责人以及其他有关项目负责人等。

3. “测试报告”——“Test report”，或称为测试总结报告，就是把测试的过程和结果写成文档，对发现的问题和缺陷进行分析，为纠正软件存在的质量问题提供依据，同时为软件验收和交付打下基础。测试报告是测试阶段最后的文档产出物，一般由测试主管或资历、经验丰富的测试人员应该编写。

思考与练习

1. 请简述测试工程师一般情况下会涉及哪些软件测试文档。

2. 请简述一般的情况下评审人员的组成。

3. 请简述为什么要编写测试计划。

4. 请判断对错：测试计划是很重要的一份测试文档，它可以安排在测试工作开展之前编写，也可以安排在测试工作完成之后编写。

5. 请判断对错：测试报告只是测试数据的汇总，编写者无须加入任务判断、推测和建议。

6. 请判断对错：缺陷分布数据是项目经理十分关心的数据，所以，测试报告中必须真实、详尽地给出。

7. 测试策略是测试计划中很重要的一部分，请简述它主要是负责什么的。

8. 请简述测试计划一般情况下包含了哪些主要组成部分。

9. 请简述测试报告一般情况下包含了哪些主要组成部分。

课程综合实训

本章节是软件测试课程学习完毕后安排的综合实训，内容来源于笔者指导学生进行的其中一个综合实训，被测程序“某电子商务网站”来源于《程序设计方法与技能》的综合实训，选取的是马本茂、董有沛小组的作品，测试文档来源于《软件测试方法与技术》的综合实训，选取的是韦丽芳、赵伟维小组的作品。希望能对软件测试初学者的整体学习、对其他院校老师开展软件测试实训带来一定的帮助。

【扫一扫：微课视频】
（推荐链接）

本章节的学习需要转变过去单一的以知识传授为基本方式、以知识结果的获得为直接目的的学习方式，应强调自主学习，强调多样化的实践性学习方式，如探究、调查、访问、考察、操作、服务、劳动实践和技术实践等，应强调学生对项目参与过程的亲历和体验，最终培养和发展学生解决问题的能力、探究精神和综合实践能力。

提示： 本章配有配套的被测程序“某电子商务网站”的源代码，请到阿潮老师网“www.achaolaoshi.com”或关注微信公众号“阿潮老师”下载。

9.1 实训指导书

1. 实训题目

某电子商务网站测试是使用手工测试方法或自动化测试方法对某电子商务网站进行系统测试，要求根据需求文档建立测试需求，制定测试计划，使用黑盒子测试方法设计测试用例，执行测试用例并记录测试结果，整个测试结束之后必须对整个测试结果进行测试覆盖率和测试通过率评估。

测试计划必须说明资源配置、进度安排和将进行哪些测试，如功能测试、性能测试、安全性测试、兼容性测试、界面测试等。

2. 实训目的

软件测试实训是在完成了Java或.NET、数据库以及软件测试方法与技术课程学习之后安排的实践训练，要求学生能利用已学的测试基本知识，对于用Java/.NET编写的程序进行功能测试、性能测试、配置测试和安全性测试，完成对一个应用系统的完整测试。通过2周的技能训练，使学生进一步理解软件测试的理论知识，利用测试技术进行软件项目的测试，为学生毕业后从事软件开发、测试工作提供初步的实践锻炼。

3. 实训要求

（1）知识要求。

学生进行实训时需要掌握以下知识：

- 理解软件测试的基本原理。
- 掌握测试的常用方法。
- 掌握常用测试工具的使用。
- 掌握测试用例的设计方法。

（2）技能要求。

学生进行实训时需要掌握以下技能：

- 能理解测试工作流程。
- 能掌握手工测试方法。
- 能用自动化测试工具进行自动化测试。
- 能设计基本的测试脚本、用例。
- 能分析测试结果，并写出测试报告。

（3）素质要求。

探索精神、创造精神、坚持不懈精神；项目沟通与团队合作的素质；能运用课程中的知识解决具体问题。

（4）实施要求。

采用专业机房，其中包括服务器，教师机和学生机要求 i5 双核 1.8 GB 以上 CPU，2 GB 内存，软件需求如表 9-1 所示。

表 9-1　软件需求列表

软件名称	说　　明
HP Quality Center	测试资源管理
HP QTP	自动化测试工具
HP Loadrunner	性能测试工具

4. 实训组织形式

本实训以小组团队方式进行，服从实训指导老师安排。综合应用知识解决问题时，要积极采取多种方式寻求最佳解决方案。

5. 实训成果提交

每个小组必须提供以下实训成果：

（1）人员组织形式。

（2）任务分工安排。

（3）每周工作计划。

（4）每周工作总结。

（5）测试计划（含测试策略设计、测试用例等）。

（6）测试缺陷报告（必须发现 15 个以上缺陷，否则实训不合格）。

（7）测试总结报告。

6. 实训考核

实训考核分数比例如表 9-2 所示。

表 9-2 实训考核分数比例

序号	考核内容	考核方式	分数比例（%）
1	人员组织形式，任务分工安排	阶段检查	5
2	每周工作计划	阶段检查	10
3	每周工作总结	阶段检查	10
4	测试计划	阶段检查	30
5	测试缺陷报告	阶段检查	20
6	测试总结报告	项目答辩	25

注：总分为 100 分。

9.2 案 例 引 入

案例背景：某电子商务网站——一个便于人们上网购买所需物品的网站。通过该网站，人们可以足不出户随时买到心仪、便宜且实用的物品（家用电器、笔记本式计算机、衣服以及化妆品等）。

项目目标是建立一个公司与顾客之间进行网上交易的平台，增加公司的销售渠道，为顾客提供更便捷的服务。采用网上销售模式，减少中间环节的费用，提高公司利润。规范化管理用户与商品信息，使公司的商品销售管理更加现代化。

整个电子商务网站（前台+后台）分为以下 7 大功能模块：账户管理（前台）、商品购买（前台）、商品管理（后台）、用户管理（后台）、订单管理（后台）、广告管理（后台）、评论管理（后台），如图 9-1 所示。

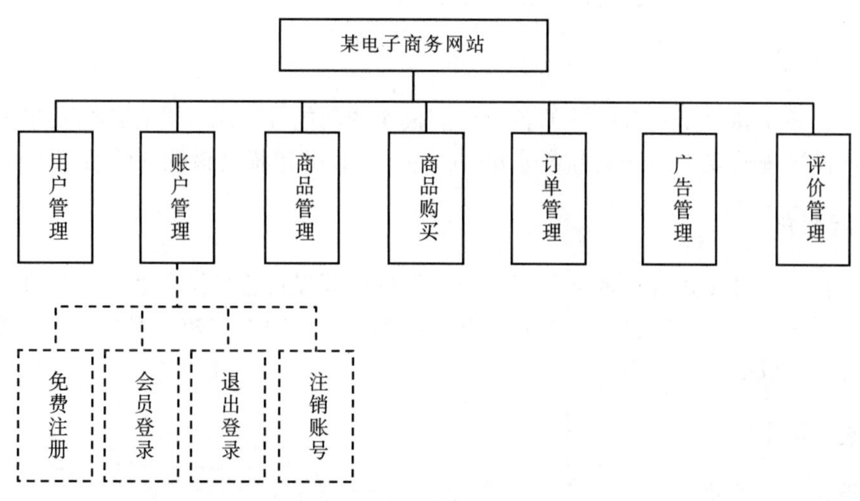

图 9-1 电子商务网站功能模块图

- 用户管理：会员信息维护、后台用户管理。
- 账户管理：免费注册、会员登录、退出登录、注销账号。
- 商品购买：加入购物车、结算、提交订单、删除购物车商品、查看已买宝贝、查看我的订单。

- 商品管理：上架商品、下架商品、查看商品信息、修改商品信息、商品分类。
- 订单管理：新增订单、修改订单、删除订单。
- 广告管理：上架广告、下架广告。
- 评论管理。

9.3 需求规格说明书

电子商务需求规格说明书

组员：韦丽芳、赵伟维

1 引言

在现在科技以光速发展的科学社会中，网络以无可取代之势占据了人们生活的每一处。无可争议，网络已成了人们生活中必不可少的事物了。电子商务网站——一个便于人们上网购买所需物品的网站。通过该网站，人们可以足不出户随时买到心仪、便宜且实用的物品（家用电器、笔记本式计算机、衣服以及化妆品等）。

1.1 文档介绍

本文档介绍了该电子商务网站的各个功能模块的功能性需求以及详细的功能解析，还有非功能性需求中软硬件的环境需求等方面的内容，以此来提高该软件的后期维护。

1.2 编写目的

旨在提高软件开发过程中的能见度，便于在软件开发过程中进行控制与管理。明确软件需求、安排项目规划与进度、组织软件开发与测试，撰写本文档。本文档综合客户了需求及技术开发建议。

1.3 文档范围

本文档包括以下几部分：

1. 文档介绍。
2. 编写目的。
3. 目标。
4. 假定和约束。

5. 产品面向的用户群体。
6. 产品范围。
7. 产品角色。
8. 产品的功能性需求。
9. 产品的非功能性需求。

2 目标

建立一个公司与顾客之间进行网上交易的平台，增加公司的销售渠道，为顾客提供更便捷的服务。采用网上销售模式，减少中间环节的费用，提交公司利润。规范化管理用户与商品信息，使公司的商品销售管理更加现代化。

3 假定和约束

网站类型：电子商务。
网站规模：中。
开发周期：维持 7 个周。
本网站使用 J2EE 技术进行开发，在本网站在开发中，甲乙双方都不得向外透露该网站的任何相关信息，避免资料外泄。

4 产品面向的用户群体

本网站面向以大众为主的群体，为他们提供方便、多样的购买网站。本网站的角色分为管理员、会员（注册用户）、游客（未注册用户）。

5 产品范围

本产品包括了账户管理、商品购买、商品管理、用户管理、订单管理、广告管理以及系统管理等多个功能模块，如表 9-3 所示。

表 9-3 产品范围及说明

项　目	配置、功能说明	开发说明	备　注
账户管理	用户可以进行注册、登录、退出、修改个人信息以及修改密码等操作，注册账号成功者即为会员	为防止恶意注册，可进行手机验证码等验证方式进行注册验证，而密码等信息都有一定的规格要求	未注册账号者必须注册合法账号才以登录购买物品。登录时可以使用验证码或者手机验证等方式提高安全性
商品购买	登录成功的用户可以进行物品的购买、删除、结算以及查看订单等操作	加入购物车一般为此次用户登录后选择的商品，此信息存入 session，此次交易取消则默认关闭，提供给会员保存此次交易的功能	

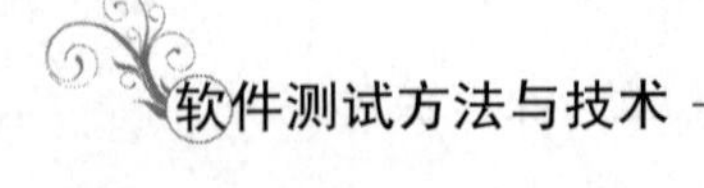

续表

项　　目	配置、功能说明	开发说明	备　　注
商品管理	管理员可以对网站上的商品进行上架、下架和修改等操作，以便于让网站可以及时更新最新的产品信息	产品的上架以及下架网站的每个页面都要及时地跟随其更新，而且，管理员也要及时对这些信息进行跟踪	该功能模块只有管理员才能进行操作，游客以及其他会员用户是不可以操作的，但是管理员可以修改会员的权限，使其成为管理员
用户管理	对已注册的用户进行管理，例如删除或者修改某些用户的信息，甚至是对某些用户进行设置，如将特定的会员设置成管理员，使其拥有管理员的权限	不仅可以快速地查看用户信息，而且还可以防止一些恶性用户的恶搞行为，同时也能增加管理员，以更加完善地管理该网站	该功能管理也是只有管理员才有的权限，也方便管理员将最新信息向用户传递
订单管理	用户通过前端购买物品下订单，后台负责人查看订单并进行发货等操作，用户下订单时需要填写姓名、地址、联系电话等重要信息，否则订单无法准确安全送达	方便了客户的购买动作，大大降低运作成本。便捷的在线购物，使得客户可以在第一时间对自己感兴趣的产品进行在线预订，能够有效地促进产品销售，已成为诸多商业型网站的运营模式	该功能模块也是由管理员管理，然后交由负责人进行发货送货等一系列操作，下订单时，须填写的信息缺一不可，否则该订单可能失效作废。建议可增设手机购买功能
广告管理	可以对广告进行上架以及下架的管理，及时更新网站的最新优惠或者是活动，让用户能及时了解	将最新的活动或者优惠以广告的形式最快地向用户传递，使其可以及时参与活动	这都是管理员才拥有的权限，可以更加完善该电子商务网站，吸引更多的用户进行物品购买或者浏览
系统管理	该模块可以增设该网站以往没有的模块，或者是删除过时的模块，使该网站保持新颖，吸引更多的用户来购买	时刻保持该网站的新颖度	

6　产品角色

产品角色及职责描述如表 9-4 所示。

表 9-4　产品角色及职责描述

角色名称	职　　责　　描　　述
管理员	可以进行前端的登录以及后台的商品管理、用户管理、订单管理和广告管理等操作
会员	可以进行前端的登录、修改密码和个人信息，以及商品购买等操作
游客	可以进行前端的注册、登录（注册后才可以）、商品购买（如未注册则不可结算）

7　产品的功能性需求

整体用例图

整体用例图如图 9-2 所示。

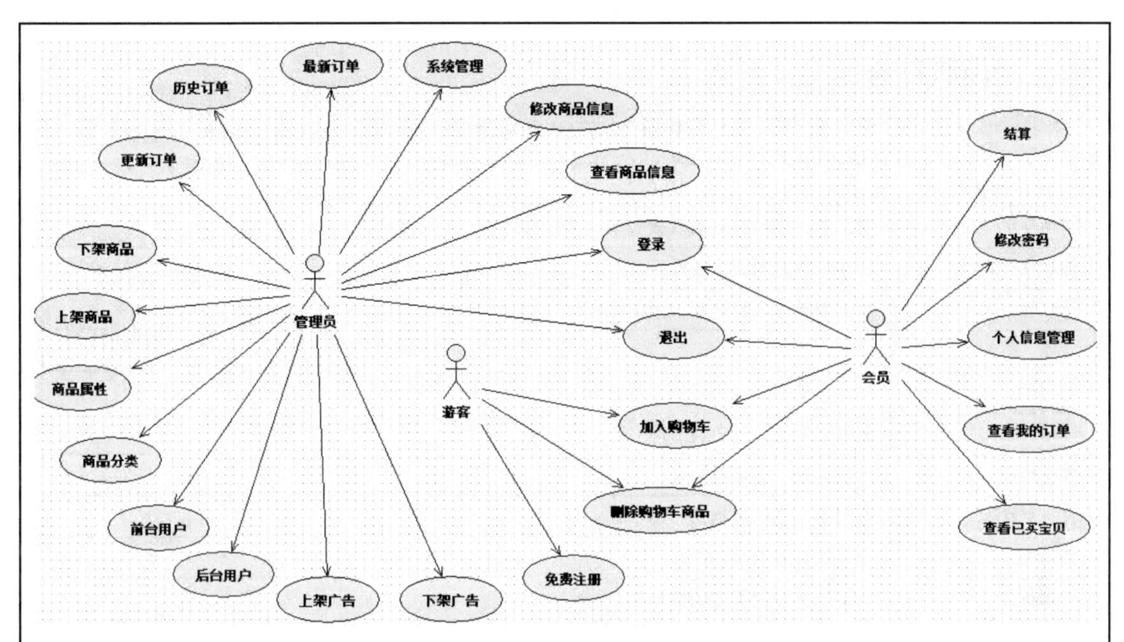

图 9-2　整体用例图

8　产品的非功能性需求

8.1　用户界面需求（见表 9-5）

表 9-5　用户界面需求

需 求 名 称	详　　细　　要　　求
首页显示	网站发布后首先浏览到的是最新的网站首页
页面风格	客户设计界面
页面字体显示	以黑色为主，红白为辅

8.2　软硬件环境需求（见表 9-6）

表 9-6　软硬件环境需求

需 求 名 称	详　　细　　要　　求
CPU	2.0 Hz 以上（推荐）
内存	1 GB 以上（推荐）
操作系统	Windows 2003 以上版本
技术选择	ASP.NET
DBNS 选择	SQL Server 2008
架构选择	MVC
其他	HTML、JS 脚本，要求兼容火狐、谷歌、IE 等主要浏览器

8.3 产品质量需求（见表 9-7）

表 9-7 产品质量需求

主要质量属性	详 细 要 求
正确性	确保各项资料数据的准确有效，禁止数据遗漏、重复、丢失
健壮性	数据异常捕获，灾难性恢复
可靠性	数据校验，人机稽核，平衡检查
性能，效率	一般
易用性	操作简单，符合用户操作习惯
清晰性	流程清晰易记，分类管理
安全性	错误提示，数据验证
可扩展性	不同平台之间数据共享
兼容性	自适应各种系统环境
可移植性	自由选择不同类型的数据库

9 详细功能需求描述

9.1 前台功能

9.1.1 账号管理

描述：会员登录后，可以补充/修改个人信息、修改密码，让信息更完整。

1．基本信息

描述：

1）简述：显示会员的头像、昵称、真实姓名、性别、生日、星座、居住地、家乡。

2）角色：会员。

3）前置条件：会员登录成功。

4）主要流程：

（1）单击【账号管理】选项，进入账号管理界面。

（2）单击【基本信息】选项。

（3）若系统成功加载，界面显示该会员的基本信息：会员的头像、昵称、真实姓名、性别、生日、星座、居住地、家乡。

5）替代流程：无。

2．修改密码

描述：

1）简述：会员对登录密码进行修改。

2）角色：会员。

3）前置条件：会员登录成功。

4）主要流程：

（1）单击【账号管理】选项，进入账号管理界面。

（2）单击【修改密码】选项，进入修改界面。

（3）显示旧密码、新密码、确认密码，依次进行填写。

（4）单击【保存】按钮，根据系统返回的验证结果，若保存成功，则回到当前界面。

（5）单击【取消】按钮，输入框所填的内容被清空，回到当前修改界面。

5）替代流程：

（a）结束流程（3）时，系统提示“确认密码与新密码不一致”，回到流程（3），重新输入确认密码。

（b）进行流程（4）时，系统提示“保存失败”，回到流程（3），重新输入密码信息。

（c）进行流程（3）时，系统提示“密码不为空”，回到流程（3），输入密码。

（d）进行流程（4）时，系统提示“旧密码错误”，回到流程（3），重新输入旧密码。

（e）结束流程（3）时，系统提示“密码格式不正确”，回到流程（3），重新输入密码。

6）约束：

会员密码：必须由字母开头，由字母、数字、下画线组成，限 6～16 位。

3. 人信息修改

描述：

1）简述：会员对个人信息进行修改。

2）角色：会员。

3）前置条件：会员已成功登录。

4）主要流程：

（1）单击【账号管理】选项，进入账号管理界面。

（2）单击【个人信息修改】选项，进入个人信息修改界面。

（3）显示可编辑的会员的头像、昵称、真实姓名、性别、生日、星座、居住地、家乡，依次填写信息。

（4）单击【保存】按钮，根据系统返回的验证结果，若保存成功，则回到当前界面。

5）替代流程：

（a）进行流程（3）时，系统提示“头像图片的大小超过 2 MB”，回到流程（3），重新选择图片；

（b）进行流程（3）时，系统提示“昵称由字母和数字组成 4～10 位”，回到流程（3），重新输入昵称。

6）约束：

（1）头像图片的大小要小于 2 BM。

（2）昵称由字母和数字组成 4～10 位。

（3）头像、昵称、真实姓名、性别、生日、星座、居住地都可为空。

9.1.2　发表评论

描述：

1）简述：会员对某一商品进行评论。

2）角色：会员。

3）前置条件：

（1）会员在登录的情况下。

（2）商品的图片链接正常跳转到。

4）主要流程：

（1）进入某一商品的详细信息界面，单击【评论】选项。

（2）界面显示文本输入框，输入评论内容。

（3）单击【评论】按钮，根据系统验证返回的结果，若“评论成功”，则回到当前的评论界面，可继续评论。

5）替代流程：

（a）进行流程（2）时，系统提示“内容不可少于 5 个字”，回到流程（2），重新输入评论内容。

（b）进行流程（3）时，系统提示“评论失败”，回到流程（2），重新输入评论内容。

6）约束：

（1）评论内容不可少于 5 个字，一个字有两个字符。

（2）输入的内容必须是合法的。

9.1.3 会员登录

描述：

1）简述：会员要购买商品必须先登录，会员输入用户名、密码进行登录。

2）角色：会员。

3）前置条件：无。

4）主要流程：

（1）在站点，单击【会员登录】选项，进入会员登录界面。

（2）显示登录信息输入界面：用户名、密码，输入用户名和密码。

（3）单击【登录】按钮，根据系统验证返回的结果，若“登录成功”，则跳转到主页面。

5）替代流程：

（a）进行流程（3）时，系统提示“用户名或密码错误”，回到流程（2），重新输入用户名和密码。

（b）进行流程（2）时，系统提示“用户名不能为空”，回到流程（2），重新输入用户名。

（c）进行流程（2）时，系统提示“密码不能为空”，回到流程（2），重新输入密码。

（d）进行流程（3）时，系统提示“登录失败”，回到流程（2），重新输入用户名和密码。

6）约束：

（1）用户名和密码都不能为空，输入的用户名必须是存在的，密码与用户名相对应。

（2）会员用户名由字母、数字、下画线、中文组成，限 5～20 个字符，一个汉字为两个字符。

（3）会员密码必须由字母开头，由字母、数字或符号组成，限 6～16 个字符。

文件：如图 9-3 所示。

9.1.4 会员注册

描述：

1）简述：网站游客要购买商品就要先注册账号，成为会员，在站点注册。

2）角色：网站游客。

3）前置条件：无。

图 9-3 登录界面

4）主要流程：

（1）进入站点，单击【免费注册】按钮，进入到注册页面。

（2）显示注册信息：会员名称、会员密码、确认密码、电子邮箱、联系电话，依次填写必填信息。

（3）单击【提交注册】按钮，根据系统验证返回的结果，若注册成功，跳转到会员登录界面。

（4）单击【取消】按钮，所填写的信息被清空，回到当前注册界面。

5）替代流程：

（a）进行流程（2）时，系统提醒“会员名称已存在”，回到流程（2），重新输入会员名称等信息。

（b）进行流程（2）时，系统提示“会员名称必须由字母开头，由字母、数字、下画线、中文组成，限 5～20 个字符，一个汉字为两个字符”，回到流程（2），重新输入会员名称。

（c）进行流程（2）时，系统提示“会员密码必须由字母开头，由字母、数字或符号组成，限 6～16 个字符，不能单由字母或数字或符号组成”，回到流程（2），重新输入会员密码。

（d）进行流程（2）时，系统提示“确认密码与会员密码不一致”，回到流程（2），重新输入确认密码。

（e）结束流程（3）时，系统提示“保存不成功”，回到流程（2），重新检查输入从相关信息。

6）约束：

（1）会员名称由字母、数字、下画线、中文组成，限 5～20 个字符，一个汉字为两个字符，会员名一旦注册后就不可以修改，会员名是唯一的。

（2）会员密码必须由字母开头，由字母、数字或符号组成，限 6～16 个字符位，不能单由字母或数字或符号组成。

（3）确认密码：重新输入一遍会员密码。

（4）电子邮箱：邮箱可以是 QQ 邮箱、网易 163 邮箱、新浪邮箱、123 邮箱等，限制在 10～20 个字符内。

（5）联系电话：由数字组成，限 11～20 位。

（6）会员名称、会员密码、确认密码、电子邮箱、联系电话，都不能为空。

9.1.5 前台显示

描述：

1）简述：页面展示各分类的商品。

2）角色：会员、网站游客。

3）前置条件：无。

4）主要流程：

（1）输入网址，进入站点首页。

（2）根据系统验证返回的结果，若“加载成功”，页面的图片文字信息正常显示。

（3）单击某一商品分类，根据系统的返回结果，若链接成功，跳转到该分类的商品展示区。

（4）单击某一商品，根据系统的返回结果，若链接成功，跳转到展示商品的详细信息的页面。

5）替代流程：

（a）进行流程（3），系统提示“链接失败”，回到当前页面。

（b）进行流程（4），系统提示“链接失败”，回到当前页面。

（c）进行流程（2），系统提示“加载失败”，跳转到错误页面。

文件：如图 9-4 所示。

图 9-4 前台显示

9.1.6 商品搜索

描述：

1）简述：输入关键字，模糊查找商品。

2）角色：会员、网站游客。

3）前置条件：进入站点。

4）主要流程：

（1）在搜索框输入关键字，单击【搜索】按钮。

（2）根据系统验证返回的结果，若成功，则返回所搜索的商品页。

5）替代流程：

（a）系统提示“您所搜索的商品暂不存在”，回到流程（1），重新输入关键字。

（b）系统提示“键入非法的标识符”，回到流程（1），重新输入搜索关键字。

6）约束：

输入的关键字不能是非法标示符，如：@、#、￥、%、&、*。

9.1.7　浏览商品详细信息

描述：

1）简述：针对每一个商品，显示商品的具体信息。

2）角色：会员、游客。

3）前置条件：前台显示正常。

4）主要流程：

（1）在商品区，单击某一商品。

（2）根据系统验证返回的结果，若加载成功，则返回该商品的详细信息浏览页。

5）替代流程：

系统提示“加载失败”，回到流程（1）。

文件：如图 9-5 所示。

图 9-5　商品详细信息页

9.1.8　商品购买

描述：消费者单击某个商品时跳转到商品详细页面，在此页面单击【加入购物车】，便可将商品信息保存在购物车界面中，方便消费者购买商品。在购物车界面中，选中商品，输入收货地址、收货人、联系电话，单击【提交订单】按钮，跳转到结算界面，单击【结算】按钮，完成购买。

1. 加入购物车

描述：

1）简述：会员把要购买的商品加入购物车。

2）角色：会员。

3）前置条件：会员在登录的情况下。

4）主要流程：

（1）在某一商品的详细信息的页面，单击【加入购物车】按钮。

（2）根据系统返回的结果，若成功，单击【购物车】查看已被加入到购物车的商品。

5）替代流程：

系统提示“请选择商品样式”，回到流程（1），选择商品样式、数量。

6）约束：

单击【加入购物车】前，有些商品必须要选择好商品的样式、数量。

文件：如图 9-6 所示。

图 9-6　购物车

2．删除购物车商品

描述：

1）简述：会员对加入购物车的商品进行删除。

2）角色：会员。

3）前置条件：会员在登录的情况下。

4）主要流程：

（1）进入购物车界面，选择商品，单击【删除】按钮。

（2）根据系统返回的结果，若成功，回到当前购物车页面，若失败，则跳到错误页面。

（3）替代流程：无

3．结算

描述：

1）简述：会员对加入购物的商品进行删除。

2）角色：会员。

3）前置条件：

（1）会员在登录的情况下。

（2）会员已提交订单。

4）主要流程：

（1）进入结算页面，显示商品列表，单击【结算】按钮。

（2）根据系统返回的结果，若成功，返回结果：结算总额和商品列表。

5）替代流程：无

文件：如图 9-7 所示。

4．查看我的订单

描述：

1）简述：会员对提交订单后的商品进行查看。

2）角色：会员。

3）前置条件：会员在登录的情况下。

图 9-7　结算

4）主要流程：

（1）单击【我的订单】选项。

（2）根据系统验证返回的结果，若成功，则进入我的订单的界面，显示订单信息。

5）替代流程：无。

文件：如图 9-8 所示。

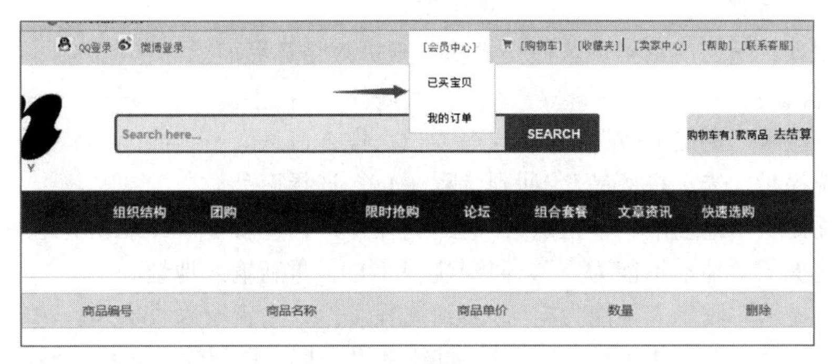

图 9-8　查看订单

5. 查看已买宝贝

描述：

1）简述：会员对已购买的商品进行查看。

2）角色：会员。

3）前置条件：会员在登录的情况下。

4）主要流程：

（1）单击【已买宝贝】选项。

（2）根据系统验证返回的结果，若成功，则进入已买宝贝的界面，显示商品信息。

5）替代流程：无。

文件：如图 9-9 所示。

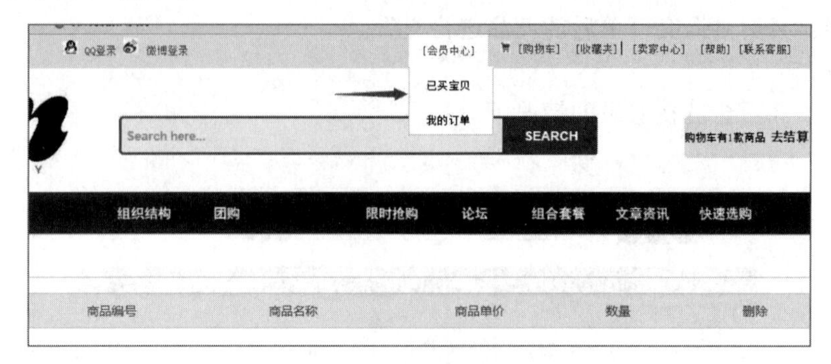

图 9-9　已买宝贝

6. 提交订单

描述：

1）简述：会员对要购买的商品、详细的收货地址、收货人、邮政编码进行提交操作。

2）角色：会员。

3）前置条件：

会员在登录的状态下。

4）主要流程：

（1）进入购物车界面，选择商品，在输入框输入详细的收货地址、收货人、联系电话号码、邮政编码。

（2）信息填写完后，单击【提交订单】按钮。

（3）根据系统返回的结果，若提交成功，则进入结算界面。

5）替代流程：

（a）系统提示“提交失败”，回到流程（1），检查信息。

（b）系统提示“未选择商品”，回到流程（1），选择商品。

（c）系统提示“地址格式不正确”，回到流程（1），重新输入详细收货地址。

（d）系统提示“地址不能为空”，回到流程（1），重新输入地址。

（e）系统提示“收货人不能为空”，回到流程（1），重新输入收货人。

（f）系统提示“联系电话不能为空”，回到流程（1），重新输入联系电话。

6）约束：

（1）详细收货地址：格式是省份+城市+（县/镇+乡+街+门牌号），不能为空，不含非法字符。

（2）收货人不为空 4～15 个字符。

（3）联系电话不为空，手机号格式：由 11 位数字组成；座机格式：区号（四位数字）-号码（七或八位数字）。

文件：如图 9-10 所示。

9.1.9　退出会员登录

描述：

1）简述：会员进行退出会员登录。

2）角色：会员。

3）前置条件：会员在登录情况下。

图 9–10　提交订单

4）主要流程：

（1）会员单击【退出】按钮。

（2）根据系统验证返回的结果，若成功，则回到会员登录界面；若失败，则回到当前页面。

5）替代流程：无。

文件：如图 9–11 所示。

图 9–11　退出登录

9.1.10　注销账号

描述：

1）简述：会员进行完相应的操作后注销。

2）角色：会员。

3）前置条件：会员在登录的状态下。

4）主要流程：

（1）会员单击【注销账号】按钮，弹出对话框。

（2）单击【确定】，根据系统验证返回的结果，若成功，则回到登录界面，会员在服务器上的信息被清空（包括会话）；若失败，则返回信息“注销失败”。

（3）单击【取消】按钮，回到当前界面。

5）替代流程：无。

9.2 后台功能

后台操作界面如图 9-12 所示。

图 9-12　后台操作界面

9.2.1 商品管理

描述：通过商品管理来完成以下操作：

（1）添加新的商品，向数据库中添加最新商品，并在首页中显示出来。

（2）修改商品，可以修改商品价格、名称等数据。

（3）删除商品，可以将一些过期的商品下架。

（4）查询商品，以便于及时掌握商品的信息。

（5）商品属性、分类的添加、删除、修改。

1. 上架商品

描述：

1）简述：更新最新商品，进行商品上架的操作，让网站及时能查看浏览最新商品。

2）角色：管理员。

3）前置条件：管理员必须要登录自己的合法账号才能进行该操作。

4）主要流程：

（1）登录自己的合法账号，而且权限是管理员的，然后进入管理员的管理界面。

（2）进入管理界面后可单击商品管理中的【上架商品】的按钮，并填写需要上架的商品的商品名称、类别等相关信息。

（3）填写完相关信息，可以上传商品的相关图片，最多可添加 16 张图片。

（4）完成（3）步骤后，单击【保存】按钮，便可成功上架新商品。

5）替代流程：

（a）系统提醒“商品信息填写不完整”，回到流程（2），填写必填的商品信息。

（b）系统提醒“添加失败”，回到流程（2），回到当前上架商品界面。

6）约束：

（1）商品编号由后台代码产生，生成格式：类别编号+自增号，自增号（1,10000），编号4位，不足补0。

（2）商品编号是主键唯一，不可修改。

（3）商品信息：商品名称、售价、库存、品牌、产地、生产日期、图片。

（4）商品名称、售价、库存、生产日期、描述、图片不能为空。

（5）图片的格式有gif、jpg、png、bmp，大小不能超过2 MB。

（6）图片的张数至少1张，最多16张。

（7）库存默认值为0。

（8）描述是描述商品的参数。

2. 下架商品

描述：

1）简述：将一些过时的商品进行下架的操作。

2）角色：管理员。

3）前置条件：必须是拥有管理员的权限的用户才可以进行该管理操作。

4）主要流程：

（1）登录自己的合法账号，而且权限是管理员的，然后进入管理员的管理界面。

（2）进入管理界面后可单击商品管理中的【下架商品】的按钮，进入下架商品的界面。

（3）在该界面中选择需要下架的商品的类别等信息来查找相关列表。

（4）也可以进行单一查询，输入商品的唯一编码，再单击【确定】按钮进行查看。

（5）在显示的列表中找到需要下架的商品，单击右边的【下架】的按钮，就可以成功下架商品了。

5）替代流程：

系统提醒“商品选择”，回到流程（3），选择商品的分类，显示相关的商品。

3. 查看商品

描述：

1）简述：查看所有商品的相关信息。

2）角色：管理员。

3）前置条件：必须是拥有管理员权限的用户才可以进行该管理操作。

4）主要流程：

（1）登录自己的合法账号，而且权限是管理员的，然后进入管理员的管理界面。

（2）进入管理界面后可单击商品管理中的【查看商品信息】按钮，进入查看商品信息界面。

（3）在该界面中选择需要查看的商品类别等信息来查找相关列表。

（4）也可以进行单一查询，输入商品的唯一编码，在单击【确定】按钮后进行查询。

5）替代流程：

系统提醒“商品选择”，回到流程（3），选择商品类别，显示相关的商品信息。

6）约束：

（1）商品的分类ID是主键唯一。

（2）列表显示商品信息时，要分页显示，10条商品信息为一页。

4．修改商品

描述：

1）简述：可以修改所有商品的相关信息。

2）角色：管理员。

3）前置条件：必须是拥有管理员的权限的用户才可以进行该管理操作。

4）主要流程：

（1）登录自己的合法账号，而且权限是管理员的，然后进入管理员的管理界面。

（2）进入管理界面后可单击商品管理中的【修改商品信息】按钮，进入修改商品信息商品的界面。

（3）在该界面中选择需要查看的商品类别等信息来查找相关列表。

（4）查找到需要修改的商品，然后单击【编辑】按钮，对该商品信息进行修改。

（5）若不需修改了，则单击【取消】按钮，如若修改好了，则单击【更新】按钮，完成修改。

5）替代流程：

（a）系统提醒“商品选择”，回到流程（3），选择商品类别，显示相关的商品信息。

（b）系统提醒“修改商品失败”，回到当前修改商品的界面。

6）约束：

（1）商品编号有后台代码产生，生成格式：类别编号+自增号，自增号（1,10000），编号4位，不足补0。

（2）商品编号是主键唯一，不可修改。

（3）商品信息：商品名称、售价、库存、品牌、产地、生产日期、描述、图片。

（4）商品名称、售价、库存、生产日期、图片不能为空。

（5）图片的格式有gif、jpg、png、bmp，大小不能超过2 MB。

（6）图片的张数至少1张，最多16张；

（7）库存默认值为0。

（8）描述是描述商品的参数。

5．商品分类

描述：

1）简述：可以增加商品的类别，同时可以查看已有分类中存有的相关商品类别。

2）角色：管理员。

3）前置条件：必须是拥有管理员权限的用户才可以进行该管理操作。

4）主要流程：

（1）登录自己的合法账号，而且权限是管理员的，然后进入管理员的管理界面。

（2）进入管理界面后可单击商品管理中的【商品分类】按钮，进入商品分类的界面。

（3）列表显示商品分类，按分类排序。

（4）进入商品类别界面，单击【新增】按钮，进入新增界面。

（5）显示父类别、类别名，依次输入。

（6）单击【确定】按钮，根据系统的验证返回结果，若新增成功，则返回商品类别显示界面。

（7）进入商品类别界面，勾选某一类别编号，单击【修改】按钮，进入修改界面。

（8）显示父类别、类别名，依次输入。

（9）单击【确定】按钮，根据系统的验证返回的结果，若修改成功，则返回商品类别显示界面。

（10）进入商品类别界面，勾选商品类别编号，单击【删除】按钮。

（11）根据系统返回的结果，若删除成功，则返回商品类别显示界面。

5）替代流程：

（a）系统提醒“类别名不为空”，回到流程（5）或（8），输入类别名。

（b）系统提示“类别名不能超过 6 个字”，回到流程（5）或（8），重新输入类别名。

（c）系统提示“类别名已存在”，回到流程（5）或（8），重新输入类别名。

（d）系统提示“请选择类别编号”，回到流程（7）或（10），勾选类别编号。

6）约束：

（1）商品的分类 ID 是主键唯一。

（2）显示的类别信息：编号、类别名、父类别。

（3）类别名字数不超过 6 个字。

9.2.2　订单管理

描述：

1）简述：管理订单。

2）角色：管理员。

3）前置条件：管理员在登录的状态下。

4）主要流程：

（1）单击【订单管理】选项，进入订单管理界面，列表显示订单信息。

（2）选择订单，单击【删除】按钮。

（3）根据系统返回的结果，若删除成功，则返回当前界面，否则，跳转到错误页面。

（4）选择订单，单击【查看】按钮。

（5）根据系统返回的结果，若成功，则返回该订单的详细信息，否则，跳转到错误页面。

（6）选择查询条件（输入查询条件），单击【查询】按钮。

（7）根据系统返回的结果，若成功，列表显示所查询得订单信息。

（8）选择订单，单击【修改】按钮。

（9）根据系统返回的结果，若成功，则返回该订单的详细信息，部分变为可编辑。

（10）修改完成后，单击【保存】。

（11）根据系统返回的结果，若保存成功，则返回当前列表显示订单信息。

（12）修改完成后，单击【取消】，返回当前列表显示订单信息。

5）替代流程：无。

6）约束：

（1）列表显示订单信息，按最近时间排序。

（2）查询条件：发货状态、日期。

（3）订单号属于流水号，格式是：年份+月+日+商品编号+自增号（自增号从 1 开始，自增量 1，最大值 1000），如：2015070510010001（日期：2015/07/05 商品编号：1001 自增号：0001），自增号每天从 1 开始，不可以修改。

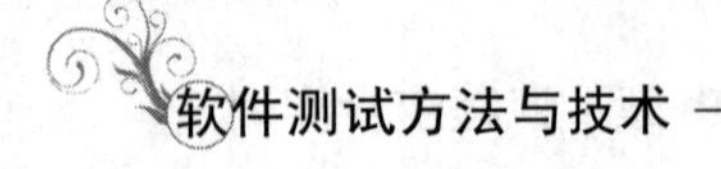

（4）列表显示订单信息时，要分页显示，10 条商品信息为一页。

（5）订单信息有：订单号、商品名称、会员名、详细收货地址、收货人、联系电话、是否发货、是否付款、日期。

（6）商品详细信息包括商品名、商品编号、商品数量、商品样式。

（7）可以修改的订单信息有：详细的收货地址、收货人、联系电话、是否发货。

9.2.3　广告管理

描述：广告管理是对广告的管理，有以下操作：

（1）上架广告，在页面展示最新的广告。

（2）下架广告，把过时的广告下架。

1. 上架广告

描述：

1）简述：可以为新上架的商品做广告的操作。

2）角色：管理员。

3）前置条件：必须是拥有管理员的权限的用户才可以进行该管理操作。

4）主要流程：

（1）登录自己的合法账号，而且权限是管理员的，然后进入管理员的管理界面。

（2）进入管理界面后可单击广告管理中的【上架广告】按钮，进入上架广告的界面。

（3）在下拉框中选择轮换的广告位置，然后单击【选择文件】，选择需要上架商品的相关广告的图片。

（4）选好上架的广告图片以后，单击【确定】按钮，完成广告的上架。

5）替代流程：

广告上传：上传的广告是更新的商品或活动的相关的图片。

6）约束：

（1）广告图片的大小不能大于 2 MB。

（2）广告图片的格式有：jpg 格式、png 格式、gif 格式。

文件：如图 9–13 所示。

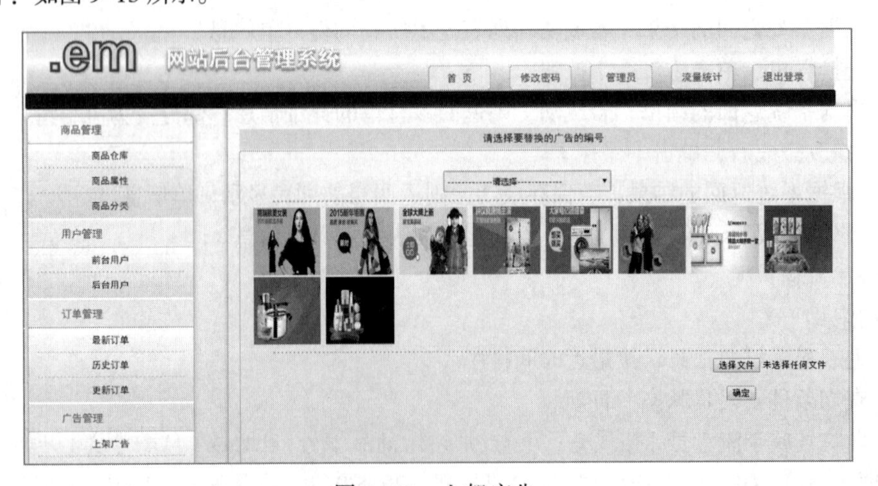

图 9–13　上架广告

2. 下架广告

描述：

1）简述：可以将过时的商品或者活动的广告下架的操作。

2）角色：管理员。

3）前置条件：必须是拥有管理员权限的用户才可以进行该管理操作。

4）主要流程：

（1）登录自己的合法账号，而且权限是管理员的，然后进入管理员的管理界面。

（2）进入管理界面后可单击广告管理中的【下架广告】按钮，进入下架广告的界面。

（3）在下拉框中选择轮换的广告位置，然后单击【选择文件】，选择替换下架商品的相关广告的图片。

（4）选好替换下架的广告图片以后，单击【确定】按钮，完成广告的下架。

5）替代流程：

广告上传：上传的广告是替换的商品或活动的相关的图片。

6）约束：

（1）广告图片的大小不能大于 2 MB。

（2）广告图片的格式有：jpg 格式、png 格式、gif 格式。

文件：如图 9-14 所示。

图 9-14　下架广告

9.2.4　用户管理

描述：用户管理对会员、管理员的管理，有以下操作；

（1）会员的审查、查询、删除。

（2）管理员的添加、修改、删除、查找。

文件：如图 9-15 所示。

1. 会员管理

描述：

1）简述：管理会员信息。

2）角色：管理员。

3）前置条件：管理员在登录的状态下。

4）主要流程：

（1）单击【会员管理】，进入会员管理界面，显示所有会员信息。

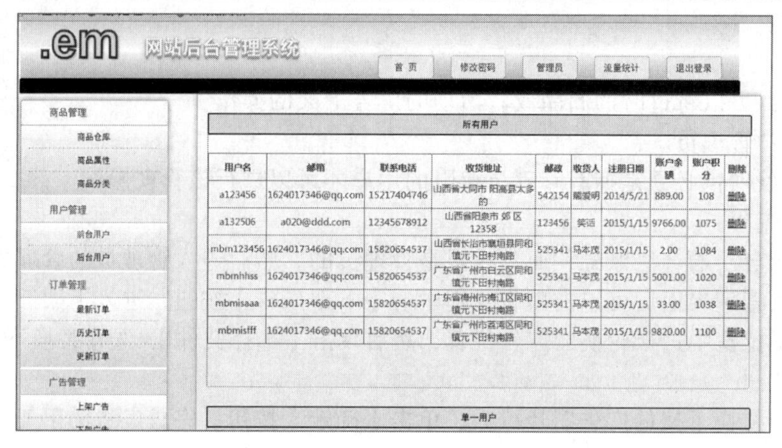

图 9-15　用户管理

（2）选择查询条件（输入查询条件），单击【查询】按钮，可查找符合条件的会员。

（3）勾选会员，单击【删除】按钮，可删除违反规则协议的会员。

（4）勾选为审核的会员，单击【通过审核】按钮，该用户成为会员。

5）替代流程：无。

6）约束：

（1）显示会员信息时，不显示密码，并且按最近时间排序。

（2）查询条件有：按会员名、审核状态。

（3）列表显示会员信息时，要分页显示，10 条商品信息为一页。

（4）列表显示的会员信息：编号、会员名、注册日期、电子邮箱、联系电话、是否审核

2. 后台用户管理

描述：

1）简述：管理员对后台用户（管理员）进行管理。

2）角色：管理员。

3）前置条件：管理员在登录的情况下。

4）主要流程：

（1）单击【后台用户管理】，进入后台用户管理界面，列表显示所有管理员信息。

（2）选择管理员信息，单击【删除】按钮。

（3）根据系统返回的结果，若删除成功，则回到列表显示管理员信息，否则，跳转到错误信息页面。

（4）单击【添加】按钮，显示用户名、密码、联系电话、电子邮箱输入框，依次填写。

（5）单击【保存】按钮，根据系统验证返回的结果，若保存成功，则回到列表显示所有管理员信息的界面，否则，提示“保存失败”。

（6）单击【修改】按钮，根据系统返回的结果，若成功，则显示现登录的管理员的用户名和密码。

（7）修改完成后，单击【保存】按钮，根据系统验证返回的结果，若修改成功，则回到列表显示所有管理员信息的界面，否则，提示“修改失败”。

5）替代流程：

（a）进行流程（4）时，系统提示“用户名不为空”，回到流程（4），重新输入用户名。
（b）进行流程（4）时，系统提示“密码不为空”，回到流程（4），重新输入密码。
（c）进行流程（7）时，系统提示“用户名不为空”，回到流程（7），重新输入用户名。
（d）进行流程（7）时，系统提示“密码不为空”，回到流程（7），重新输入密码。
6）约束：
（1）用户名和密码都不为空。
（2）用户名由字母、数字组成，限 5～20 个字符，用户名是唯一的。
（3）密码由字母、数字组成，限 6～16 个字符。
（4）修改管理员针对个人，其他管理员没有该权限。
（5）列表显示管理员信息时，不显示管理员的密码。
（6）列表显示管理员信息时，按编号从小到大排序。
（7）列表显示管理员信息：编号、管理员名、创建时间、联系电话、电子邮箱。
（8）创建时间由后台代码处理，精确到秒。
（9）电子邮箱：邮箱可以是 QQ 邮箱、网易 163 邮箱、123 邮箱等（如：tonamy123@qq.com、tonamy123@123.com、tonamy123@163.com），限制在 10～20 个字符内。
（10）手机号码：由 11 位数字组成。
（11）固定电话格式：区号（4 位数字）-7 位或 8 位数字。

9.2.5 管理员登录

描述：
1）简述：管理员对商品、订单、评论、用户进行管理，输入用户名、密码进行后台登录
2）角色：管理员。
3）前置条件：无。
4）主要流程：
（1）输入后台管理员登录网址，进入管理员登录界面。
（2）显示登录信息：用户名、密码，输入用户名和密码。
（3）单击【登录】按钮，根据系统验证返回的结果，若“登录成功”，则跳转到管理主页面。
5）替代流程：
（a）进行流程（3）时，系统提示“用户名或密码错误”，回到流程（2），重新输入用户名和密码。
（b）进行流程（2）时，系统提示“用户名不为空”，回到流程（2），重新输入用户名。
（c）进行流程（2）时，系统提示“密码不为空”，回到流程（2），重新输入密码。
（d）进行流程（3）时，系统提示“登录失败”，回到流程（2），重新输入用户名和密码。
6）约束：
（1）用户名和密码都不为空，输入的用户名必须是存在的，密码与用户名相对应。
（2）用户名由字母、数字组成，限 5～20 个字符。
（3）密码由字母、数字组成，限 6～16 个字符位。
文件：如图 9-16 所示。

图 9-16　管理员登录页面

9.2.6　退出后台登录

描述：

1）简述：管理员进行退出管理员登录。

2）角色：管理员。

3）前置条件：管理员在登录情况下。

4）主要流程：

（1）管理员单击【退出】选项。

（2）根据系统验证返回的结果，若成功，则回到管理员登录界面；若失败，则回到当前页面。

5）替代流程：无。

文件：如图 9-17 所示。

图 9-17　退出登录

9.2.7　评论管理

描述：

1）简述：管理会员发表的评论。

2）角色：管理员。

3）前置条件：管理员在登录的情况下。

4）主要流程：

（1）单击【评论管理】，进入评论管理界面，列表显示评论信息。

（2）若评论信息是恶意的，勾选该评论信息，单击【删除】按钮。

（3）根据系统返回的结果，若删除成功，则返回当前显示页面，否则，提示“删除失败”。

（4）选择时间和输入商品编号（二者可选一），单击【搜索】按钮。

（5）根据系统返回的结果，若搜索成功，则返回相关的评论信息，否则，提示“搜索无果”。

（6）勾选一条评论信息，单击【查看】按钮。

（7）根据系统验证返回的结果，若成功，则在列表下方竖状显示改评论的信息。

5）替代流程：无。

6）约束：

（1）列表显示评论信息，按时间最近的排序方式。

（2）列表显示评论信息时，要分页显示，10 条商品信息为一页。

（3）时间按日查找。

9.4 测试计划编写（节选）

电子商务网站测试计划

组员：韦丽芳、赵伟维

1 简介

1.1 目的

本文档目的是为测试人员对电子商务网站的测试提供完善的测试指导，帮助合理安排资源和进度，避免可能的风险。

1.2 范围

在项目开发过程中，项目组将对所开发的模块进行单元测试，开发人员单元测试时互换代码走查，然后再对各模块进行集成测试。测试组将依据《电子商务网站需求规格说明书》以及相应的设计文档进行系统测试。

执行的测试类型将包括：功能测试、性能测试、负载测试、用户界面（UI）测试、兼容性测试、安全性与访问控制测试、回归测试等。

2 项目介绍

2.1 项目背景

该电子商务网站使用 J2EE 开发，使用了 MVC 三层架构，页面设计使用了 Dreamweaver。

整个电子商务网站（前台+后台）分为以下 7 大功能模块：账户管理（前台）、商品购买（前台）、商品管理（后台）、用户管理（后台）、订单管理（后台）、广告管理（后台）、评论管理（后台），如图 9-18 所示。

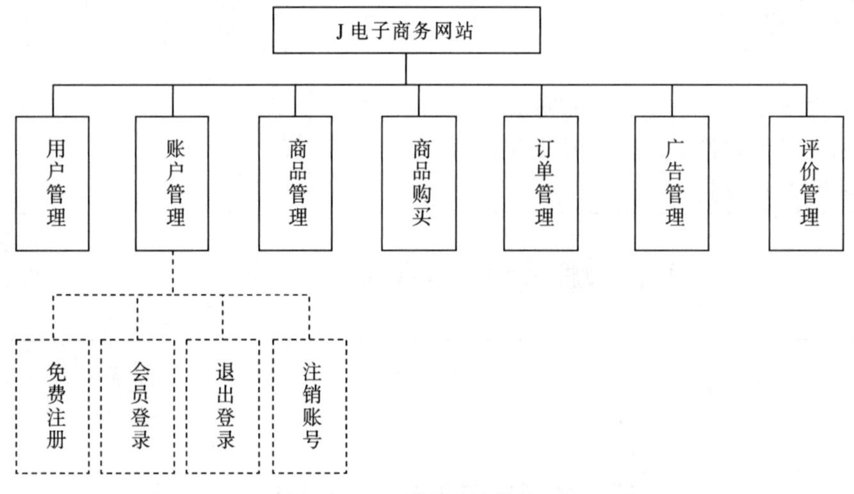

图 9-18 网站功能模块图

- 用户管理：会员信息维护、后台用户管理。
- 账户管理：免费注册、会员登录、退出登录、注销账号。
- 商品购买：加入购物车、结算、提交订单、删除购物车商品、查看已买宝贝、查看我的订单。
- 商品管理：上架商品、下架商品、查看商品信息、修改商品信息、商品分类。
- 订单管理：新增订单、修改订单、删除订单。
- 广告管理：上架广告、下架广告。
- 评论管理。

2.2 功能概述

电子商务网站主要包括以下功能模块：账户管理、商品购买、商品管理、用户管理、订单管理、广告管理，等等。

（1）账户管理：基本信息、修改密码、个人信息。

（2）免费注册。

（3）会员登录。

（4）退出登录。

（5）注销账号。

（6）商品购买：加入购物车、结算、提交订单、删除购物车商品、查看已买宝贝、查看我的订单。

（7）商品管理：上架商品、下架商品、查看商品信息、修改商品信息、商品分类。

（8）用户管理：会员管理、后台用户管理。

（9）订单管理：新增订单、修改订单、删除订单。

（10）广告管理：上架广告、下架广告。

（11）管理员登录。

（12）退出后台登录。

（13）评论管理。

3　测试策略

3.1　测试完成标准

最终通过系统测试，系统无业务逻辑错误、无存留二级以上的 BUG。经确定的所有缺陷都已得到了商定的解决结果。所设计的测试用例已全部重新执行，已知的所有缺陷都已按照商定的方式进行了处理，而且没有发现新的缺陷。

3.2　测试类型

3.2.1　单元测试（见表 9-8）

表 9-8　单元测试

测试目标	揭示模块与其接口规格说明中存在的矛盾
测试范围	账户管理、商品购买、商品管理、用户管理、订单管理、广告管理
技术	自底向上的方法，先黑盒后白盒测试，提高覆盖率
开始标准	需求测试完成
完成标准	（1）所有单元测试用例都被执行过 （2）所有发现的缺陷、错误都被改正并回归测试过 （3）所有被测对象的语句覆盖达到 95%，或者都能够给出不需要达到的理由 （4）测试报告组长批准
测试重点与优先级	程序的逻辑错误

3.2.2　集成测试（见表 9-9）

表 9-9　集成测试

测试目标	将各个子模块组合起来成为更大的子模块
测试范围	针对每个接口，考虑参数个数和输入输出属性，参数的顺序，等价类，边界类等情况，已经函数的返回值等
技术	利用有效的和无效的数据来执行各个用例、用例流或功能，已核实以下内容： （1）在使用有效数据时得到预期结果 （2）在使用无效数据时显示相应的错误消息或警告消息 （3）每个业务规则都得到正确的应用

续表

开始标准	单元测试完毕
完成标准	（1）所有单元测试用例都被执行过 （2）所有发现的缺陷、错误都被改正并回归测试过 （3）单元测试报告组长批准
测试重点与优先级	与数据库操作相关的测试

3.2.3 功能测试（见表 9–10）

表 9-10 功能测试

测试目标	核实所有功能均已正常实现 （1）业务流程检验：各个业务流程符合常规逻辑，用户使用时不会产生疑问 （2）数据精确：各数据类型的输入输出统计精确
测试范围	验证数据精确度、数据类型、业务功能等相关方面的正确性
技术	采用黑盒测试，使用边界值测试、等价类划分等测试方法
开始标准	概要设计完成后
完成标准	（1）所有单元测试用例都被执行过 （2）95%测试用例通过并且最高级缺陷全部解决 （3）功能测试报告组长批准
测试重点与优先级	证明程序未能符合外部规格说明

3.2.4 性能测试（见表 9–11）

表 9-11 性能测试

测试目标	核实系统在大流量的数据与多用户操作时软件性能的稳定性，不造成系统崩溃或相关的异常现象
测试范围	大流量的数据与多用户操作时性能方面的测试
技术	使用特定的工具，模拟超常数据量、负载等，监测系统的各项性能指标
开始标准	自动化测试脚本设计完成
完成标准	系统满足用户需求中所要求的性能要求
测试重点与优先级	系统预期结果是否能够顺利执行
需考虑的特殊事项	搭建苛刻的硬件软件测试设备环境

3.2.5 负载测试（见表 9–12）

表 9-12 负载测试

测试目标	电子商务网站在不同的工作量条件下的性能行为时间
测试范围	电子商务网站
技术	（1）使用为功能或业务周期测试制定的测试 （2）通过修改数据文件来增加事务数量 （3）通过修改脚本来增加每项事务发生的次数
开始标准	自动化测试脚本设计完成
完成标准	多个事务或多个用户，在可接受的时间范围内成功地完成测试，没有发生任何故障
测试重点与优先级	系统各项性能指标的表现情况
需考虑的特殊事项	1．负载测试应该在专用的计算机上或专用的机时内执行，以便实现完全的控制和精确的评测 2．负载测试所用的数据库应该是实际大小或相同缩放比例的数据库

3.2.6　用户界面（UI）测试（见表 9-13）

表 9-13　用户界面（UI）测试

测试目标	核实各个窗口风格（包括颜色、字体、提示信息、图标、TITLE 等）都与基准版本保持一致，或符合可接受标准，能够保证用户界面的友好性、易操作性，而且符合用户操作习惯
测试范围	（1）Web 界面：导航、链接、Cookie，页面结构包括菜单、背景、颜色、字体、按钮名称、TITLE、提示信息的一致性等 （2）友好性、可操作性（易用性）
技术	Web 测试通用方法；为每个窗口创建或修改测试，已核实各个应用程序窗口和对象都可正确地进行浏览，并处于正常的对象状态。
开始标准	单击各个界面
完成标准	UI 符合可接受标准，能够保证用户界面的友好性、易操作性，而且符合用户操作习惯
测试重点与优先级	Web 界面
需考虑的特殊事项	并不是所有定制或第三方对象的特征都可访问

3.2.7　安全性与访问控制测试（见表 9-14）

表 9-14　安全性与访问控制测试

测试目标	（1）应用程序级别的安全性：核实用户只能操作其所拥有权限能操作的功能 （2）系统级别的安全性：核实只有具备系统访问权限的用户才能访问系统
测试范围	（1）密码：登录、管理员、顾客或游客等 （2）权限 （3）非法攻击 （4）登录超时限制等
技术	代码包或者非法攻击工具
开始标准	功能测试完成后
完成标准	执行各种非法操作无安全漏洞且系统使用正常
测试重点与优先级	系统是否存在安全漏洞，系统权限分配是否正确，与金钱相关的操作要重点考虑
需考虑的特殊事项	需要考虑系统以外的相关联的软硬件的安全防护

3.2.8　兼容性测试（见表 9-15）

表 9-15　兼容性测试

测试目标	核实系统在不同的软件和硬件配置中运行稳定
测试范围	（1）使用不同版本的不同浏览器、分辨率、操作系统分别进行测试 （2）不同操作系统、浏览器、分辨率和各种运行软件等各种条件的组合测试
技术	黑盒测试
开始标准	功能测试完成后
完成标准	在各种不同版本不同类项浏览器、操作系统或者其组合下均能正常实现其功能
测试重点与优先级	系统与硬件，软件之间的兼容性
需考虑的特殊事项	浏览器兼容、分辨率兼容、操作习惯兼容、风俗文化兼容、数据能共享

3.2.9 数据和数据完整性测试（见表 9-16）

表 9-16 数据和数据可完整性测试

测试目标	确保数据库访问和进程征程运行，数据不会遭到损坏
测试范围	所有网络发送包和接收包
技术	（1）调用各个数据库访问方法和进程，并在其中填充有效的和无效的数据（或对数据的请求） （2）检查数据库，确保数据已按预期的方式填充，并且所有的数据库时间已正常发生 （3）检查所返回的数据，确保正当的理由检索到了正确的数据
开始标准	用户向网络发送数据包
完成标准	所有的数据库访问方法和进程都按照设计的方式运行，数据没有遭到损坏
测试重点与优先级	网络实付数据
需考虑的特殊事项	（1）测试可能需要 DBMS 开发环境或驱动程序在数据库中直接输入或修改数据 （2）进程应该已以手工方式调用 （3）应使用小型或最小的数据库（记录的数量有限）来使所有无法接受的事件具有更大的可视度

3.2.10 回归测试（见表 9-17）

表 9-17 回归测试

测试目标	核实执行所有测试类型后功能、性能等均达到用户需求所要求的标准
测试范围	所有功能、性能、用户界面、兼容性、安全性与访问控制等测试类型
技术	黑盒测试
开始标准	每当被测试的软件或其环境改变时，在每个合适的测试阶段上进行回归测试
完成标准	95%的测试用例执行通过并通过系统测试
测试重点与优先级	提交的缺陷是否已修复
需考虑的特殊事项	确认修改有没有引入新的错误或导致其他代码产生错误

4 测试资源

4.1 测试工具（见表 9-18）

表 9-18 测试工具

测试管理工具	QC（HP Qulity Center 9.0）测试资源（缺陷）管理软件
性能测试工具	LR（HP LoadRunner 11）用户并发虚拟软件

4.2 测试环境（见表 9-19）

表 9-19 测试环境

测试客户端配置	
硬件配置	机型：戴尔 OPTIPLEX360 CPU 型号：Intel Core2 Duo E7400 2.8 GHz 内存：2 GB
软件配置	操作系统：Windows 7 旗舰版 浏览器：IE9

续表

测试服务器配置	
服务器硬件配置	机型：至强 8 核服务器 CPU 型号：四核处理器 内存：4 GB 内存 硬盘：100 GB
软件配置	操作系统：Microsoft Windows Server 2003 企业版 32 位版 Web 服务：Tomcat 应用服务器 数据库：MySQL 4.0、5.1 32 位版

4.3 人力资源（见表 9-20）

表 9-20 人力资源

人员安排表		
角色	姓名	任务安排或职责
测试员	韦丽芳	测试计划、测试用例设计、性能测试、安全扫描
测试员	赵伟维	测试用例设计、测试执行、测试总结报告

5 性能测试方案

5.1 用户登录性能测试

用户登录性能测试是指对会员登录和管理员后台登录，其在不同负载条件下测试出最佳的工作量，如表 9-21 所示。

表 9-21 用户登录性能测试

测试用例	用户登录性能测试				
测试步骤	（1）已注册用户登录该网站的登录页面 （2）显示登录页面信息，如：用户名，密码 （3）输入用户名和密码，单击【登录】按钮 （4）验证登录信息 （5）加载用户所拥有的权限信息，并显示在页面				
用例编号	运行时间（秒）	浏览器同时连接数（个）	RPS（每秒事务数）	响应时间的平均值（毫秒）	通过的总事务数（个）
1		1			
2		10			
3		50			
4		100			
5		200			
6		500			

5.2 用户注册性能测试

用户注册性能测试是指在不同用户使用的工作量下，得到最佳的工作量，如表 9-22 所示。

表 9-22 用户注册性能测试

测试用例	用户登录性能测试				
测试步骤	（1）用户单击【注册】进入注册页面 （2）显示注册页面信息如：用户名、密码、电子邮箱、联系电话号码等 （3）填写用户名、密码、电子邮箱、联系电话号码等信息，单击注册按钮 （4）验证注册信息，若验证通过，则调转到登录页面				
用例编号	运行时间（秒）	浏览器同时连接数（个）	RPS（每秒事务数）	响应时间的平均值（毫秒）	通过的总事务数（个）
1		1			
2		10			
3		50			
4		100			
5		200			
6		500			

5.3 查看商品性能测试

查看商品性能测试是指在不同用户使用的工作量下，得到最佳的工作量，如表 9-23 所示。

表 9-23 查看商品性能测试

测试用例	商品搜索性能测试				
测试步骤	（1）用户进入系统成功页面 （2）单击商品查看，返回到所有商品信息结果				
用例编号	运行时间（秒）	浏览器同时连接数（个）	RPS（每秒事务数）	响应时间的平均值（毫秒）	通过的总事务数（个）
1		1			
2		10			
3		50			
4		100			
5		200			
6		500			

5.4 商品购买性能测试

商品购买性能测试是指在不同用户使用的工作量下，得到最佳的工作量，如表 9-24 所示。

表 9-24　商品购买性能测试

测试用例	测试商品购买模块在多用户并发访问时的性能指标。				
测试步骤	（1）已注册用户登录进入系统 （2）进入商品页面 （3）单击商品信息后的购买链接，添加到购物车 （4）单击购物车链接进入购物车展示页面，修改购物车中的信息或者删除购物车中的商品 （5）单击【结算中心】按钮，进入结算页面 （6）填写用户信息，单击【提交】按钮，生成订单 （7）跳转到购物成功页面 （8）单击【查看订单】，查看订单详细产品信息。				
用例编号	运行时间（秒）	浏览器同时连接数（个）	RPS（每秒事务数）	响应时间的平均值（毫秒）	通过的总事务数（个）
1		1			
2		10			
3		50			
4		100			
5		200			
6		500			

9.5　测试用例（功能测试）设计（节选）

测试用例（节选）①

组员：韦丽芳、赵伟维

1　前台功能\会员注册

1.1　测试名称：会员注册—有效等价类

步骤：

步骤名称：步骤 1。

① 测试例中的会员账号、密码、邮箱、电话等信息均为虚拟。

描述:【前置说明】输入正确且合法的注册信息。
输入数据:
会员名称:cjcj13242
会员密码:cjcj13242
确认密码:cjcj13242
电子邮箱:4556586566@qq.com
联系电话:15051571020(手机)
预期结果:显示“注册成功!”的提示。

步骤名称:步骤 2。
描述:【前置说明】输入的会员名称全由字母组成,其余输入正确且合法的数据。
输入数据:
会员名称:cjcjcjcjcj
会员密码:cjcj13242
确认密码:cjcj13242
电子邮箱:1234565898@qq.com
联系电话:15051571020(手机)
预期结果:显示“注册成功!”的提示。

步骤名称:步骤 3。
描述:【前置说明】输入的会员名称全由数字组成,其余输入正确且合法的数据。
输入数据:
会员名称:132132132132
会员密码:cjcj13242
确认密码:cjcj13242
电子邮箱:1234565898@qq.com
联系电话:15051571020(手机)
预期结果:显示“注册成功!”的提示。

步骤名称:步骤 4。
描述:【前置说明】输入的会员名称由下画线开头,其余输入正确且合法的数据。
输入数据:
会员名称:_1312132cjcjcjcj
会员密码:cjcj13242
确认密码:cjcj13242
电子邮箱:1234565898@qq.com
联系电话:15051571020(手机)
预期结果:显示“注册成功!”的提示。

步骤名称:步骤 5。
描述:【前置说明】输入的会员名称由数字开头,其余输入正确且合法的数据。

输入数据：
会员名称：132cjcjcjcj
会员密码：cjcj13242
确认密码：cjcj13242
电子邮箱：1234565898@qq.com
联系电话：15051571020（手机）
预期结果：显示“注册成功！”的提示。

步骤名称：步骤 6。
描述：【前置说明】输入的电子邮箱为 123 邮箱的格式，其余输入正确且合法的数据。
输入数据：
会员名称：132cjcjcjcj
会员密码：cjcj13242
确认密码：cjcj13242
电子邮箱：tonamy123@123.com
联系电话：15051571020（手机）
预期结果：显示“注册成功！”的提示。

步骤名称：步骤 7。
描述：【前置说明】输入的电子邮箱为网易 163 邮箱的格式，其余输入正确且合法的数据。
输入数据：
会员名称：132cjcjcjcj
会员密码：cjcj13242
确认密码：cjcj13242
电子邮箱：tonamy1163@163.com
联系电话：15051571020（手机）
预期结果：显示“注册成功！”的提示。

步骤名称：步骤 8。
描述：【前置说明】输入的电子邮箱为新浪邮箱的格式，其余输入正确且合法的数据。
输入数据：
会员名称：132cjcjcjcj
会员密码：cjcj13242
确认密码：cjcj13242
电子邮箱：tonamy1163@sina.com
联系电话：15051571020（手机）
预期结果：显示“注册成功！”的提示。

步骤名称：步骤 9。
描述：【前置说明】输入的联系电话为固定电话（格式为：区号四位数字-七或八位数字号码），其余输入正确且合法的数据。

输入数据：
会员名称：cjcjcjcj3242
会员密码：cjcj13242
确认密码：cjcj13242
电子邮箱：1234565898@qq.com
联系电话：0775-20130548（区号四位数字-八位数字号码）
预期结果：显示“注册成功！”的提示。

步骤名称：步骤10。
描述：【前置说明】输入的联系电话为固定电话（格式为：区号四位数字-七或八位数字号码），其余输入正确且合法的数据。
输入数据：
会员名称：cjcjcjcj3242
会员密码：cjcj13242
确认密码：cjcj13242
电子邮箱：1234565898@qq.com
联系电话：0775-2013054（区号四位数字-七位数字号码）
预期结果：显示“注册成功！”的提示。

1.2　测试名称：会员注册—边界值分析

步骤：
步骤名称：步骤1。
描述：【前置说明】输入的会员名称长度为最小个数值（5），其余输入正确且合法的数据。
输入数据：
会员名称：cj132
会员密码：cjcj13242
确认密码：cjcj13242
电子邮箱：1234565898@qq.com
联系电话：15051571020（手机）
预期结果：显示“注册成功！”的提示。

步骤名称：步骤2。
描述：【前置说明】输入的会员名称长度为最小个数值（5）少一位，其余输入正确且合法的数据。
输入数据：
会员名称：c132
会员密码：cjcj13242
确认密码：cjcj13242
电子邮箱：1234565898@qq.com
联系电话：15051571020（手机）

预期结果：显示“会员名称输入格式错误!”的警示。

步骤名称：步骤 3。

描述:【前置说明】输入的会员名称长度为最小个数值（5）多一位，其余输入正确且合法的数据。

输入数据：

会员名称：cjc132

会员密码：cjcj13242

确认密码：cjcj13242

电子邮箱：1234565898@qq.com

联系电话：15051571020（手机）

预期结果：显示“注册成功!”的提示。

步骤名称：步骤 4。

描述:【前置说明】输入的会员名称长度为最大个数值(20)，其余输入正确且合法的数据。

输入数据：

会员名称：cjcjcjcjc132132132

会员密码：cjcj13242

确认密码：cjcj13242

电子邮箱：1234565898@qq.com

联系电话：15051571020（手机）

预期结果：显示“注册成功!”的提示。

步骤名称：步骤 5。

描述:【前置说明】输入的会员名称长度为最大个数值（20）少一位，其余输入正确且合法的数据。

输入数据：

会员名称：cjcjcjcj132132132

会员密码：cjcj13242

确认密码：cjcj13242

电子邮箱：1234565898@qq.com

联系电话：15051571020（手机）

预期结果：显示“注册成功!”的提示。

步骤名称：步骤 6。

描述:【前置说明】输入的会员名称长度为最大个数值（20）多一位，其余输入正确且合法的数据。

输入数据：

会员名称：cjcjcjcjcj132132132

会员密码：cjcj13242

确认密码：cjcj13242

电子邮箱：1234565898@qq.com
联系电话：15051571020（手机）
预期结果：显示“会员名称输入格式错误!”的警示。

步骤名称：步骤 7。
描述:【前置说明】输入的会员密码长度为最小个数值（6），其余输入正确且合法的数据。
输入数据：
会员名称：cjcj13242
会员密码：cjc132
确认密码：cjc132
电子邮箱：1234565898@qq.com
联系电话：15051571020（手机）
预期结果：显示“注册成功!”的提示。

步骤名称：步骤 8。
描述:【前置说明】输入的会员密码长度为最小个数值（6）少一位，其余输入正确且合法的数据。
输入数据：
会员名称：cjcj13242
会员密码：cjc13
确认密码：cjc13
电子邮箱：1234565898@qq.com
联系电话：15051571020（手机）
预期结果：显示“会员密码输入格式错误!”的警示。

步骤名称：步骤 9。
描述:【前置说明】输入的会员密码长度为最小个数值（6）多一位，其余输入正确且合法的数据。
输入数据：
会员名称：cjcj13242
会员密码：cjcj132
确认密码：cjcj132
电子邮箱：1234565898@qq.com
联系电话：15051571020（手机）
预期结果：显示“注册成功!”的提示。

步骤名称：步骤 10。
描述:【前置说明】输入的会员密码长度为最大个数值（20），其余输入正确且合法的数据。
输入数据：
会员名称：cjcj13242
会员密码：cjc12345678901234567

确认密码：cjc12345678901234567
电子邮箱：1234565898@qq.com
联系电话：15051571020（手机）
预期结果：显示“注册成功!”的提示。

步骤名称：步骤 11。
描述:【前置说明】输入的会员密码长度为最大个数值（20）少一位，其余输入正确且合法的数据。
输入数据：
会员名称：cjcj13242
会员密码：cjc1234567890123456
确认密码：cjc1234567890123456
电子邮箱：1234565898@qq.com
联系电话：15051571020（手机）
预期结果：显示“注册成功!”的提示。

步骤名称：步骤 12。
描述:【前置说明】输入的会员密码长度为最大个数值（20）多一位，其余输入正确且合法的数据。
输入数据：
会员名称：cjcj13242
会员密码：cjc123456789012345678
确认密码：cjc123456789012345678
电子邮箱：1234565898@qq.com
联系电话：15051571020（手机）
预期结果：显示“会员密码输入格式错误!”的警示。

步骤名称：步骤 13。
描述:【前置说明】输入的电子邮箱长度为最小个数值(10)，其余输入正确且合法的数据。
输入数据：
会员名称：cjcj13242
会员密码：cjc132
确认密码：cjc132
电子邮箱：cjc@qq.com
联系电话：15051571020（手机）
预期结果：显示“注册成功!”的提示。

步骤名称：步骤 14。
描述:【前置说明】输入的电子邮箱长度为最小个数值（10）少一位，其余输入正确且合法的数据。
输入数据：

会员名称：cjcj13242
会员密码：cjc132
确认密码：cjc132
电子邮箱：cj@qq.com
联系电话：15051571020（手机）
预期结果：显示"电子邮箱的输入格式错误!"的警示。

步骤名称：步骤15。
描述:【前置说明】输入的电子邮箱长度为最小个数值（10）多一位，其余输入正确且合法的数据。
输入数据：
会员名称：cjcj13242
会员密码：cjc132
确认密码：cjc132
电子邮箱：cjcj@qq.com
联系电话：15051571020（手机）
预期结果：显示"注册成功!"的提示。

步骤名称：步骤16。
描述:【前置说明】输入的电子邮箱长度为最大个数值（20），其余输入正确且合法的数据。
输入数据：
会员名称：cjcj13242
会员密码：cjc132
确认密码：cjc132
电子邮箱：cjcjcjcj132@qq.com
联系电话：15051571020（手机）
预期结果：显示"注册成功!"的提示。

步骤名称：步骤17。
描述:【前置说明】输入的电子邮箱长度为最大个数值（20）少一位，其余输入正确且合法的数据。
输入数据：
会员名称：cjcj13242
会员密码：cjc132
确认密码：cjc132
电子邮箱：cjcjcjc132@qq.com
联系电话：15051571020（手机）
预期结果：显示"注册成功!"的提示。

步骤名称：步骤18。
描述:【前置说明】输入的电子邮箱长度为最大个数值（20）多一位，其余输入正确且合法的数据。

输入数据：

会员名称：cjcj13242

会员密码：cjc132

确认密码：cjc132

电子邮箱：cjcjcjcjc132@qq.com

联系电话：15051571020（手机）

预期结果：显示“电子邮箱的输入格式错误！”的警示。

步骤名称：步骤 19。

描述：【前置说明】输入的联系电话长度为 11 位，其余输入正确且合法的数据。

输入数据：

会员名称：cjcjcjcj3242

会员密码：cjcj13242

确认密码：cjcj13242

电子邮箱：1234565898@qq.com

联系电话：15051571020（手机）

预期结果：显示“注册成功！”的提示。

步骤名称：步骤 20。

描述：【前置说明】输入的联系电话长度比 11 位少一位，其余输入正确且合法的数据。

输入数据：

会员名称：cjcjcjcj3242

会员密码：cjcj13242

确认密码：cjcj13242

电子邮箱：1234565898@qq.com

联系电话：1505157102（手机）

预期结果：显示“联系电话输入格式错误！”的警示。

步骤名称：步骤 21。

描述：【前置说明】输入的联系电话长度比 11 位多一位，其余输入正确且合法的数据。

输入数据：

会员名称：cjcjcjcj3242

会员密码：cjcj13242

确认密码：cjcj13242

电子邮箱：1234565898@qq.com

联系电话：015051571020（手机）

预期结果：显示“联系电话输入格式错误！”的警示。

步骤名称：步骤 22。

描述：【前置说明】输入的联系电话为固定电话（格式为：区号四位数字–七或八位数

字号码），其余输入正确且合法的数据。

输入数据：

会员名称：cjcjcjcj3242

会员密码：cjcj13242

确认密码：cjcj13242

电子邮箱：1234565898@qq.com

联系电话：0775-2013054（区号四位数-七位数字号码）

预期结果：显示“注册成功!”的提示。

步骤名称：步骤 23。

描述：【前置说明】输入的联系电话为固定电话（格式为：区号四位数字-七或八位数字号码），其余输入正确且合法的数据。

输入数据：

会员名称：cjcjcjcj3242

会员密码：cjcj13242

确认密码：cjcj13242

电子邮箱：1234565898@qq.com

联系电话：0775-20130545（区号四位数字-八位数字号码）

预期结果：显示“注册成功!”的提示。

步骤名称：步骤 24。

描述：【前置说明】输入的联系电话为固定电话（格式为：区号四位数字-七或八位数字号码），其余输入正确且合法的数据。

输入数据：

会员名称：cjcjcjcj3242

会员密码：cjcj13242

确认密码：cjcj13242

电子邮箱：1234565898@qq.com

联系电话：0775-201305（区号四位数字-六位数字号码）

预期结果：显示“联系电话输入格式错误!”的警示。

步骤名称：步骤 25。

描述：【前置说明】输入的联系电话为固定电话（格式为：区号四位数字-七或八位数字号码），其余输入正确且合法的数据。

输入数据：

会员名称：cjcjcjcj3242

会员密码：cjcj13242

确认密码：cjcj13242

电子邮箱：1234565898@qq.com

联系电话：0775-201305452（区号四位数字-九位数字号码）

预期结果：显示“联系电话输入格式错误!”的警示。

步骤名称：步骤 26。

描述：【前置说明】输入的联系电话为固定电话（格式为：区号四位数字-七或八位数字号码），其余输入正确且合法的数据。

输入数据：

会员名称：cjcjcjcj3242

会员密码：cjcj13242

确认密码：cjcj13242

电子邮箱：1234565898@qq.com

联系电话：077-2013054（区号三位数字-七位数字号码）

预期结果：显示“联系电话输入格式错误!”的警示。

步骤名称：步骤 27。

描述：【前置说明】输入的联系电话为固定电话（格式为：区号四位数字-七或八位数字号码），其余输入正确且合法的数据。

输入数据：

会员名称：cjcjcjcj3242

会员密码：cjcj13242

确认密码：cjcj13242

电子邮箱：1234565898@qq.com

联系电话：077-20130548（区号三位数字-八位数字号码）

预期结果：显示“联系电话输入格式错误!”的警示。

步骤名称：步骤 28。

描述：【前置说明】输入的联系电话为固定电话（格式为：区号四位数字-七或八位数字号码），其余输入正确且合法的数据。

输入数据：

会员名称：cjcjcjcj3242

会员密码：cjcj13242

确认密码：cjcj13242

电子邮箱：1234565898@qq.com

联系电话：07755-2013054（区号五位数字-七位数字号码）

预期结果：显示“联系电话输入格式错误!”的警示。

步骤名称：步骤 29。

描述：【前置说明】输入的联系电话为固定电话（格式为：区号四位数字-七或八位数字号码），其余输入正确且合法的数据。

输入数据：

会员名称：cjcjcjcj3242

会员密码：cjcj13242

确认密码：cjcj13242

电子邮箱：1234565898@qq.com
联系电话：07755-20130548（区号五位数字-八位数字号码）
预期结果：显示“联系电话输入格式错误!”的警示。

1.3 测试名称：会员注册—无效等价类

步骤：

步骤名称：步骤 1。
描述：【前置说明】输入的会员名称为空值，其余输入正确且合法的数据。
输入数据：
会员名称：（空）
会员密码：cjcj13242
确认密码：cjcj13242
电子邮箱：1234565898@qq.com
联系电话：15051571020（手机）
预期结果：显示“用户名不能为空!”的警示。

步骤名称：步骤 2。
描述：【前置说明】输入的会员密码为空值，其余输入正确且合法的数据。
输入数据：
会员名称：cjcj13242
会员密码：（空）
确认密码：（空）
电子邮箱：1234565898@qq.com
联系电话：15051571020（手机）
预期结果：显示“密码不可为空!”的警示。

步骤名称：步骤 3。
描述：【前置说明】输入的确认密码为空值，其余输入正确且合法的数据。
输入数据：
会员名称：cjcj13242
会员密码：cjcj13242
确认密码：（空）
电子邮箱：1234565898@qq.com
联系电话：15051571020（手机）
预期结果：显示“确认密码不能为空!”的警示。

步骤名称：步骤 4。
描述：【前置说明】输入的电子邮箱为空值，其余输入正确且合法的数据。
输入数据：
会员名称：cjcj13242
会员密码：cjcj13242

确认密码：cjcj13242
电子邮箱：（空）
联系电话：15051571020（手机）
预期结果：显示“电子邮箱不能为空！”的警示。

步骤名称：步骤 5。
描述：【前置说明】输入的联系电话为空值，其余输入正确且合法的数据。
输入数据：
会员名称：cjcjcjcj3242
会员密码：cjcj13242
确认密码：cjcj13242
电子邮箱：1234565898@qq.com
联系电话：（空）
预期结果：显示“联系电话不可为空！”的警示。

步骤名称：步骤 6。
描述：【前置说明】输入的会员名称带有特殊符号，其余输入正确且合法的数据。
输入数据：
会员名称：cjcj132**
会员密码：cjcj13242
确认密码：cjcj13242
电子邮箱：1234565898@qq.com
联系电话：15051571020（手机）
预期结果：显示“注册信息不可带有特殊字符！”的警示。

步骤名称：步骤 7。
描述：【前置说明】输入的会员密码带有特殊符号，其余输入正确且合法的数据。
输入数据：
会员名称：cjcj13242
会员密码：cjcj132**
确认密码：cjcj132**
电子邮箱：1234565898@qq.com
联系电话：15051571020（手机）
预期结果：显示“注册信息不可带有特殊字符！”的警示。

步骤名称：步骤 8。
描述：【前置说明】输入的电子邮箱带有特殊符号，其余输入正确且合法的数据。
输入数据：
会员名称：cjcj13242
会员密码：cjcj13242
确认密码：cjcj13242

电子邮箱：12345**898@qq.com
联系电话：15051571020（手机）
预期结果：显示“注册信息不可带有特殊字符!”的警示。

步骤名称：步骤 9。
描述:【前置说明】输入的联系电话带有特殊符号，其余输入正确且合法的数据。
输入数据：
会员名称：cjcj13242
会员密码：cjcj13242
确认密码：cjcj13242
电子邮箱：1234565898@qq.com
联系电话：150515710**（手机）
预期结果：显示“注册信息不可带有特殊字符!”的警示。

步骤名称：步骤 10。
描述:【前置说明】输入的确认密码与会员密码不一致，其余输入正确且合法的数据。
输入数据：
会员名称：cjcj13242
会员密码：cjcj13242
确认密码：cjcj132
电子邮箱：1234565898@qq.com
联系电话：15051571020（手机）
预期结果：显示“确认密码与会员密码不一致!”的警示。

步骤名称：步骤 11。
描述:【前置说明】输入的会员名称长度不足，其余输入正确且合法的数据。
输入数据：
会员名称：132
会员密码：cjcj13242
确认密码：cjcj13242
电子邮箱：1234565898@qq.com
联系电话：15051571020（手机）
预期结果：显示“会员名称输入格式错误!”的警示。

步骤名称：步骤 12。
描述:【前置说明】输入的会员名称长度超出，其余输入正确且合法的数据。
输入数据：
会员名称：cjcjcjcjcj132132132132
会员密码：cjcj13242
确认密码：cjcj13242
电子邮箱：1234565898@qq.com

联系电话：15051571020（手机）
预期结果：显示“会员名称输入格式错误!”的警示。

步骤名称：步骤 13。
描述:【前置说明】输入的会员密码长度不足，其余输入正确且合法的数据。
输入数据：
会员名称：cjcj13242
会员密码：c132
确认密码：c132
电子邮箱：1234565898@qq.com
联系电话：15051571020（手机）
预期结果：显示“会员密码输入格式错误!”的警示。

步骤名称：步骤 14。
描述:【前置说明】输入的会员密码长度超出，其余输入正确且合法的数据。
输入数据：
会员名称：cjcj13242
会员密码：cjc12345678901234567890
确认密码：cjc12345678901234567890
电子邮箱：1234565898@qq.com
联系电话：15051571020（手机）
预期结果：显示“会员密码输入格式错误!”的警示。

步骤名称：步骤 15。
描述:【前置说明】输入的会员密码全由字母组成，其余输入正确且合法的数据。
输入数据：
会员名称：cjcj13242
会员密码：cjcjcjcj
确认密码：cjcjcjcj
电子邮箱：1234565898@qq.com
联系电话：15051571020（手机）
预期结果：显示“会员密码输入格式错误!”的警示。

步骤名称：步骤 16。
描述:【前置说明】输入的会员密码全由数字组成，其余输入正确且合法的数据。
输入数据：
会员名称：cjcj13242
会员密码：132132
确认密码：132132
电子邮箱：1234565898@qq.com
联系电话：15051571020（手机）

预期结果：显示“会员密码输入格式错误!”的警示。

步骤名称：步骤 17。
描述:【前置说明】输入的会员密码由数字开头，其余输入正确且合法的数据。
输入数据:
会员名称：cjcj13242
会员密码：132cjc
确认密码：132cjc
电子邮箱：1234565898@qq.com
联系电话：15051571020（手机）
预期结果：显示“会员密码输入格式错误!”的警示。

步骤名称：步骤 18。
描述:【前置说明】输入的会员密码由下画线开头，其余输入正确且合法的数据。
输入数据:
会员名称：cjcj13242
会员密码：_cjc132
确认密码：_cjc132
电子邮箱：1234565898@qq.com
联系电话：15051571020（手机）
预期结果：显示“会员密码输入格式错误!”的警示。

步骤名称：步骤 19。
描述:【前置说明】输入的电子邮箱格式不正确，其余输入正确且合法的数据。
输入数据:
会员名称：cjcj13242
会员密码：cjcj13242
确认密码：cjcj13242
电子邮箱：125456644.com
联系电话：15051571020（手机）
预期结果：显示“电子邮箱输入格式错误!”的警示。

步骤名称：步骤 20。
描述:【前置说明】输入的电子邮箱不完整，其余输入正确且合法的数据。
输入数据:
会员名称：cjcj13242
会员密码：cjcj13242
确认密码：cjcj13242
电子邮箱：123456789（应为 123456789@qq.com）
联系电话：15051571020（手机）
预期结果：显示“电子邮箱输入格式错误!”的警示。

步骤名称：步骤 21。
描述:【前置说明】输入的联系电话长度不足，其余输入正确且合法的数据。
输入数据：
会员名称：cjcjcjcj3242
会员密码：cjcj13242
确认密码：cjcj13242
电子邮箱：1234565898@qq.com
联系电话：150515710（手机）
预期结果：显示“联系电话输入格式错误！”的警示。

步骤名称：步骤 22。
描述:【前置说明】输入的联系电话长度超出，其余输入正确且合法的数据。
输入数据：
会员名称：cjcjcjcj3242
会员密码：cjcj13242
确认密码：cjcj13242
电子邮箱：1234565898@qq.com
联系电话：0015051571020（手机）
预期结果：显示“联系电话的输入格式错误！”的警示。

步骤名称：步骤 23。
描述:【前置说明】输入的联系电话为固定电话（格式为：区号四位数字-七或八位数字号码），其余输入正确且合法的数据。
输入数据：
会员名称：cjcjcjcj3242
会员密码：cjcj13242
确认密码：cjcj13242
电子邮箱：1234565898@qq.com
联系电话：077520130548（区号四位数字八位数字号码）
预期结果：显示“联系电话输入格式错误！”的警示。

步骤名称：步骤 24。
描述:【前置说明】输入的联系电话为固定电话（格式为：区号四位数字-七或八位数字号码），其余输入正确且合法的数据。
输入数据：
会员名称：cjcjcjcj3242
会员密码：cjcj13242
确认密码：cjcj13242
电子邮箱：1234565898@qq.com
联系电话：07752013054（区号四位数字七位数字号码）
预期结果：显示“联系电话输入格式错误！”的警示。

9.6 被测程序部署说明

【扫一扫：微课视频】
（推荐链接）

按照软件测试流程，紧接着下来的就是测试执行环节了，但是在进入这个环节之前，必须要先部署被测程序，否则就缺失操作对象了。

配套的被测程序“电子商务网站”的源代码，请到阿潮老师网“www.achaolaoshi.com”或关注微信公众号“阿潮老师”下载。

网站部署说明

组员：马本茂、董有沛

1．确定机器有没有安装 jdk，如果没有，双击 jdk-8u25-windows-i586.1413446415.... 安装。

提示：安装的时候，注意安装的路径，我们需要进行环境变量的配置。

2．安装完成之后，进行环境变量的配置：

（1）右击【计算机】，在弹出的快捷菜单中选择【属性】命令，在弹出的窗口中选择【高级系统设置】选项。

（2）在弹出的对话框中单击【环境变量】按钮，在弹出的对话框中单击【新建】按钮，然后输入如下：

变量名：JAVA_HOME　　变量值：刚刚安装的路径，如图 9-19 所示。

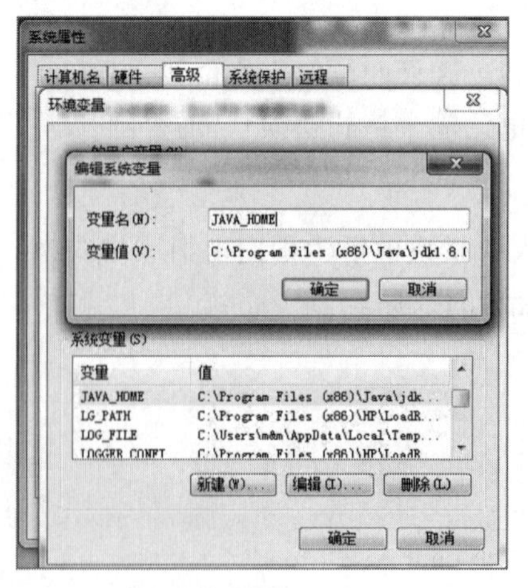

图 9-19 “编辑系统变量”对话框

（3）单击【确定】按钮之后，继续单击【新建】按钮，输入内容如下：

变量名：CLASS_PATH　　变量值：**.;%JAVA_HOME%\lib;%JAVA_HOME%\lib\tools.jar**

提示：一定要注意所有符号都是英文状态的。

（4）在系统环境变量中有一个 path 的环境变量，选中后单击【编辑】按钮，在最后加上**;%JAVA_HOME%\bin;**。

（5）测试 java 环境是否配置成功：

按下【WIN+R】键，输入【cmd】调出命令符控制窗口。输入：java -version 后查看是否显示版本即可，如图 9-20 所示。

```
C:\Users\m&m>java -version
java version "1.8.0_25"
Java(TM) SE Runtime Environment (build 1.8.0_25-b18)
Java HotSpot(TM) Client VM (build 25.25-b02, mixed mode, sharing)
```

图 9-20　查看是否显示版本

3．确定机器有没有安装 Tomcat 7.0，如果没有，双击 apache-tomcat-7.0.63.exe 安装。

提示：安装时同样要注意安装目录，因为要配置环境变量。

4．安装完成之后，进行环境变量的配置：

（1）右击【计算机】，在弹出的快捷菜单中选择【属性】命令，在弹出的窗口中选择【高级系统设置】选项。

（2）在弹出的对话框中单击【系统环境变量】按钮，进入后单击【新建】按钮，然后输入如下：

变量名：CATALINA_HOME　　变量值：刚刚安装的路径。

（3）测试安装配置是否成功：

找到安装路径下的 bin 文件夹，找到里面的执行文件，运行，然后执行下面的操作。

打开浏览器，输入 http://localhost:8080//，如果出现下面的内容说明成功了，如图 9-21 所示。

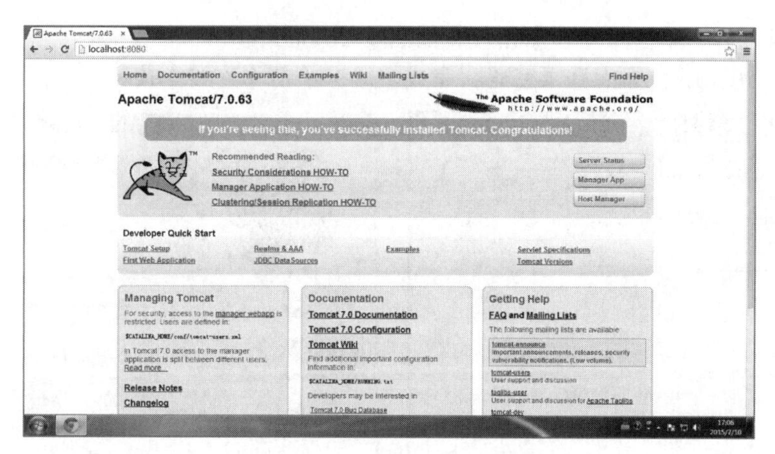

图 9-21　安装配置成功

5．确定机器有没有安装 MySQL 数据库服务，如果没有，双击 mysql-essential-5.1.63-win32 安装，进入安装界面，如图 9-22 所示。

类型选择“Typical”，单击【下一步】按钮，如图 9-23 所示。

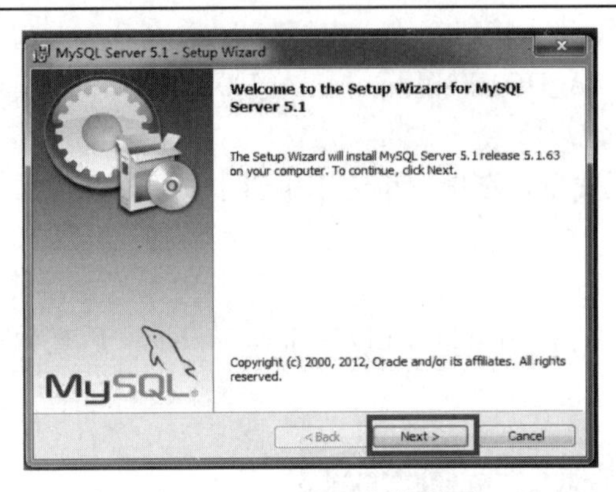

图 9-22　MySQL 安装界面

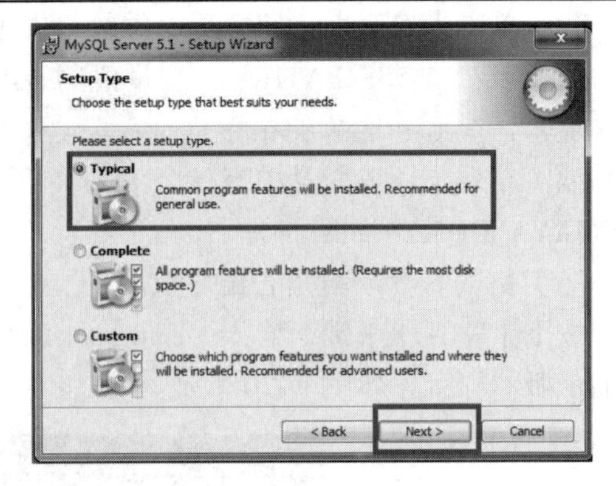

图 9-23　选择“Typical”类型

一直单击【下一步】按钮，直到设置数据库的登录密码，如图 9-24 所示。

6. 推荐安装 SQLyog 数据库管理工具，以图形界面的方式管理数据库。

(1) 双击 SQLyogEnt 安装，直至出现如图 9-25 所示界面，输入用户名和注册码。

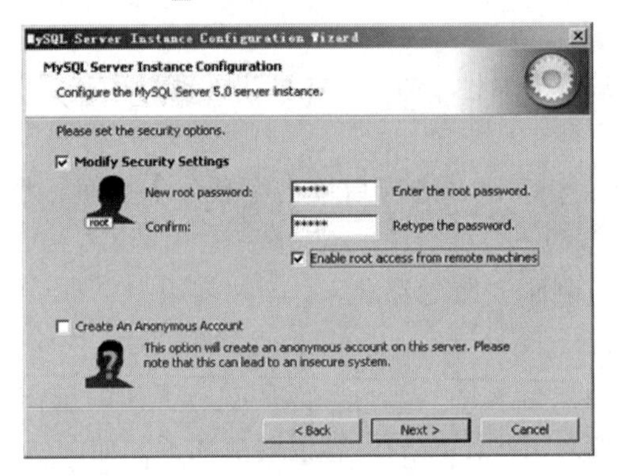

图 9-24　设置数据库的登录密码

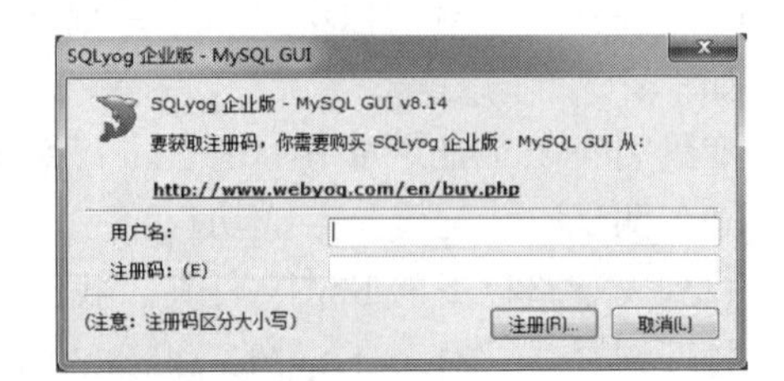

图 9-25　输入用户名和注册码

(2) 完成之后，单击【新建】按钮，如图 9-26 所示。

(3) 输入 MySQL 数据库登录密码，完成之后，单击【连接】按钮，如图 9-27 所示。

图 9-26　单击“新建”按钮

图 9-27　单击“连接”按钮

7. 项目部署。

(1) 创建数据库。使用刚刚安装的 SQlyog，打开 commerce 数据库脚本文件，如图 9-28

所示。

commerce　2015/7/11 16:05　SQL 文件　278 KB

图 9-28　打开 commerce 数据库脚本文件

（2）单击左上角的“Execute All Queres”按钮，如图 9-29 所示。

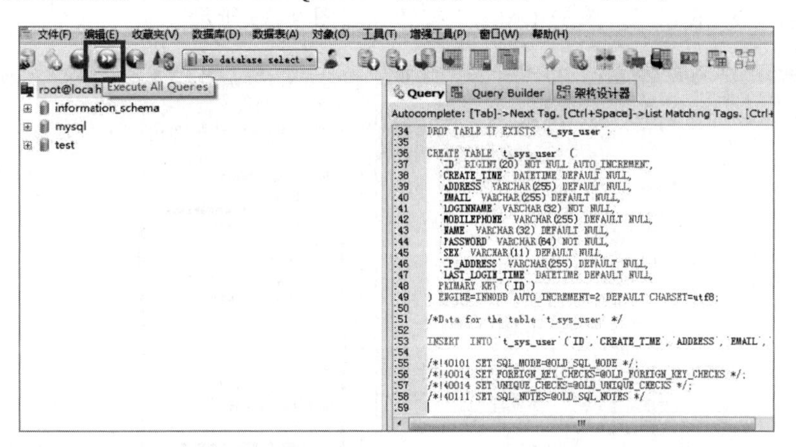

图 9-29　单击“Execute All Queres”按钮

（3）生成项目使用到的数据库，如图 9-30 所示。

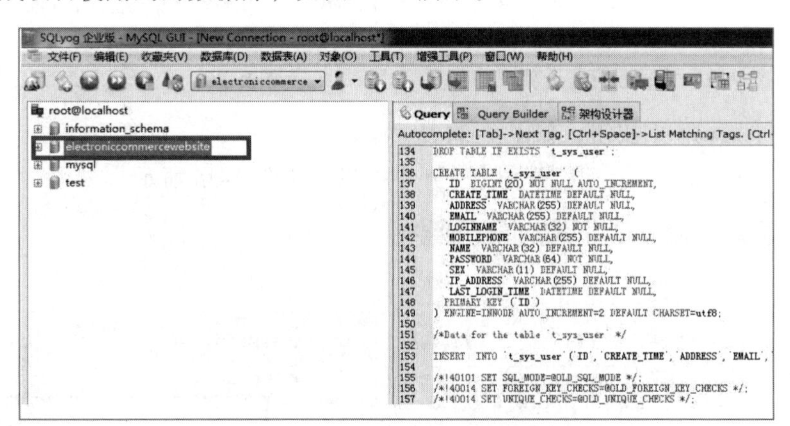

图 9-30　生成项目使用到的数据库

（4）“T_base_user”表为存储前台用户相关信息的表，其中“PASSWORD”字段已经使用 md5 加密，如图 9-31 所示。

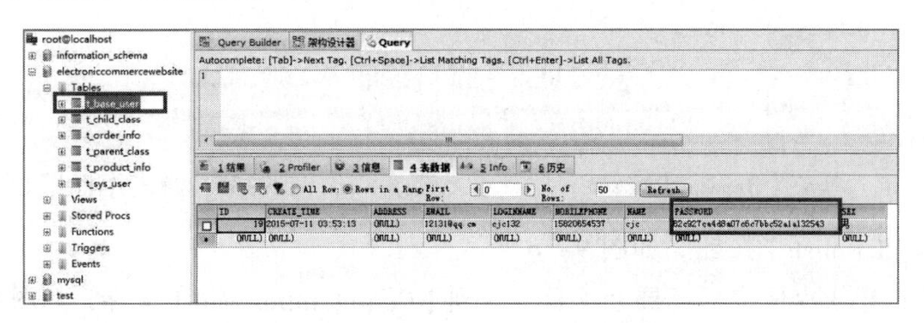

图 9-31　PASSWORD 字段已加密

重要提示：

前台登录账号是：cjc132，密码是：cjc132。

后台登录账号是：admins，密码是：admins。

（5）部署网站。打开 Eclipse 工具，选择【File】→【Import】选项，如图 9-32 所示。

（6）选择“WAR file”，单击【Next】按钮，如图 9-33 所示。

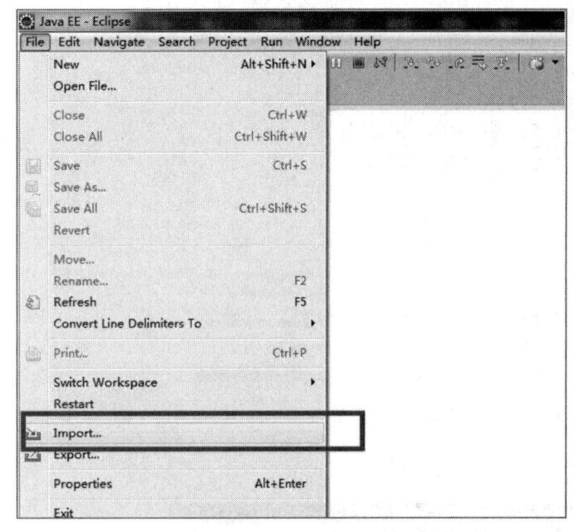

图 9-32 【Import】选项

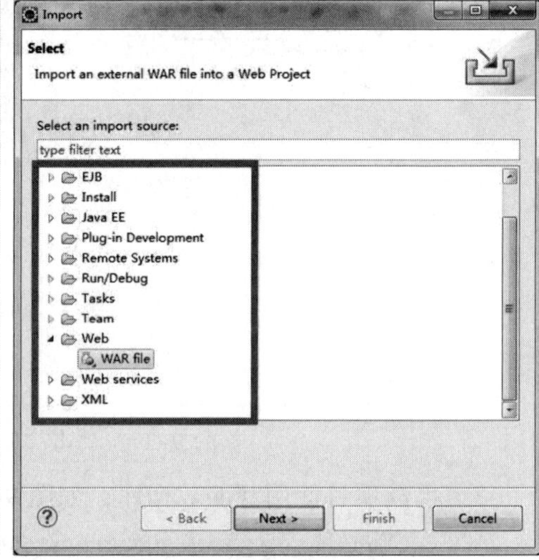

图 9-33 选择【WAR file】选项

（7）单击【Browse】按钮，如图 9-34 所示。

（8）选择“commerce.war”，单击【打开】按钮，如图 9-35 所示。

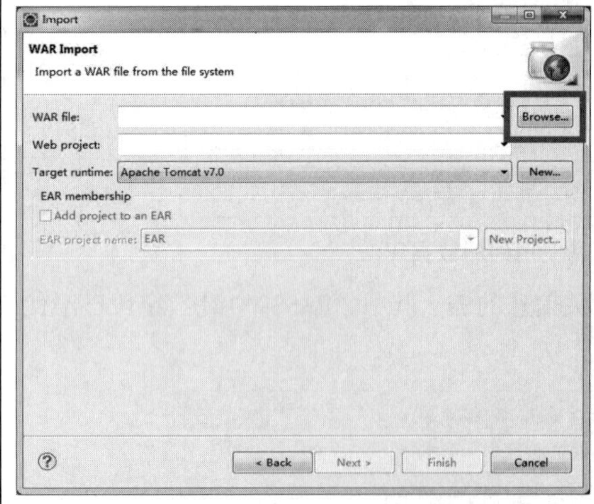

图 9-34 单击【Browse】按钮

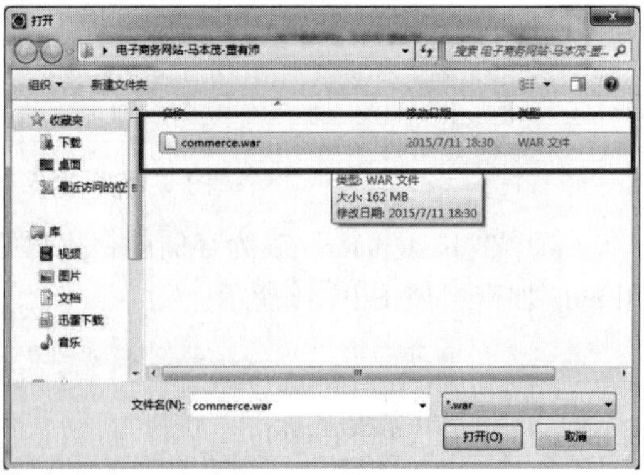

图 9-35 单击【打开】按钮

（9）单击【Finish】按钮，如图 9-36 所示。

（10）项目导入完成之后，展开项目，找到【Configuration.xml】文件，如图 9-37 所示。

（11）双击，打开【Configuration.xml】文件，修改数据库连接信息，如图 9-38 所示。

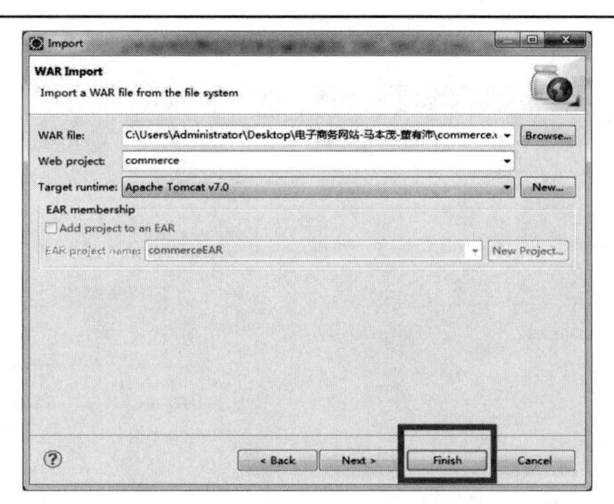

图 9-36　单击【Finish】按钮

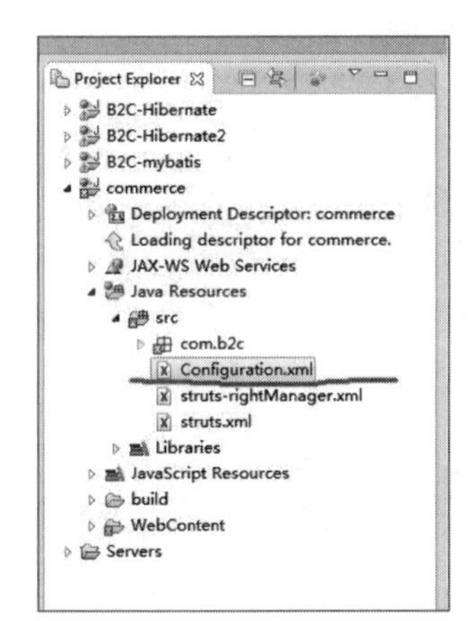

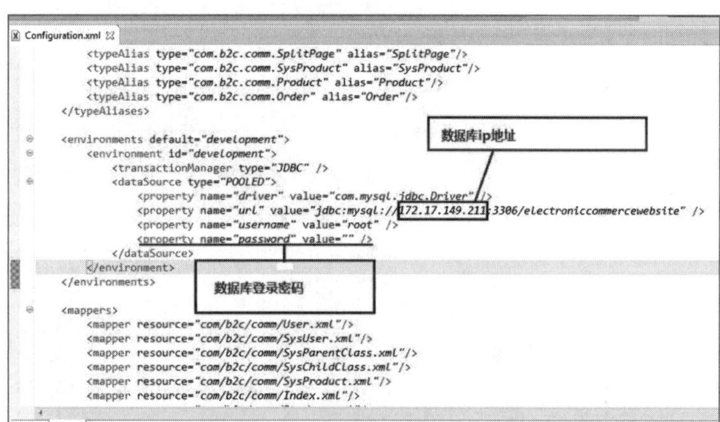

图 9-37　找到【Configuration.xml】文件　　　　图 9-38　修改数据库连接信息

（12）修改完成之后，单击保存，接着右击项目，在弹出的快捷菜单中选择【Export】→【WAR file】命令，如图 9-39 所示。

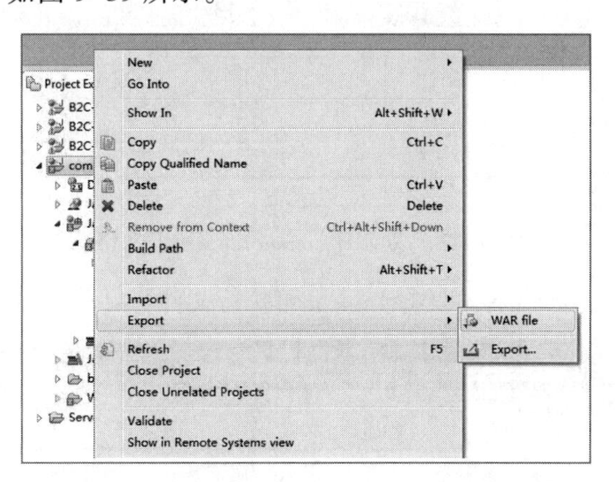

图 9-39　选择【Export】→【WAR file】命令

（13）单击【Browse】按钮，选择存放路径，如图 9-40 和图 9-41 所示。

（14）勾选“Overwrite existing file”复选框，把原来的 WAR 文件覆盖掉，最后单击【finish】

按钮，如图 9-42 所示。

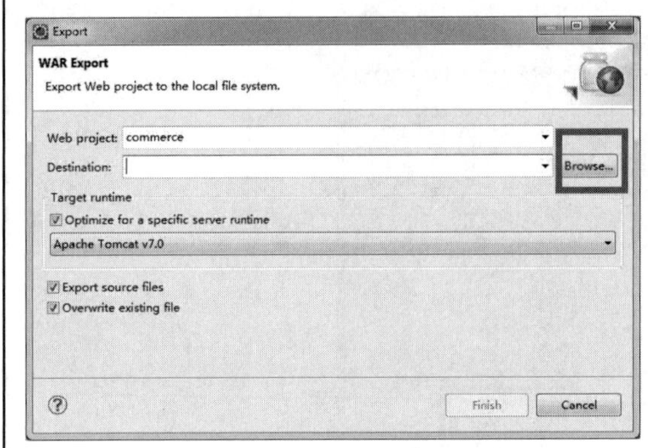

图 9-40　单击【Browse】按钮

图 9-41　选择存放路径

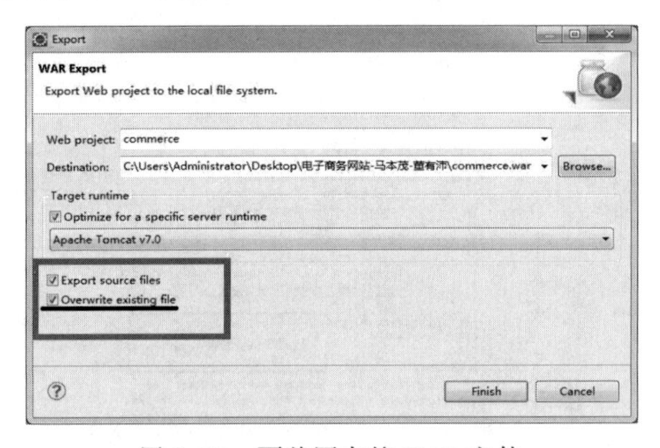

图 9-42　覆盖原来的 WAR 文件

8. 下面是把修改好数据库连接信息的 WAR 文件部署到 Tomcat 中。

（1）把【commerce.war】文件 commerce.war（注意：不要更改此 war 文件的命名），复制到 Tomcat 的 webapps 目录下，如图 9-43 所示。

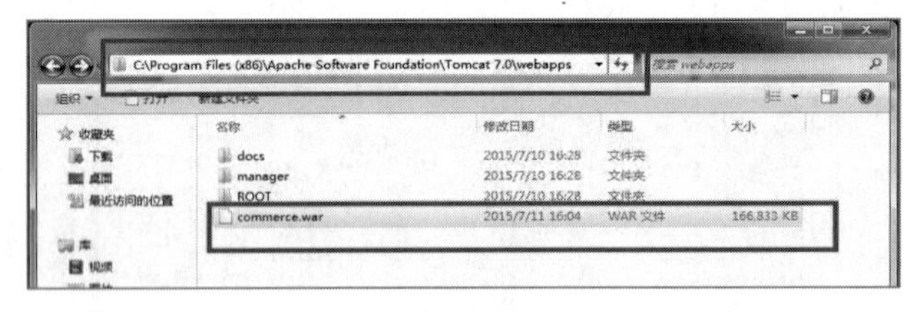

图 9-43　复制【commerce.war】文件

（2）到 Tomcat 的 bin 目录下，双击 Tomcat 可执行文件，启动 Tomcat，如图 9-44 所示。

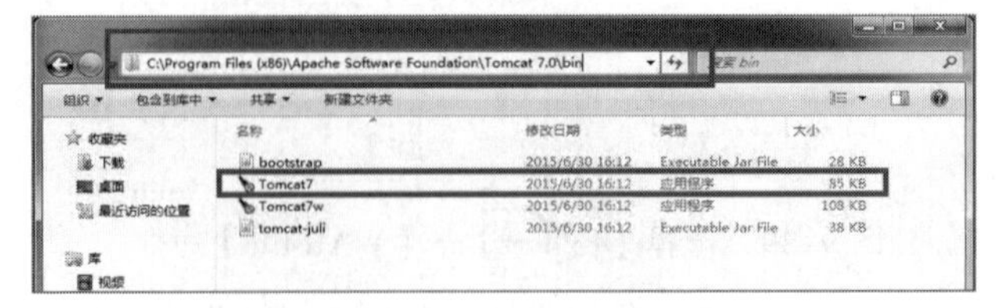

图 9-44　双击 Tomcat 可执行文件

（3）启动了 Tomcat 之后，会发现原来的【webapps】目录下多了一个【commerce】文件夹，如图 9-45 所示。

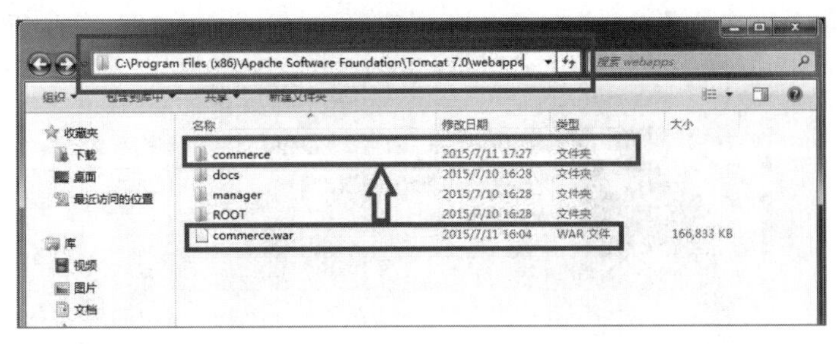

图 9-45　【webapps】目录下的【commerce】文件夹

（4）在浏览器地址栏输入：tomcat 服务器 IP 地址+:8080/commerce/index.jsp 即可访问网站首页，如图 9-46 所示。

图 9-46　输入地址

（5）如果访问网站首页时，如果出现如下这种情况，如图 9-47 所示。

请在浏览器地址栏输入：tomcat 服务器 IP 地址+ :8080/commerce/sys-background/sys_login.jsp，如图 9-48 所示。

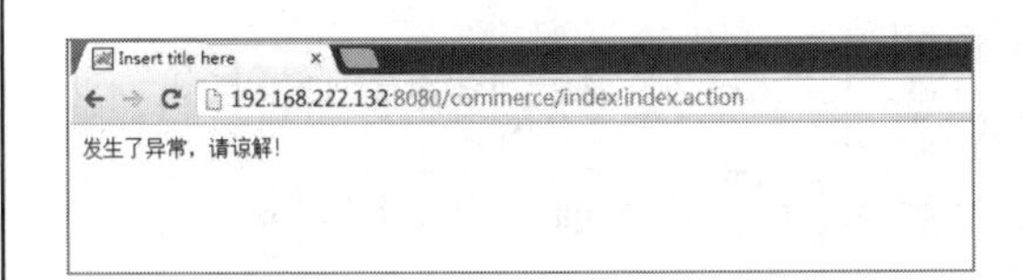

图 9-47　访问网站首页异常

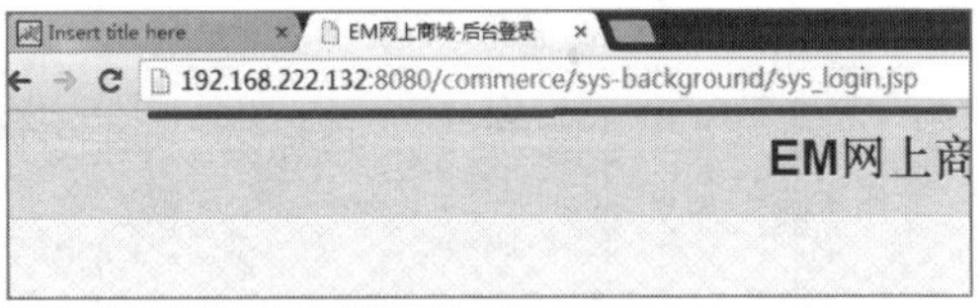

图 9-48　输入新地址

（6）如果可以成功访问，打开 SQLyog，使用 IP 地址登录数据库，如图 9-49 所示。

图 9-49　使用 IP 地址登录数据库

（7）如果出现图 9-50 所示错误，表示账号不允许从远程登录，只能用 localhost 访问，所以访问网站首页的时候就出错了。解决办法是：使用 localhost，登入 MySQL 后，更改【mysql】数据库里的【user】表里的【host】项，从"localhost"改成"%"，如图 9-51 所示。

图 9-50　错误提示框

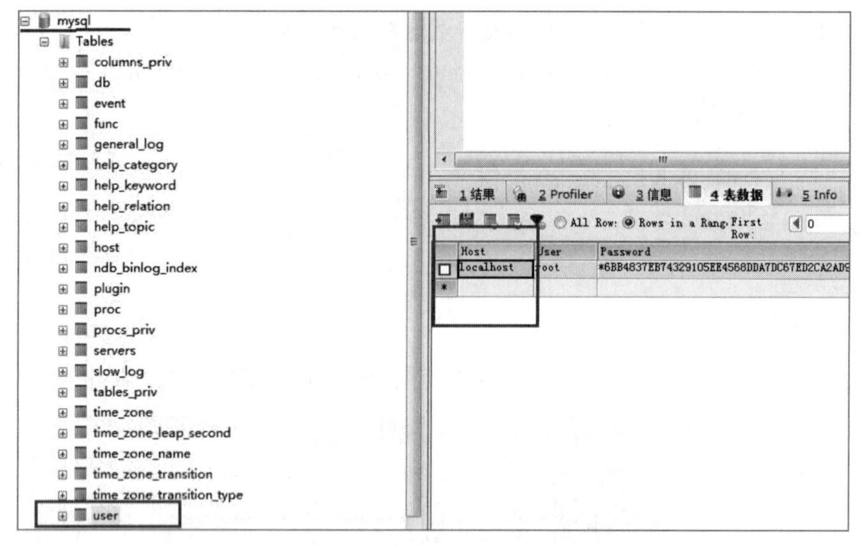

图 9-51　更改【host】项

然后执行下面这一段 SQL 语句：

```
GRANT ALL PRIVILEGES ON *.* TO 'myuser'@'%' IDENTIFIED BY 'mypassword'
WITH GRANT OPTION;
FLUSH  PRIVILEGES;
```

至此问题解决。

温馨提醒：

网站首页访问：tomcat 服务器 IP 地址+:8080/commerce/index.jsp

网站后台访问：tomcat 服务器 IP 地址+:8080/commerce/sys-background/sys_login.jsp

9.7　测试报告编写（节选）

电子商务网站测试报告

组员：韦丽芳、赵伟维

1　简介

1.1　编写目的

（1）对测试结果进行统计、分析。

（2）验证软件是否满足软件需求和设计要求。

（3）为软件可靠性与安全性的评估提供依据。

（4）准备进行软件验收和交付。

（5）分析测试的过程、产品、资源、信息，为以后制定测试计划提供参考。

1.2　项目背景

该电子商务网站使用 J2EE 开发，使用了 MVC 三层架构，页面设计使用了 Dreamweaer。

整个电子商务网站（前台+后台）分为以下 7 大功能模块：账户管理（前台）、商品购买（前台）、商品管理（后台）、用户管理（后台）、订单管理（后台）、广告管理（后台）、评论管理（后台），如图 9-52 所示。

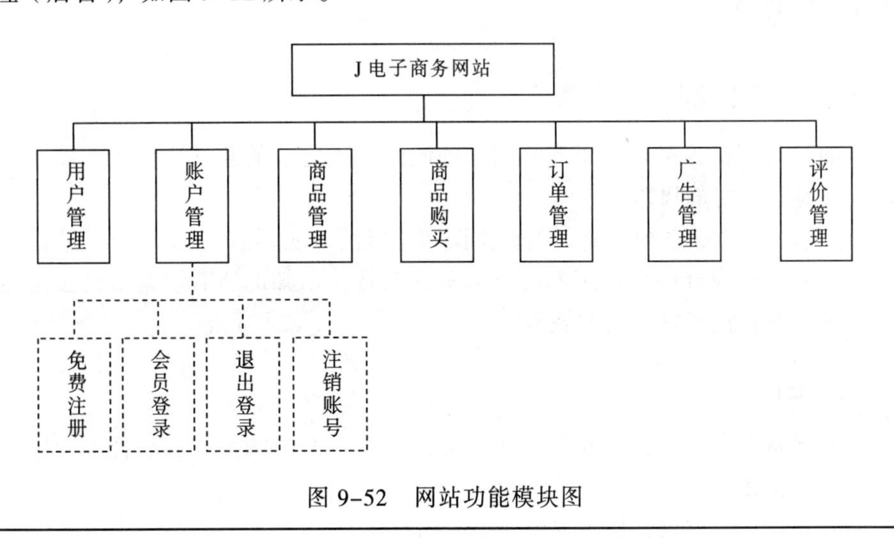

图 9-52　网站功能模块图

- 用户管理：会员信息维护、后台用户管理。
- 账户管理：免费注册、会员登录、退出登录、注销账号。
- 商品购买：加入购物车、结算、提交订单、删除购物车商品、查看已买宝贝、查看我的订单。
- 商品管理：上架商品、下架商品、查看商品信息、修改商品信息、商品分类。
- 订单管理：新增订单、修改订单、删除订单。
- 广告管理：上架广告、下架广告。
- 评论管理。

1.3 术语和缩写词

- 响应时间：客户端从给服务器发送一个请求开始直到完全接受了服务器反馈信息为止，这期间所用的时间称为响应时间。
- 吞吐率（RPS）：即应用系统在单位时间内完成的交易量，也就是在单位时间内，应用系统针对不同的负载压力，所能完成的交易数量。
- 点击率：每秒钟用户向 Web 服务器提交的 HTTP 请求数。

1.4 参考文档（见表 9–25）

表 9-25 参考文档

文档名称	作者/来源
电子商务网站需求规格说明书.doc	韦丽芳&赵伟维
电子商务网站测试计划.doc	韦丽芳
电子商务网站测试执行分析报告.doc	赵伟维
电子商务网站测试缺陷分析报告.doc	赵伟维
电子商务网站性能测试报告.doc	韦丽芳

2 目标及范围

2.1 测试目的及标准

测试目的是为测试人员对电子商务网站的测试提供完善的测试指导，帮助合理地安排资源和进度，避免可能的风险。

最终通过系统测试，系统无业务逻辑错误和二级的 bug。经确定的所有缺陷都已得到了商定的解决结果。所设计的测试用例已全部重新执行，已知的所有缺陷都已按照商定的方式进行了处理，而且没有发现新的缺陷。

2.2 测试范围

电子商务网站主要包括以下功能模块：账户管理、商品购买、商品管理、用户管理、订单管理、广告管理等。

- 账户管理：基本信息、修改密码、个人信息。

- 免费注册。
- 会员登录。
- 退出登录。
- 注销账号。
- 商品购买：加入购物车、结算、提交订单、删除购物车商品、查看已买宝贝、查看我的订单。
- 商品管理：上架商品、下架商品、查看商品信息、修改商品信息、商品分类。
- 用户管理：会员管理、后台用户管理。
- 订单管理：新增订单、修改订单、删除订单。
- 广告管理：上架广告、下架广告。
- 管理员登录。
- 退出后台登录。
- 评论管理。

2.3　测试计划进度情况

测试计划进度情况如图 9-53 所示。

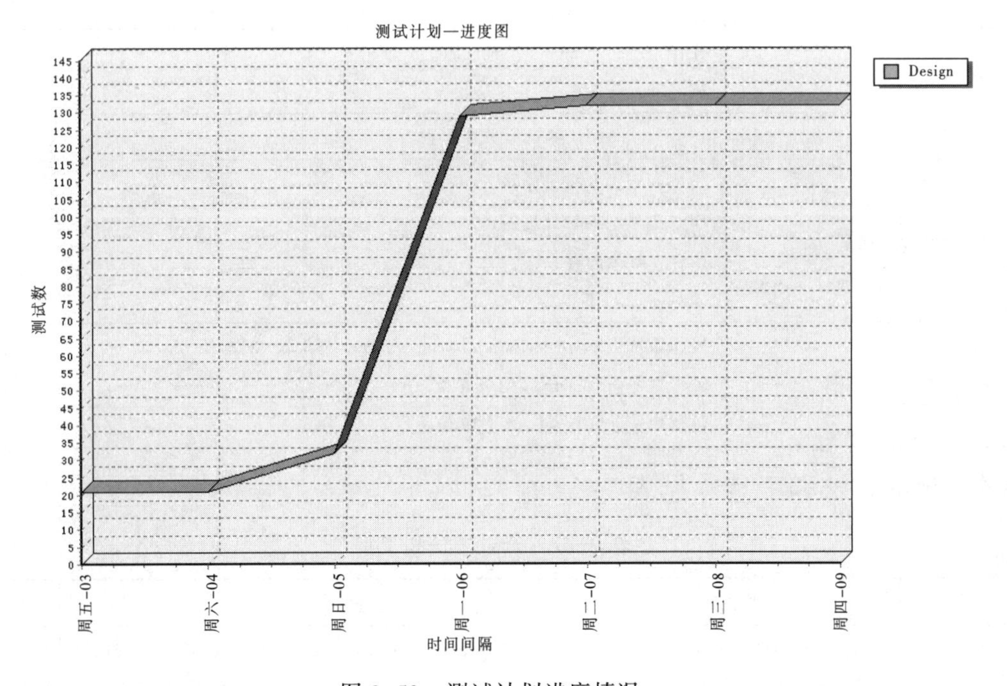

图 9-53　测试计划进度情况

3　测试过程

3.1　测试概要

系统测试从 2015 年 6 月 30 日到 2015 年 7 月 8 日基本结束，历时近 9 个工作日。后续还有一些扫尾的工作，又增加一些工作时日。

通过 QC（HP Qulity Center 9.0）测试资源缺陷管理工具进行缺陷跟踪管理，在 QC 中有详细的测试用例以及用例执行情况记录。在性能方面，通过 LR（HP LoadRunner 11）用户并发虚拟软件进行性能测试。

3.2 测试时间

开始时间：2015-07-05。

结束时间：2015-07-09。

总工时/总工作日：5 天。

3.3 测试环境（见表 9-26）

表 9-26 测试环境

测试客户端配置	
硬件配置	机型：戴尔 OPTIPLEX360 CPU 型号：Intel Core2 Duo E7400 2.8GHz 内存：2 GB
软件配置	操作系统：Windows 7 旗舰版 浏览器：IE 9
测试服务器配置	
服务器硬件配置	机型：至强 8 核服务器 CPU 型号：四核处理器 内存：4GB 内存 硬盘：100 GB
软件配置	操作系统：Microsoft Windows Server 2003 企业版 32 位版 Web 服务：Tomcat 应用服务器 数据库：MySQL 4.0、5.1 32 位版

3.4 测试方法和工具（见表 9-27）

表 9-27 测试方法和工具

测试内容	测试方法	测试工具	备注
功能测试	黑盒测试、手动测试	QC（HP Qulity Center 9.0）测试资源（缺陷）管理软件	
性能测试	手动测试、自动测试	LR（HP LoadRunner 11）用户并发虚拟软件	

4 测试情况分析

4.1 功能测试过程及结果

4.1.1 测试用例执行情况（见表 9-28）

表 9-28　测试用例执行情况

测试用例	用例执行状态	测试结果	备注
（1）账号管理			
修改密码	已执行	Failed	
个人信息修改	已执行	Failed	
基本信息	已执行	Failed	
（2）商品购买			
加入购物车	已执行	Passed	
结算	已执行	Failed	
提交订单	已执行	Failed	
删除购物车商品	已执行	Passed	
查看已买宝贝	已执行	Passed	
查看我的订单	已执行	Passed	
免费注册	已执行	Failed	
注销账号	已执行	Failed	
退出登录	已执行	Passed	
会员登录	已执行	Failed	
（3）商品管理			
上架商品	已执行	Failed	
下架商品	已执行	Failed	
查看商品信息	已执行	Failed	
修改商品信息	已执行	Failed	
商品分类	已执行	Failed	
（4）用户管理			
会员管理	已执行	Failed	
后台用户管理	已执行	Failed	
（5）广告管理			
上架广告	已执行	Failed	
下架广告	已执行	Failed	
管理员登录	已执行	Failed	
订单管理	已执行	Failed	
评论管理	已执行	Failed	
退后台登录	已执行	Failed	

数据图如图 9-54 所示。

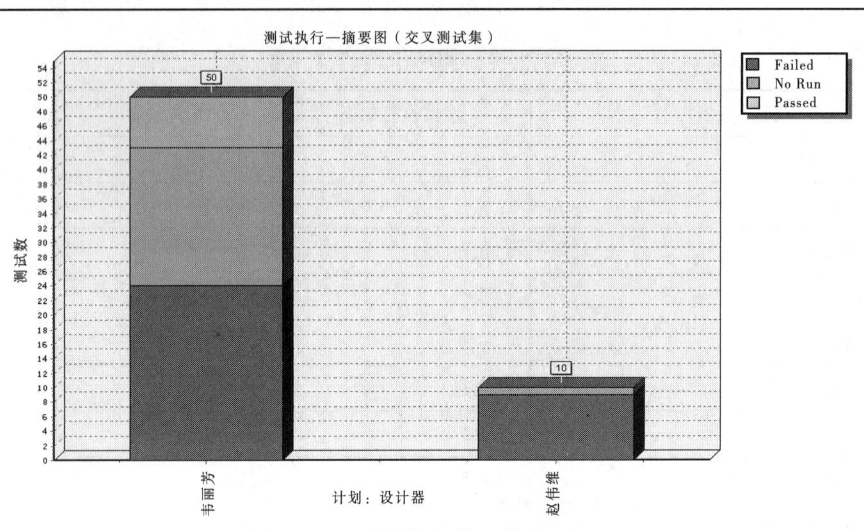

图 9-54　测试执行情况数据图

4.1.2　缺陷汇总

本次测试中发现 Bug 共 424 个，按缺陷在各功能点的分布情况汇总，如表 9-29 所示。

表 9-29　缺陷汇总

测试用例	A-严重影响系统错误运行错误	B-功能未完善，影响系统运行	C-不影响运行，但必须修改	D-合理化建议	总数
（1）账号管理					
修改密码	20				20
个人信息修改	29				29
基本信息	14				14
（2）商品购买					
加入购物车					
结算	8				8
提交订单	38				38
删除购物车商品					
查看已买宝贝					
查看我的订单					
免费注册		63			63
注销账号		2			2
退出登录					
会员登录					
（3）商品管理					
上架商品	15				15
下架商品	3				3

续表

测试用例	A-严重影响系统错误运行错误	B-功能未完善，影响系统运行	C-不影响运行，但必须修改	D-合理化建议	总数
查看商品信息	5				5
商品分类		36			36
（4）用户管理					
会员管理		10			10
后台用户管理		117			117
（5）广告管理					
上架广告		5			5
下架广告		5			5
管理员登录登录					
订单管理		15			15
评论管理		14			14
退后台登录		2			2

缺陷—趋势图分布如图 9-55 所示。

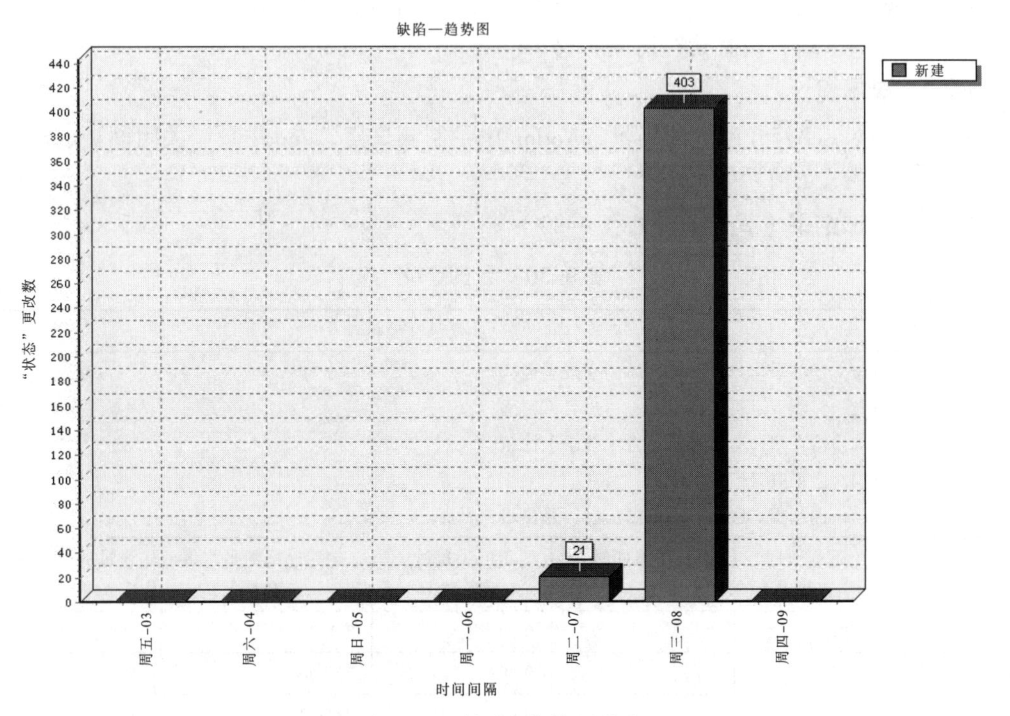

图 9-55　缺陷-趋势图分布

4.1.3　测试覆盖率分析

功能用例总数 26 个，用例执行了 26 个，功能测试覆盖率 100%，如图 9-56 所示。

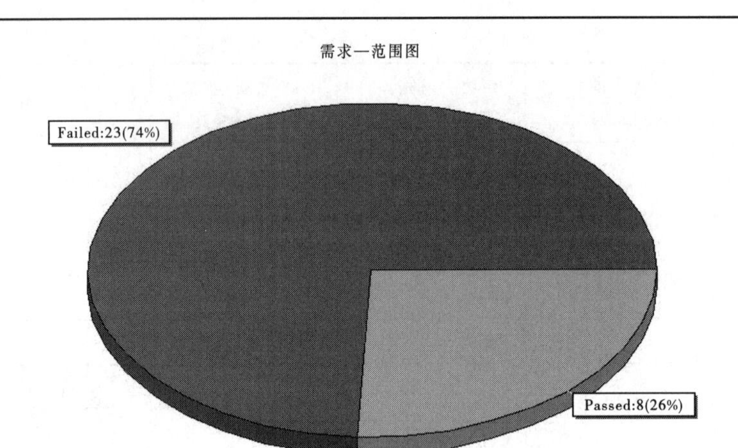

图 9-56　测试需求范围图

4.2　性能测试过程及结果

4.2.1　场景设计

- 并发运行测试脚本。
- 忽略思考时间。
- 监控响应时间、点击率、应用服务器中的 CPU 使用率和内存。
- 稳定性测试时，设置运行时间 10 分钟。

4.2.2　脚本设计

- 在 init 中录制打开网址的场景，Action 中录制测试点，end 中录制关闭网页的动作。
- 给每个测试点前后插入事务。

4.2.3　测试结果（节选）（见表 9-30）

表 9-30　会员登录

测试用例	会员登录性能测试				
测试步骤	1. 已注册用户登录该网站的登录页面 2. 显示登录页面信息如：用户名，密码 3. 输入用户名和密码单击【登录】按钮 4. 验证登录信息 5. 加载用户所拥有的权限信息，并显示在页面				
用例编号	运行时间（秒）	浏览器同时连接数（个）	RPS（每秒事务数）	响应时间的平均值（毫秒）	通过的总事务数（个）
1	601	1	0.587	3.367	354
2	635	10	0.898	22.206	572
3	909	50	0.924	93.562	842
4	1 326	100	0.224	190.178	298
5	4 220	200	0.211	173.458	436
6	10 800	500	0.236	102.927	1036

5　测试结论与建议

5.1　测试结论

（1）通过对本系统的两轮测试，已将系统暴露的缺陷全部交予开发人员进行修复，同时经过回归测试确保了所有功能及模块已经正确实现，并且满足客户需求。

（2）本系统的测试充分有效，七大业务模块的测试覆盖达到 100%，缺陷解决率达到 100%。

（3）目前的测试工作基本达到了预定目标，完成了功能测试、性能测试、负载测试、用户界面（UI）测试、兼容性测试、安全性与访问控制测试、回归测试，测试任务已全面完成。

（4）综合以上观点，测试组认为：该系统较好地完成了需求规格说明书的要求，功能点满足设计需要，同意通过测试。

5.2　建议

本轮测试工作的重点放在了功能性测试和性能测试方面，安全性测试覆盖面足够但深入程度依然不足，因为该系统涉及金钱交易，安全性等级要求高，建议安排 1～2 名测试经验丰厚的测试工程师继续深入进行安全性测试。

参考文献

[1] 赵翀，孙宁．软件测试技术：基于案例的测试［M］．北京：机械工业出版社，2013．

[2] 贺平．软件测试教程［M］．2版．北京：电子工业出版社，2010．

[3] 陈能技．软件测试技术大全［M］．北京：人民邮电出版社，2008．

[4] 赵斌．软件测试技术经典教程［M］．2版．北京：科学出版社，2011．

[5] 魏娜娣，李文斌．软件测试技术及用例设计实训［M］．北京：清华大学出版社，2014．

[6] 赵瑞莲．软件测试［M］．北京：高等教育出版社，2004．

[7] 许丽花，郭雷．软件测试［M］．北京：高等教育出版社，2013．

[8] 柳纯录，黄子河，陈渌萍．软件评测师教程［M］．北京：清华大学出版社，2005．

[9] 测试管理工具TestCenter技术白皮书．海泽众软件科技有限公司，2011．

[10] 刘艳会．LoadRunner使用手册．软件测试中心，2003．

[11] HP Application Lifecycle Management 用户指南．Hewlett-Packard Development Company，2010．

[12] 软件测试网．http://www.51testing.com/．

[13] 百度文库．http://wenku.baidu.com/．

[14] 百度百科．https://baike.baidu.com．

[15] CSDN程序员网．http://www.csdn.net/．